Georg Herzwurm
Sixten Schockert
Werner Mellis

Qualitätssoftware durch Kundenorientierung

Bücher aus der Reihe Business Computing verknüpfen aktuelles Wissen aus der Informationstechnologie mit Fragestellungen aus dem Management. Sie richten sich insbesondere an IT-Verantwortliche in Unternehmen und Organisationen sowie an Berater und IT-Dozenten.

In der Reihe sind bisher erschienen:

SAP, Arbeit, Management
von AFOS (Hrsg.)

Steigerung der Performance von Informatikprozessen
von Martin Brogli

Netzwerkpraxis mit Novell NetWare
von Norbert Heesel und Werner Reichstein

Arbeit in der modernen Kommunikationsgesellschaft
von Marie-Theres Tinnefeld et al.

Professionelles Datenbank-Design mit ACCESS
von Ernst Tiemeyer und Klemens Konopasek

Modernes Projektmanagement
von Erik Wischnewski

Business im Internet
von Frank Lampe

Georg Herzwurm
Sixten Schockert
Werner Mellis

Qualitätssoftware durch Kundenorientierung

Die Methode
Quality Function Deployment (QFD):
Grundlagen, Praxis und SAP® R/3® Fallbeispiel

Die Deutsche Bibliothek – CIP-Einheitsaufnahme

Herzwurm, Georg:
Qualitätssoftware durch Kundenorientierung:
die Methode Quality Function Deployment (QFD);
Grundlagen, Praxis und SAP® R/3® Fallbeispiel.

(Vieweg business computing)
ISBN 978-3-528-05577-6 ISBN 978-3-663-11224-2 (eBook)
DOI 10.1007/978-3-663-11224-2

SAP R/3 sind eingetragene Warenzeichen der SAP Aktiengesellschaft Systeme, Anwendungen, Produkte in der Datenverarbeitung, Neurottstraße 16, D-69190 Walldorf. Der Herausgeber bedankt sich für die freundliche Genehmigung der SAP Aktiengesellschaft, die genannten Warenzeichen im Rahmen des vorliegenden Titels zu verwenden. Die SAP AG ist jedoch nicht Herausgeberin des vorliegenden Titels oder sonst dafür presserechtlich verantwortlich.

Ursprünglich erschienen bei Friedr. Vieweg & Sohn Verlagsgesellschaft mbH, Braunschweig/ Wiesbaden, 1997

Gedruckt auf säurefreiem Papier

ISBN 978-3-528-05577-6

Vorwort

Unzufriedene Kunden zwingen zum Handeln

Aktuelle Untersuchungen zeigen es immer wieder: Die Kunden in Deutschland sind mit ihren Anbietern von Produkten oder Dienstleistungen unzufriedener denn je. Dies gilt insbesondere für die Softwarebranche, und zwar unabhängig davon, ob individuell belieferte Fachabteilungen oder Käufer von Standardsoftware befragt werden. Die Planung von Softwareprodukten wird häufig weniger an den Wünschen der Kunden als vielmehr am technisch Machbaren ausgerichtet, obwohl bekanntlich gerade die frühen Aktivitäten im Entwicklungsprozeß alle weiteren Arbeiten entscheidend beeinflussen.

Praxisgerechte Methoden sind gefordert

Es sind aber auch erfreuliche Entwicklungen zu beobachten. Immer mehr softwareentwickelnde Organisationen messen hoher Kundenzufriedenheit im Rahmen ihrer strategischen Planung oder beim Aufbau eines Qualitätsmanagementsystems höchste Bedeutung bei. Die Kunden und die Befriedigung ihrer Bedürfnisse werden als wesentliche Faktoren für die Sicherung der Unternehmungsexistenz erkannt. Wenn trotzdem Kunden-*un*zufriedenheit entsteht, dann liegen die Ursachen oftmals in zwei Bereichen. Zum einen existieren psychologische Schranken, wie beispielsweise der prinzipielle Widerstand gegen Veränderungen jeglicher Art, der fehlende Wille der Mitarbeiter zur Auseinandersetzung mit den Kunden bzw. die mangelnde Bereitschaft der Kunden, ihren Beitrag für kundengerechte Software zu leisten, oder einfach mangelnde Fähigkeiten zur Teamarbeit. Zum anderen fehlt es jedoch oft weniger am guten Willen der Beteiligten, sondern vielmehr an praxisgerechten Methoden zur Umsetzung der Kundenorientierung.

QFD-Einsatz schafft Wettbewerbsvorteile

Quality Function Deployment (QFD) ist eine vor mehr als 25 Jahren in Japan entwickelte Methode, mit der Kundenorientierung in die Praxis umgesetzt werden kann. Vor allem in der Automobilindustrie haben japanische Unternehmungen nicht zuletzt durch den systematischen Einsatz von QFD enorme Wettbewerbsvorteile erlangt. Aber auch in der Softwareentwicklung wird QFD zunehmend Beachtung geschenkt - weit über die Grenzen Japans hinaus.

QFD vereinigt Kunden- und Entwicklerinteressen

Ziel von QFD ist es, ein Produkt zu entwickeln, das nicht alle technisch möglichen, sondern nur die vom Kunden gewünschten Merkmale aufweist. Das Resultat ist ein Produkt mit zufriedenen, oft begeisterten Kunden und einem dementsprechenden Profit: Weniger Verschwendung für die Erzeugung nicht benötigter Features, weniger Nacharbeit infolge nicht erfüllter Kundenanforderungen. Bei QFD werden aber auch die Entwicklerinteressen nicht vergessen: Die Stimme des Kunden wird abgeglichen mit der Stimme des Entwicklers. Der Kunde ist somit weder Bittsteller noch Diktator, sondern ein wichtiger Partner, mit dem gemeinsam ein für beide Seiten erfolgreiches Produkt geschaffen werden soll.

QFD bringt alle Fachleute an einen Tisch

Die Arbeit in QFD erfolgt überwiegend in moderierten Gruppensitzungen, an denen alle Personenkreise teilnehmen, die etwas zur Ermittlung von Kundenanforderungen und möglichen Lösungen beitragen können: Kunden (Benutzer, Entscheider), Entwickler, Marketingfachleute, Qualitätsmanager etc. Abteilungsschranken werden aufgehoben, Doppelarbeiten sowie Abstimmungsprobleme vermieden und durch eine systematische methodische Vorgehensweise in einem interdisziplinären Team ersetzt.

Das Buch hilft bei der praktischen Anwendung von QFD

Die Methode wurde von den Autoren in vielen Projekten mit softwareentwickelnden Organisationen eingesetzt und hierbei kontinuierlich an deutsche und softwarespezifische Anforderungen angepaßt. Das Resultat ist das in diesem Buch beschriebene, erprobte Vorgehensmodell für die Durchführung von QFD-Projekten. Dieses Modell ist gleichermaßen für die Entwicklung von Standard- wie auch von Individualsoftware konzipiert und kann auch bei Produkten anderer Branchen eingesetzt werden. Neben der systematischen Beschreibung von QFD wird eine umfangreiche Materialsammlung mit Moderationsanleitungen, Planungsformularen und nützlichen Adressen für Informations- und Toolbeschaffung angeboten.

Ein Buch für alle, die zufriedene Kunden haben wollen!

Das vorliegende Buch richtet sich an alle, die zufriedene Kunden haben wollen! Es ist somit gleichermaßen gedacht für kundenorientierte Softwareentwickler, Manager, Qualitätsverantwortliche, Projektleiter, Produktverantwortliche sowie für Fachleute aus Marketing und Vertrieb. Es wendet sich ebenso an praxisorientierte Wissenschaftler wie interessierte Studierende der Betriebswirtschaftslehre oder Wirtschaftsinformatik.

Danksagung

Unser Dank gilt allen Personen, die uns bei dieser Arbeit unterstützt haben, insbesondere Herrn Anton Dillinger von der SAP AG und allen Mitarbeitern des Lehrstuhls für Wirtschaftsinfomatik, Systementwicklung, der Universität zu Köln. Für die kritische Durchsicht des Manuskripts danken wir den studentischen Mitarbeitern Frau Gabi Ahlemeier und Herrn Harald Schlang.

Köln, im Februar 1997

Georg Herzwurm, Sixten Schockert, Werner Mellis

Inhaltsverzeichnis

Verzeichnis der Abkürzungen

AHP	Analytic Hierarchy Process
bzgl.	bezüglich
CASE	Computer Aided Software Engineering
HoQ	House of Quality
i. a.	im allgemeinen
i. d. R.	in der Regel
i. e. S.	im engeren Sinne
insb.	insbesondere
i. w. S.	im weiteren Sinne
KI	Künstliche Intelligenz
PDCA	Plan Do Check Act
QFD	Quality Function Deployment
SPC	Statistical Process Control
Tab.	Tabelle
TQM	Total Quality Management
TRIZ	Theory of the Solution of Inventive Problems
VoC	Voice of the Customer
VoCA	Voice of the Customer Analysis
VoCT	Voice of the Customer Table
VoE	Voice of the Engineer
VoEA	Voice of the Engineer Analysis
VoET	Voice of the Engineer Table
WYSIWYG	What you see is what you get

Verzeichnis der Abbildungen

Verzeichnis der Tabellen

1 Hoch produktiv am Kunden vorbei?

Umsatzsteigerung statt Kostensenkung

Zur Zeit führen viele Unternehmungen Rationalisierungsmaßnahmen durch und schauen wie gebannt auf die Kosten. Dies wird zweifellos, wenn auch meist nicht in dem erhofften Ausmaß, Wirkung zeigen und zu höherer Produktivität führen. Kostensenkungsprogramme allein können aber keinen Unternehmungserfolg begründen. Wer immer nur die Kosten senkt, wird schließlich keinen Umsatz mehr machen. Genauso wichtig wie Maßnahmen zur Steigerung der Produktivität sind Maßnahmen zur Erhaltung oder Vergrößerung des Umsatzes. Eine zentrale Stellung nehmen dabei Maßnahmen ein, die helfen, die Bedürfnisse der Kunden besser zu befriedigen.

Kundenorientierung sichert die Existenz

Das Stichwort in diesem Zusammenhang heißt **Kundenorientierung**. Es sind die Entscheidungen von Kunden über Produkte, die den Umsatz definieren. Nur Unternehmungen, die sich bei der Gestaltung ihrer Produkte und Dienstleistungen konsequent an Kundenbedürfnissen orientieren, werden auf Dauer am Markt erfolgreich sein. Die übrigen werden auch gelegentlich Erfolg haben, weil sie zufällig die Bedürfnisse ihrer Kunden treffen. Der Anteil der erfolgreichen Produkte und Dienstleistungen einer nicht konsequent auf den Kunden ausgerichteten Unternehmung ist zufällig bestimmt und mit hoher Wahrscheinlichkeit geringer als bei einer kundenorientierten Unternehmung. Bestenfalls ist die Zukunft einer solchen Unternehmung ein langsamer, von gelegentlichen Zwischenerfolgen unterbrochener Rückzug aus dem Markt.

Die langfristige Erhaltung oder Steigerung des Umsatzes wird nur von den Unternehmungen erreicht, die ihren Wettbewerbern in puncto Kundenorientierung überlegen sind. Es hat sich zudem gezeigt, daß die Methoden der Kundenorientierung nicht nur zusätzlichen Aufwand bedeuten. Sie helfen auch, die Herstellungskosten zu senken. Daher ist Kundenorientierung, zusammen mit der kontinuierlichen Verbesserung des Herstellungsprozesses, zu einem kritischen Erfolgsfaktor im Wettbewerb geworden.

Kundenzufriedenheit als essentielles Ziel

Kundenzufriedenheit wird aber zunehmend auch zu einem essentiellen Ziel für interne DV-Abteilungen, die im Auftrag von Fachabteilungen Software entwickeln, ohne daß sie unmittelbar im Wettbewerb mit der Konkurrenz stehen. Outsourcing-Strategien haben in vielen Unternehmungen bereits zu Auslagerungen von DV-Abteilungen geführt, bei denen teilweise sogar der Kontraktionszwang aufgehoben wurde, d. h. die Fachabteilungen können die Softwareentwicklung theoretisch auch an Fremdfirmen vergeben können. Das macht deutlich, daß Kundenorientierung auch eine wichtige Strategie für Organisationseinheiten ist, die innerhalb einer Unternehmung Software im Auftrag entwickeln. Bei großen Projekten zur Entwicklung von Individualsoftware mit einer Vielzahl von Benutzern, die nicht alle persönlich bekannt sind oder befragt werden können, sind auch die Probleme wie die Anonymität der Kunden ähnlich gelagert wie bei der Standardsoftwareentwicklung.

Obwohl diese Betrachtungen banal erscheinen, werden sie doch von vielen Unternehmungen mißachtet. Die Gründe dafür sind Mißverständnisse, die im folgenden ausgeräumt werden.

1.1 Das Ziel der kundenorientierten Herstellung von Software

Das Ziel der kundenorientierten Herstellung von Software ist ein Produkt,

- das die wichtigsten der Merkmale besitzt, die von den bedeutendsten tatsächlichen und potentiellen Kunden gewünscht bzw. erwartetet werden,
- das keine von den Kunden nicht gewünschten Merkmale besitzt,
- dessen Merkmale von den Kunden angemessen honoriert werden,
- das aus Sicht der Kunden einen hohen Nutzen im Vergleich zu Wettbewerbsprodukten bietet und
- das auf eine möglichst effiziente Weise hergestellt wird.

Kundenorientierung und Kostensenkungen sind keine konkurrierenden Ziele

Zunächst scheint es für einige der Ziele überraschend, daß sie mit der Kundenorientierung verbunden werden. Zumeist wird bei Kundenorientierung an die Befriedigung von Kundenbedürfnissen und das Erreichen einer hohen Qualität gedacht. Da überrascht das zweite und das fünfte Ziel und in der obigen Formulierung wohl auch das dritte Ziel. Gewöhnlich wird Kostensenkung als im Konflikt zu Kundenorientierung angesehen und nicht als ein Ziel innerhalb der Kundenorientierung.

Dies drückt aber wohl eher eine verbreitete oberflächliche Sicht aus. Den meisten Menschen ist durchaus klar, daß das Interesse des Kunden auf ein gutes Kosten-Nutzen-Verhältnis gerichtet ist, und nicht nur einfach auf hohe Qualität oder einen niedrigen Preis.

Wenn die Ziele also allgemein akzeptiert werden oder akzeptierbar sind, warum werden sie von vielen Softwareprodukten nicht erreicht? Die Antwort scheint klar: Die Ziele stehen in Konflikt zueinander, und deshalb ist es natürlich schwierig, alle gleichzeitig zu erreichen. Das läßt sich nicht bestreiten und daher muß eine wesentliche Forderung an die hier vorgestellten Methoden sein, daß sie die rationale Lösung der Zielkonflikte unterstützen.

Nur wer Ziele hat, kann sie auch erreichen

Teilweise werden die Ziele aber auch nicht angestrebt. Mitunter ist der Grund dafür einfach Gedankenlosigkeit. Meistens werden die Gründe aber ernsthafter und mit den Schwierigkeiten der Zielerreichung verbunden sein, oder sie werden darin bestehen, daß einfach andere Ziele verfolgt werden.

Kundenorientierung in der Praxis

Dies soll an einem anonymisierten Beispiel aus der Entwicklungspraxis eines der Autoren erläutert werden. 1982 begann der damalige Arbeitgeber mit der Entwicklung einer Expertensystem-Shell, das die Entwicklung von Expertensystemen erleichtern sollte. Das Produkt war nicht für die Entwicklung von Forschungsprototypen intelligenter Systeme in wissenschaftlichen Projekten ausgelegt, sondern war primär konzipiert für die produktive Entwicklung von tatsächlichen Anwendungen, die in den typischen DV-Umgebungen von Dienstleistungsunternehmungen einsetzbar sein sollten. Bei der Produktplanung war also über den Kunden und über unterschiedliche Auslegungsmöglichkeiten des Produkts nachgedacht worden.

Wer ist der Kunde?

Aber der Kunde war nicht genau genug bekannt. Nach der ersten Produktfreigabe stellte sich heraus, daß viele Kunden des Produkts weder KI-Forscher noch echte Expertensystem-Anwendungsentwickler waren, die ein einsatzfähiges Anwendungssystem anstrebten. Viele waren Expertensystem-Prototypentwickler, die für ihr Unternehmungen die Möglichkeiten und Schwierigkeiten der Nutzung der neuen Technologie prüften. Ihre Anforderungen unterschieden sich von denen des KI-

Forschers und von denen des Expertensystem-Anwendungsentwicklers. Lange Zeit unterblieb also die eindeutige Fokussierung auf eine Kundengruppe mit homogenen Anforderungen.

Was will der Kunde?

Es war auch unklar, welche die wichtigsten Forderungen waren: mehr Flexibilität der Inferenzkomponente, mehr Komfort der Benutzerschnittstelle, eine verbesserte Knowledge Engineering-Umgebung mit Lernfähigkeit? Die unterschiedlichen Funktionen lagen in der Verantwortung verschiedener Gruppen und Personen in der Entwicklungsabteilung. Diskussionen und Entscheidungen über Produktmerkmale waren unentwirrbar verknüpft mit Entscheidungen für oder gegen Personen. Ob ein Merkmal oder eine Funktion in die Releaseplanung aufgenommen wurde, hing auch vom Ansehen und vom Einfluß der Person ab, die sie vorschlug.

Was will der Kunde nicht?

Ob das Produkt Merkmale aufwies, die der Kunde nicht wünschte, war lange schwer zu beantworten, weil der Kunde nicht systematisch befragt wurde. Unsystematische Befragungen bei User group meetings, Messen, Vertriebskontakten etc. zeigten sich als nicht hilfreich, evtl. sogar als gefährlich, weil sie mißbraucht werden konnten. So argumentierte die für die Benutzerschnittstellen-Komponente verantwortliche Entwicklergruppe, daß bei der Präsentation eines Prototypen auf der Cebit die natürlich-sprachliche Schnittstelle besonders positiv bewertet wurde und darum unbedingt beschleunigt entwickelt werden müsse.

Wofür zahlt der Kunde?

Ein Marketing-Mitarbeiter stellte dieselben Aussagen anders dar: Die Kunden waren begeistert von der natürlich-sprachlichen Komponente und beschrieben sie als eine beeindruckende Leistung der Entwickler, würden sie aber aus verschiedenen Gründen nicht anwenden.

Zu einer teilweisen Klärung kam es, als das Produkt so umfangreich wurde, daß es als Basissystem mit Zusatzkomponenten verkauft wurde. Einige der in Kundenkontakten besonders gelobten Komponenten wurden kaum verkauft. Die Kunden waren zwar beeindruckt von einem Konsistenzprüfer für Wissensbanken, fanden ihn aber viel zu teuer.

Was macht die Konkurrenz?

Auf Initiative eines Entwicklers gab es zwar einzelne systematische Vergleiche mit Konkurrenzprodukten, aber solche Vergleiche wurden nicht systematisch in die Entwicklungsplanung integriert.

Die Entwicklung war nicht sehr effizient. Ein wesentlicher Grund war dabei, daß viel mehr getan wurde als nötig war. Es wurden Merkmale und Funktionen realisiert, die rückblickend nicht auf die Erfüllung der wichtigsten Kundenanforderungen der wichtigsten Kunden zielten. Wären die wichtigsten Anforderungen der wichtigsten Kunden frühzeitiger bekannt gewesen, hätte das Produkt zweifellos effizienter entwickelt werden können.

Motivation alleine reicht nicht aus

Die Mitarbeiter waren ausgezeichnet, die Motivation war großartig, die technischen Voraussetzungen exzellent, und trotzdem war der Erfolg nicht so, wie er hätte sein können. Die Entwicklung war stark technisch-wissenschaftlich orientiert und von der technischen Sicht der Probleme in ein oder zwei Pilotanwendungen stark beeinflußt. Aber sie war nicht kundenorientiert. Dieses Bild dürfte auch für viele Individualsoftwareentwicklungen zutreffend sein.

1.2 Vier Problemkomplexe

Bei einer systematischen Betrachtung lassen sich vor allem folgende vier Problemkomplexe bei der Realisierung der kundenorientierten Softwareentwicklung unterscheiden:

- Es fehlen Informationen über die Bedürfnisse und Anforderungen der Kunden und ihre Bedeutung für die Software.
- Kundenanforderungen werden falsch verwendet, statt zur Erzeugung von Kundennutzen zur Absicherung der Entwicklung.
- Der Softwareentwicklungsprozeß ist inkohärent, d. h. nicht durchgängig an der Erreichung des höchsten Kundennutzens orientiert.
- Die Arbeitsteilung und die damit verbundenen individuellen Einstellungen verursachen Kommunikationsprobleme zwischen allen beteiligten Personen.

Zielgerichtete Produktentwicklung

Diese vier Problemkomplexe sind meist dafür verantwortlich, daß Software nicht kundenorientiert entwickelt wird. Sie verhindern, daß Informationen über die Bedürfnisse des Kunden möglichst vollständig beschafft und mit dem Ziel angewendet werden, Kundennutzen zu schaffen, und nicht nur, um sich gegen Kritik abzusichern. Sie verhindern, daß alle Anstrengungen im Softwareprozeß konsequent auf das Ziel Kundenzufriedenheit ausgerichtet und daß alle Informationen allen Beteiligten in angemessener Form zugänglich gemacht werden.

1.2.1 Fehlende Informationen

In der Praxis der Softwareentwicklung ist es heute selbstverständlich, daß jedes Projekt zu Anfang eine Phase durchläuft, in der die Anforderungen der Kunden erfaßt und in vielen Fällen sogar mit formalen oder semi-formalen Methoden modelliert werden. Fehlen Informationen über die Anforderungen von Kunden, weil die Methoden der Anforderungsanalyse nicht richtig angewendet werden? Nein, auch bei richtiger Anwendung der Methoden der „klassischen Softwareentwicklung" fehlen Informationen über Kundenanforderungen. Sie werden oft gar nicht erst erfaßt bzw. in den weiteren Phasen der Softwareentwicklung nicht angemessen gepflegt.

Kundenorientierte Ressourcenplanung

Wenn aber rational über den Mitteleinsatz in einem Entwicklungsprojekt entschieden werden soll, gibt es eine Reihe von Fragen, die in der Regel nicht ohne direkten Kontakt zu Kunden und vor allem nicht ohne eine systematische Aufbereitung von Kundeninformationen beantwortet werden können:

Falls die Ressourcen nicht ausreichen, um alle Anforderungen zu befriedigen, so muß folgende Frage beantwortet werden:

1. Welche Kundenanforderungen sind wichtig für wen und warum?

Für die Entscheidung über den Abschluß der Analysephase ist die Beantwortung der folgenden Frage ausschlaggebend:

2. Sind die Kundenanforderungen vollständig?

Transparente Produkte

Zur Vorbereitung des Produktmarketing, zur Entscheidung, welche Kunden mit welchen Produktinformationen versorgt werden, oder grundlegend zur Absicherung, daß das geplante Produkt den erwarteten Nutzen für die wichtigsten Kunden erzeugen wird, muß folgende Frage beantwortet werden:

3. Welche Kundenanforderungen sind in der Produktplanung (un-)berücksichtigt?

Wenn während der laufenden Entwicklung über die von der Planung abweichende Realisierung von Softwarefeatures, z. B. aufgrund von veränderten technischen Möglichkeiten, entschieden wird und eine spätere Kritik der Kunden diesbezüglich vermieden werden soll, so gilt es folgende Frage zu beantworten:

4. Welches Softwarefeature basiert auf welcher Kundenanforderung?

Müssen während der Entwicklung bereits getroffene Designentscheidungen in Frage gestellt werden, so setzt dies die Antwort auf die folgende Frage voraus:

5. Welche Designentscheidung basiert auf welcher Kundenanforderung?

Zudem stellt sich bei der Diskussion über den Einsatz beschränkter Ressourcen oft folgende Frage:

6. Sind die Kundenanforderungen notwendig und sinnvoll?

Kundenanforderungen gemeinsam ermitteln

Der Grund dafür, daß diese Fragen nicht beantwortet werden können, ist das Fehlen von Informationen. Die verschiedenen Kunden (Organisationen, Personen oder Rollen), die Anforderungen an die Software haben, werden nicht detailliert unterschieden und mit ihren Anforderungen getrennt behandelt. Die Wichtigkeit der verschiedenen Anforderungen und der verschiedenen Kunden wird nicht explizit erfaßt. Die Vollständigkeit der Anforderungen läßt sich nicht klären, weil keine angemessene Beschreibung der zu unterstützenden Kundenprozesse vorhanden ist, gegen welche die Anforderungen geprüft werden könnten.

Die vier letzten Fragen verweisen darüberhinaus auf ein weiteres Problem. Um den Entwickler bei der Gestaltung der Software nicht unnötig zu behindern, sollten Kundenanforderungen den Nutzen beschreiben, den Kunden aus ihrer Verwendung ziehen wollen. Sie sollten nicht Beschreibungen von Merkmalen der gewünschten Software sein. Denn damit würden die Gestaltungsmöglichkeiten, die dem Entwickler für die Erfüllung der Kundenanforderungen zur Verfügung stehen, eingeschrankt auf die technischen Lösungen, die der Kunde kennt oder sich vorstellen kann. Diese müssen aber nicht die optimalen Möglichkeiten zur Erfüllung der Anforderungen sein.

Anforderungen und Lösungen trennen

Die letzte Frage entsteht nur, weil nicht sorgfältig zwischen Kundenanforderungen und Merkmalen der Software unterschieden wird. Bei Forderungen des Kunden nach bestimmten Merkmalen der Software, stellt sich natürlich immer die Frage, ob der Kunde tatsächlich diese Merkmale benötigt oder ob es sich dabei nur um eine ihm zufällig bekannte Möglichkeit zur Befriedigung seiner Bedürfnisse handelt. Der Entwickler kann diese Frage aber in der Regel nicht entscheiden, da er den tatsächlichen Bedarf des Kunden nicht ausreichend beurteilen kann. Er kann also seine Expertenkenntnis über die technischen Möglichkeiten nicht zur Geltung bringen.

Die klassische Anforderungsanalyse reicht nicht aus

Die alleinige Beschäftigung mit den Methoden der „klassischen Anforderungsanalyse" wird diese Probleme nicht lösen. Notwendig ist eine Aktivität vor Analyse und Design, in der die verschiedenen Kunden bestimmt werden, d. h. in der die Partner, ihre Anforderungen, Ziele und Arbeitssituationen kennengelernt werden. Es muß ein genaues Verständnis davon vorliegen, wie die verschiedenen Kunden mit der Software arbeiten werden. In dieser Aktivität werden business needs formuliert. Sie sind in der Sprache und aus der Sicht der Kunden zu formulieren und müssen erst in einem zweiten Schritt auf Merkmale der Software abgebildet werden.

1.2.2 Falsche Verwendung der Anforderungen

Kundenanforderungen ändern sich

Es gibt unterschiedliche Gründe dafür, daß sich Anforderungen im Laufe der Zeit ändern. Ein wichtiger Grund ist, daß die Kunden ihre Bedürfnisse selbst nicht genau kennen oder nicht formulieren können. Im Laufe des Projektfortschritts entsteht aber häufig durch die Auseinandersetzung mit den Anforderungen oder den Merkmalen der Software, welche die Entwicklung zur Erfüllung der Anforderungen plant, ein klareres Bild von den Anforderungen. Mitunter werden Anforderungen auch zunächst nicht formuliert, weil sie nicht für realisierbar gehalten werden. Außerdem kann es sein, daß sich Anforderungen deshalb ändern, weil sich der zu unterstützende Geschäftsprozeß während der Entwicklungszeit ändert. Häufig verstellt die aktuelle technische Unterstützung des Geschäftsprozesses den Blick auf die wahren Anforderungen, und erst wenn im Laufe der Entwicklung eine neue technische Unterstützung erkennbar wird, werden hinter den verschiedenen Lösungen die eigentlichen Anforderungen sichtbar. In anderen Fällen werden Anforderungen in späteren Phasen der Entwicklung geändert, weil man sich vorher nicht festlegen wollte oder glaubte, sich später noch ohne Schwierigkeiten detaillierter festlegen zu können.

Weil Änderungen so häufig sind, nach Abschluß der Analysephase in der Regel einen hohen Anpassungsaufwand nach sich ziehen und weil der Erfolg einer Entwicklung natürlich in Frage steht, wenn eine Software für eine Menge von Anforderungen entwickelt, aber nach inzwischen geänderten Anforderungen abgenommen wird, ist es üblich, daß ein Anforderungsdokument entwickelt wird, das zur Vertragsgrundlage wird und der Absicherung der Entwicklung gegen sich ändernde Anforderungen dient.

Kundennutzen ermitteln statt gegen Kritik absichern

Dieser grundsätzlich richtige Schritt der vertraglichen Festlegung von Anforderungen zwischen Auftraggeber und Auftragnehmer in der Individualsoftwareentwicklung oder zwischen Marketing und Entwicklung bei der Entwicklung eines Softwareprodukts für den anonymen Markt führt aber oft zu anderen Zielen als die Schaffung von Kundennutzen. Das Ziel der Erfassung von Anforderungen ist dann nicht das genaue Verständnis des Bedarfs, sondern ausschließlich die schriftliche, vertragliche Fixierung der Anforderungen. Dabei spielt es keine Rolle, ob sorgfältig zwischen Anforderungen und Merkmalen der Software unterschieden wird. Oft ist es sogar von Vorteil, wenn der Kunde sich irrtümlich auf die Formulierung von Merkmalen einläßt. Diese können in der Regel von den Entwicklern leichter präzisiert werden, und sie erübrigen die nicht immer einfache Entscheidung, welche Merkmale der Software für die Erfüllung der Kundenanforderungen optimal sind.

Verantwortung gegenüber den Kunden zeigen

Der Entwickler glaubt, sich mit Hilfe des Anforderungsdokuments aus der Verantwortung für die Bestimmung der Anforderungen zurückziehen zu können. Der Kunde sieht das meist anders. Wenn am Ende die Software fertiggestellt ist und nicht den erwarteten Nutzen erbringt, dann wird er den Hersteller verantwortlich machen. Und wenn es ihm auch nicht gelingt, Nachbesserungen durchzusetzen, weil das Anforderungsdokument seine Unterschrift tragt, so wird er doch den Auftragnehmer oder Hersteller in Zukunft meiden. Vom Auftragnehmer einer Individualsoftwareentwicklung wird er berechtigterweise erwarten, daß dieser Methoden beherrscht, Anforderungen zu bestimmen und auf Merkmale der Software abzubilden. Und einen Lieferanten von Softwareprodukten wird er selbstverständlich für die Gestaltung seiner Produkte verantwortlich machen und in Zukunft das Produkt eines Wettbewerbers wählen.

1.2.3 Der inkohärente Softwareprozeß

Wird beim Abschluß eines großen Entwicklungsprojekts nach den Komponenten und Leistungen in Analyse, Design, Codierung und Test gefragt, auf die Entwickler besonders stolz sind, auf die sie besonderen Wert gelegt haben und die daher auch die größten Anstrengungen gebunden haben, so enthüllt sich oft ein problematisches Bild. In Abb. 1-1[1] sind die Schwerpunkte einer beispielhaften Entwicklung in den verschiedenen Phasen im Vergleich zu den Anforderungen dargestellt. Die Umsetzung der obersten der dargestellten Anforderungen genoß kohärent durch alle Phasen die besondere Aufmerksamkeit der Entwickler. Dagegen haben andere Anforderungen nur in einzelnen Phasen besondere Aufmerksamkeit erhalten.

Abb. 1-1: Schwerpunkte der Entwicklung

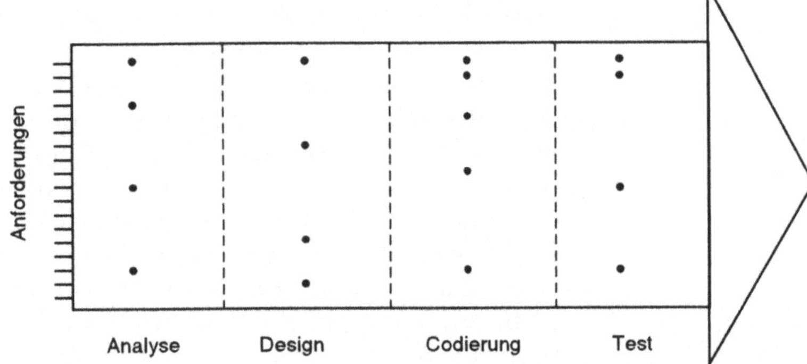

Werden ferner die Kunden nach ihren wichtigsten Anforderungen gefragt, so wird das Bild noch problematischer. In Abb. 1-2 sind die wichtigsten Anforderungen hervorgehoben.

1 Siehe zum inkohärenten Softwareprozeß und zu den Abbildungen Zultner /Quality Function Deployment/

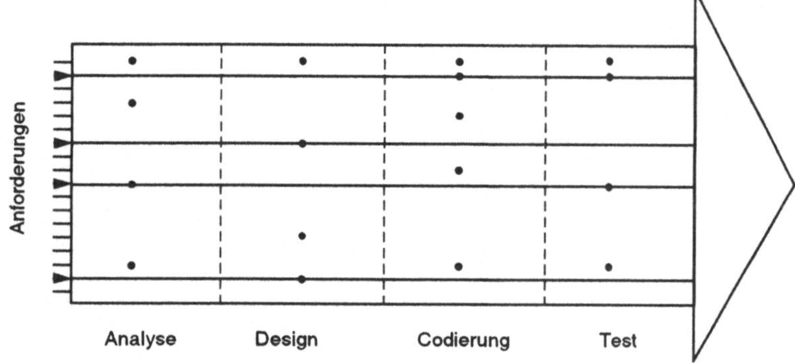

Abb. 1-2:
Der inkohärente Softwareprozeß

Wie schon in Abb. 1-1 ersichtlich, haben in den verschiedenen Phasen unterschiedliche Anforderungen die meiste Aufmerksamkeit erhalten. Allerdings haben die wichtigsten Anforderungen nur gelegentlich hohe Aufmerksamkeit genossen. Dies ist natürlich nicht überraschend, wenn die wichtigsten Anforderungen nicht bereits zu Beginn des Projekts bekannt sind.

Hohe Leistungsfähigkeit ist nicht hinreichend für den Projekterfolg

Erfolgreiche Projektteams werden behaupten, sie seien erfolgreich, weil sie besonders leistungsfähig sind. Das ist sicher richtig. Hohe Leistungsfähigkeit ist eine notwendige Voraussetzung für den Erfolg. Aber sie ist nicht hinreichend. Die erfolglosen Teams waren auch alle besonders leistungsfähig und haben ihr Bestes gegeben. Aber sie hatten kein Glück. Zufällig trafen ihre „best efforts" nicht die wichtigsten Kundenbedürfnisse. Die zufällige Verteilung der „best efforts" führt nur zufällig zum Erfolg. Die meisten Projekte werden erfolglos bleiben.

Wie anders wird das Bild (Abb. 1-3), wenn es uns gelingt, alle unsere „best efforts" auf die wichtigen Kundenbedürfnisse auszurichten, d. h. den Softwareprozeß im Hinblick auf die Kundenanforderungen kohärent zu gestalten! Ohne Frage ist der kohärente Prozeß effizienter, effektiver und für alle Beteiligten befriedigender als der inkohärente Prozeß.

Abb. 1-3:
Der kohärente Softwareprozeß

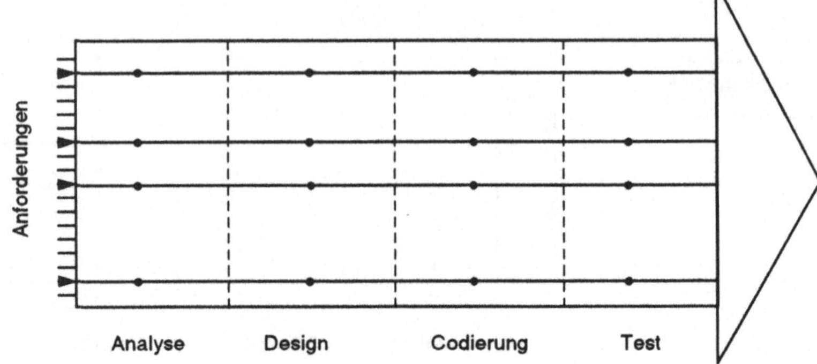

Quality Function Deployment ist eine Methode zur Ausrichtung aller Anstrengungen auf den Kundennutzen. Natürlich werden wir mit einer solchen Methode erfolgreicher sein. Wird sie nach einer Lernphase beherrscht, so wird sie den Gesamtaufwand erheblich senken. Dabei wird aus einem großen Reservoir von Verschwendung geschöpft, das aus Aufwand für unnötige Funktionalitäten und Qualitäten besteht.

1.2.4 Arbeitsteilung, Einstellung, Kommunikation

Viele Beteiligte, viele Meinungen

Der vierte Problemkomplex besteht in den Einstellungen der handelnden Personen. Sie ergeben sich oft aus Erfahrungen, die mit der Arbeitsteilung innerhalb einer Unternehmung verbunden sind. Sie wirkt sich filternd oder verzerrend auf die Wahrnehmung von Anforderungen aus und behindert die Kommunikation zwischen den verschiedenen an der Entwicklung beteiligten Gruppen. An dem anfänglich bereits benutzten Beispiel aus der Entwicklungspraxis eines der Autoren läßt sich der filternde und verzerrende Einfluß der Einstellungen darstellen.

Viele Kunden wollten die Expertensystem-Shell nicht auf der Hardware des Herstellers, sondern auf fremder Hardware betreiben. Die Vertriebsprovisionen der Verkäufer waren aber am Umsatz mit der eigenen Hardware orientiert. Da überrascht es nicht, daß die Kundenanforderung Plattform-Unabhängigkeit nicht wahrgenommen und umgesetzt wurde.

Die typischen Kunden von Expertensystem-Shells waren Softwarespezialisten, die technisch angesprochen werden wollten. Der Vertrieb war aber in der Unternehmung traditionell auf einen technisch nicht versierten Kunden eingestellt. Entsprechend war die Produktinformation betont nicht-technisch. Die

Anforderung des Kunden, technisch ernst genommen zu werden, wurde nicht gleich erkannt, weil die Erfahrungen mit Kunden anderer Produkte zu der Einstellung geführt hatte, daß der Kunde nicht mit technischen Details belastet werden soll.

Viele sehen nur, was sie sehen wollen

Ein drittes Beispiel für die durch eigene Erfahrungen selektive Wahrnehmung von Kundenanforderungen betraf die Forderung der Kunden nach einer modernen graphischen, maus- und menügesteuerten Benutzerschnittstelle, wie sie die Konkurrenzprodukte damals bereits besaßen. Unser eigenes Produkt war aber mit einer zeilenorientierten Schnittstelle versehen. Über diese Kundenanforderung wurde lange Zeit diskutiert. Sie wurde von den Entwicklern immer wieder als weniger wichtig eingestuft, weil sie keine neue Funktionalität bereitstellte. Alle Leistungen, die dem Benutzer mit einer solchen modernen Benutzerschnittstelle geboten werden konnten, ließen sich mit Hilfe einer zeilenorientierten Benutzerschnittstelle emulieren. Die Gründe für diese Einschätzung lagen aber weniger in den tatsächlichen Vor- und Nachteilen der verschiedenen Benutzerschnittstellen. Sie ergaben sich eher aus der Tatsache, daß die Entwickler funktionale, objektivierbare Merkmale grundsätzlich höher bewerteten als eher subjektive Komfortmerkmale.

Ohne Kommunikation kein Konsens

Einen weiteren wesentlichen Teil dieses Problemkomplexes bilden Probleme der Kommunikation über die Grenzen funktionaler Gliederungen hinweg. Dies soll an einem anderen realen, aber anonymisierten Beispiel beschrieben werden. In Gesprächen mit dem Hersteller eines CASE-Tools wurde deutlich, daß es in der Unternehmung für das CASE-Tool zwei unterschiedliche Zielsetzungen und Planungen gab. Marketing und Vertrieb zielten in der Weiterentwicklung auf Verbesserungen der Benutzerschnittstelle und die Integration der verschiedenen Werkzeuge der CASE-Umgebung. Die Entwicklung beschäftigte sich dagegen mit der Frage, wie die objektorientierte Softwareentwicklung durch das CASE-Tool unterstützt werden könne. Zudem war aus Sicht der Entwicklung die Ausdifferenzierung des CASE-Tools in zwei Versionen zur spezifischeren Unterstützung für Component und Solution builder eine zweiter wesentlicher Bereich der Weiterentwicklung.

Beide Gruppen sahen die Zielvorstellungen der jeweils anderen Gruppe als völlig falsch an und verbanden diese Bewertung mit gruppentypischen Vorurteilen. Marketing und Vertrieb warfen der Entwicklung vor, die realen Bedürfnisse der Kunden nicht wahrzunehmen, und sah die Entwickler nur daran interessiert, immer neue Funktionalitäten bis zur grundsätzlichen Verfügbarkeit zu entwickeln, um sich dann neuen „Spielzeugen" zuzuwenden. Den Mitarbeitern aus Marketing und Vertrieb erschienen die Entwickler als „weltfremd und unsolide". Die Entwicklung warf ihrerseits Marketing und Vertrieb vor, die zukünftigen Bedürfnisse der Kunden nicht zu erkennen. Den Entwicklern erschienen die Mitarbeiter aus Marketing und Vertrieb als „Dünnbrettbohrer", die nichts von CASE-Tools verstehen.

In einem solchen Fall finden beide Gruppen offensichtlich keinen Weg mehr, ernsthaft miteinander zu kommunizieren. Hier wird eine institutionalisierte, strukturierte Diskussion benötigt, die eine sachliche Auseinandersetzung ermöglicht. Der gelegentliche Schlagabtausch in der Releaseplanung genügt nicht.

Einbeziehung aller Beteiligten erforderlich

Natürlich muß in diese Kommunikation der Kunde miteinbezogen werden. An der Schnittstelle zwischen Kunden und Vertriebsmitarbeitern herrschen grundsätzlich ähnliche Schwierigkeiten. Auch hier genügt nicht das gelegentliche unstrukturierte Gespräch.

Die spezielle Aufgabe der Softwareentwickler entfernt sie notwendig von den Kunden. Technische Spitzenleistungen sind häufig mit einer einseitig technischen Orientierung verbunden und setzen diese vielleicht sogar voraus. Das macht es schwer, die Anforderungen der Kunden, die auf anderen Erfahrungen beruhen und ausschließlich an der Nutzung der Software, nicht an ihrer inneren Struktur, Originalität der Lösung oder ihrer Modernität etc. orientiert sind, wahrzunehmen und zu akzeptieren. Erschwerend kommt hinzu, daß Entwickler Kundenanforderungen gewöhnlich durch Marketing und Vertrieb erhalten. Haben die Vermittler der Informationen aber bei den Entwicklern ein Image wie bei dem oben beschriebenen CASE-Tool-Hersteller, so werden sie ein Glaubwürdigkeitsproblem haben. Die Entwickler werden die vermittelten Kundenanforderungen nicht akzeptieren, wenn sie nicht ihrer eigenen Sicht und Erfahrung entsprechen.

Akzeptanz schaffen

Um Akzeptanz für die Anforderungen der Kunden bei den Entwicklern zu erreichen, müssen diesen Informationen aus erster Hand verschafft werden. Sie benötigen selbst Gelegenheit zur systematischen Auseinandersetzung mit Kunden und Kundeninformationen. So werden Akzeptanz und Mißinterpretationen vermieden. Die Entwickler benötigen die Möglichkeit, ihre Bedenken und Unsicherheiten zu klären und die Bedeutung von Anforderungen zu verstehen, weil sonst die Planungen niemals wirklich abgeschlossen sind. Sind die Entwickler nicht an der Planung beteiligt, so wird mit der Frage, ob „der Kunde das denn wirklich so gemeint habe", die für abgeschlossen gehaltene Planung bei jeder Gelegenheit während der Entwicklung wieder in Frage gestellt. Alle Beteiligten, bzw. bei großen Projekten Repräsentanten aller beteiligten Gruppen, sollten daher Gelegenheit zur aktiven Teilnahme an der Planung haben.

1.3 Kundenorientierung praktisch umsetzen mit Quality Function Deployment

Quality Function Deployment hilft Probleme vermeiden

Der Einsatz von Quality Function Deployment soll diese vier Problemkomplexe vermeiden. Als Ergebnisse müssen dabei umfassende Informationen ermittelt werden, die den folgenden Anforderungen genügen:

- Relevanz:
  Die Informationen müssen beschreiben, was die Software leisten soll. Um dabei den Gestaltungsspielraum der Entwickler nicht unnötig einzuschränken, dürfen sie nicht festlegen, wie diese Leistung erbracht werden soll.
- Glaubwürdigkeit:
  Die Informationen müssen aus erster Hand stammen, um glaubwürdig zu sein.
- Nachvollziehbarkeit:
  Die Informationen müssen mit genügend Hintergrundinformation über Gründe, Ziele und Randbedingungen verbunden sein, damit sie nachvollziehbar und verständlich sind.
- Eindeutigkeit:
  Die Informationen müssen möglichst eindeutig formuliert werden, damit sie kontextunabhängig sind, denn die Entwicklung soll auf der Basis dieser Informationen und möglichst ohne weitere Rückfragen beim Kunden entscheidungsfähig sein.

- Differenziertheit:
  Die Informationen müssen die unterschiedlichen Anforderungen verschiedener Kunden erkennbar lassen.

Klare Regeln tragen zum Erfolg bei

Die Beteiligung aller Betroffenen muß nach gewissen Regeln erfolgen: den Kunden müssen Hilfen geboten werden, um tatsächliche Anforderungen differenziert zu beschreiben und zu begründen. Es darf kein „Einigungsdruck" auf sie entstehen. Verschiedene Kunden müssen unterschiedliche Anforderungen darstellen können. Die Rollen der beteiligten Personen müssen eindeutig bestimmt sein, und das gewünschte und zulässige Verhalten der Rolleninhaber muß klar geregelt sein. Es muß sichergestellt werden, daß die Formulierung und Gewichtung von Anforderungen ausschließlich Sache der Kunden ist. Als Voraussetzung für einen offenen Informationsaustausch muß für gegenseitiges Vertrauen und für ein sachliches Klima gesorgt werden.

Vielfältiger Nutzen von Quality Function Deployment in der Praxis

Erste Erfahrungen in den USA und Japan mit der Anwendung von Quality Function Deployment in der Softwareentwicklung zeigen, daß der Nutzen v. a. in folgenden Bereichen liegt:

- bereichsübergreifende Teamarbeit und Kommunikation,
- gegenseitiges Verständnis der jeweiligen Anforderungen und Probleme von Kunden, Entwicklern und anderen Beteiligten (Marketing etc.),
- klare Analyse und Dokumentation von Kunden-/Benutzeranforderungen mit nachvollziehbaren Entscheidungswegen,
- Schaffung einer gemeinsamen Sicht auf das Produkt,
- über den Softwarelebenszyklus gesehen geringerer Aufwand wegen geringerer Verschwendung für die Entwicklung nicht geforderter Funktionalität und infolge weniger Nacharbeit,
- im Endeffekt zufriedene, oft begeisterte Kunden.

Was ist QFD?

Unter dem Begriff Quality Function Deployment (QFD) wird die integrierte Anwendung einer Reihe von Qualitätstechniken verstanden, die an den in Kap. 1.2 beschriebenen Problemkomplexen ansetzen. 1966 in Japan für und in der Industrie entwickelt soll QFD in den gesamten Entwicklungsprozeß und dabei vor allem in die Aktivitäten der Produktplanung Struktur und Systematik hineinbringen. Dies indem es zum einen sicherstellt, daß die „Stimme des Kunden" explizit aufgenommen und in die Sprache der Entwickler übersetzt wird, zum anderen, indem es einen Mechanismus bereitstellt, der die wichtigsten Kundenbedürfnisse auch wirklich transparent durch den gesamten Entwicklungsprozeß trägt. Alle Aktivitäten in der Produkterstellung sollen zumindest mittelbar auf Kundenanforderungen zurückführbar sein. In jeder Entwicklungsphase soll der größte Aufwand auf die Verrichtung der Aufgaben verwendet werden, welche den höchsten Anteil an der Erhöhung des Kundennutzens und der Befriedigung der Kundenbedürfnisse haben. Dabei fordert QFD schon in der Produktplanung eine abteilungsübergreifende Zusammenarbeit innerhalb der Unternehmung und mit den Kunden, um die angestrebten Entwicklungsziele jedem Beteiligten frühzeitig vor Augen zu führen und eine Verpflichtung gegenüber dem Produkt zu etablieren. Als essentielles Werkzeug zur Umsetzung der Konzepte des Total Quality Managements[1] und als Rückgrat des Simultaneous Engineering[2] ist die Erhöhung der Kundenzufriedenheit die oberste Leitlinie von QFD.

1.4 Was dieses Buch für Sie leisten kann

Dieses Buch erklärt QFD

QFD ist in seiner Anwendung sehr flexibel und in bezug auf die Breite der potentiell zu analysierenden Problemstellungen sehr vielseitig.[3] In diesem Buch wird der Einsatz der unter QFD subsummierten Techniken in der Produktentwicklung dargestellt. Die Entwicklungsprozesse selbst sind nur indirekt betroffen, sie sind hier nicht explizit Gegenstand der QFD-Anwendung. Die vielfach erfolgreich durchgeführten Prozeßverbesserungen mit QFD werden also nicht explizit thematisiert.[4] Allgemein gesichert ist die Erkenntnis, daß QFD in diesem Bereich keiner Standard-Anwendung zugänglich ist, sondern immer projektspezifisch an die konkreten Ziele und Rah-

1 Vgl. zu Total Quality Management der Softwareentwicklung Mellis, Herzwurm, Stelzer /TQM/

2 Vgl. Brunner /Produktplanung/ 42, Cohen /Quality Function Deployment/ 33ff. und Seidel /TQM-Netzwerk/ 316

3 Vgl. Cohen /Quality Function Deployment/ 21

4 Vgl. dazu Bicknell, Bicknell /QFD/ 223ff. und Zultner /Task Deployment/

menbedingungen angepaßt werden muß.[1] Diese Aussage soll im folgenden nicht negiert, aber relativiert werden, indem für die Softwareentwicklung versucht wird, das Generelle einer QFD-Anwendung herauszustellen und zu untersuchen. Dieses Generelle liegt in der Betonung der vorbeugenden Qualitätsplanung gegenüber der nachträglichen Qualitätskontrolle und dort speziell in der Art, wie bei QFD Probleme in der Produktentwicklung angegangen werden.[2] Statt eines analytischen Fehlersuchens und -behebens wird der frühzeitigen Umsetzung von Anforderungen in Produktcharakteristika - immer im Hinblick auf den späteren Einsatzzweck beim Kunden - Priorität eingeräumt. Ein wesentliches Ziel ist dabei die Entwicklung einer Entwurfsqualität, die sich an den Bedürfnissen der Kunden orientiert, und ein erster Schritt dazu ist die Identifikation der wichtigsten Anforderungen an das Produkt.[3]

Dieses Buch liefert ein „Kochbuch" für QFD

In diesem Buch soll ein idealtypisches Vorgehen zur Anwendung von QFD auf die **Planung** von **Softwareprodukten** vorgestellt werden. Das Requirements Engineering als im allgemeinen erste Phase der Softwareherstellung von sowohl neuen als auch bereits existierenden Produkten steht im Mittelpunkt. Unter Requirements Engineering werden die „Methoden, Beschreibungsmittel und Werkzeuge zur Erhebung, Formulierung und Analyse der Benutzeranforderungen"[4] verstanden. Die Übertragung von QFD auf die Unterstützung der späteren Entwicklungsphasen wird nur in Ansätzen behandelt. Dies nicht aus dem Grund, weil die ebenfalls als vielversprechend bezeichnete Anwendung von QFD in diesem Bereich hier einfach ignoriert wird,[5] sondern vielmehr weil QFD einen starken praktischen Bezug hat und deswegen auch nur sinnvoll in

---

1 Vgl. Akao /Einführung/ 15; Akao /Quality Deployment/ 50; King /Konkurrenz/ 18; Moran, ReVelle /Handbook/ 58f.; Zells /TQM Applications/ 54f.

2 Vgl. Mizuno /Introduction/ 4ff., 10f.

3 Vgl. Akao /Einführung/ 16

4 Stahlknecht /Wirtschaftsinformatik/ 270. Auf den Unterschied zwischen Benutzer und Kunden wird in Kap. 2.1 eingegangen.

5 Vgl. Betts /QFD/ 449ff.; Zultner /Software quality function deployment/ 144ff.

praktischer Anwendung untersucht werden kann.[1] Darstellen und praktisch umsetzen läßt sich an dieser Stelle nur QFD für die Anfangsphase der Produkterstellung, also für den Bereich, in dem die größten Verbesserungspotentiale innerhalb der Softwareentwicklung und auch der größtmögliche Nutzen von QFD für die Softwarebranche liegen.[2] Reale Fallbeispiele von umfassenden QFD-Anwendungen auf die gesamte Produktentwicklung sind natürlich wünschenswert, aber selbst in der Fertigungsindustrie kaum vorhanden und wenn überhaupt, dann nur oberflächlich oder zu spezifisch, als daß das Vorgehen auf andere Projekte übertragen werden könnte. Doch eine Übertragbarkeit des in diesem Buch vorgeschlagenen QFD-Ablaufs auf andere Softwareprojekte ist eine essentielle Forderung an das Vorgehen.

Dieses Buch diskutiert verschiedene Ansätze von QFD

Für diese Arbeit wurden daher aus den existierenden QFD-Ansätzen die jeweiligen Vorgehensweisen zur Produktplanung untereinander verglichen und die im Hinblick auf die Praktikabilität der Durchführung sinnvollsten Aktivitäten herausgegriffen. Dies ist auch in bezug auf den oftmals als hoch bezeichneten Aufwand der QFD-Anwendung zu verstehen.[3] Die Aufwand-Nutzen-Relation des vorgestellten Ansatzes soll bei Umsetzung in den praktischen Einsatz stimmig sein, d. h. kurzfristig akzeptabel mit Aussicht auf langfristig überwiegendem Nutzen.[4] Dies wird durch Konzentration auf die wesentlichen Aspekte von QFD erreicht, ohne die elementaren Ziele und die dazu eingesetzten methodischen Mittel von QFD zu vernachlässigen.

---

1 Vgl. Akao /Einführung/ 15; Cohen /Quality Function Deployment/ 209

2 Vgl. McDonald /Product Development/ 438ff.; Zultner /Software Quality Deployment/ 133f.

3 Vgl. z. B. Curtius, Ertürk /QFD-Einsatz/ 396; Eversheim, Wengler, Ogrodowski /Qualitätsprobleme/ 1052ff.; König /Erfahrungen/ 141f.; Menneke /Einführung/ 107; Pfeifer /Qualitätsmanagement/ 43f.

4 Nutzen hier in den drei grundlegenden Dimensionen Zeit, Kosten und Qualität, vgl. ASI /Quality Function Deployment/ 27ff.; Ishikawa /Total Quality Control/ 45; zur Definition von Qualität siehe Kap. 2.1

Dieses Buch ist geeignet für Standard- und Individualsoftwareprojekte

Eine Einschränkung auf die Entwicklung von Standard- oder Individualsoftware erfolgt nicht, da QFD grundsätzlich in beiden Bereichen wertvolle Dienste leisten kann. Tendenziell steht allerdings die kundenspezifische Entwicklung von kommerzieller betrieblicher Software im Vordergrund, auch da die für die Produktplanung von Standardsoftware notwendigen umfangreichen Marktanalyseaktivitäten[1] nicht behandelt werden. Ausgangspunkt dabei ist eine geschäftsprozeßorientierte Sicht der Aufgaben, vor welche die Kunden tagtäglich gestellt werden und deren Erledigung durch das Softwareprodukt als Teil eines übergeordneten „business system" unterstützt werden soll.[2] Unter der Planung von Softwareprodukten als Teil der Softwareentwicklung wird neben den klassischen frühen Aktivitäten aus dem gängigen Phasenmodell des Software-Lebenszyklus[3] also auch diese Einbettung in ein übergeordnetes Aufgabensystem verstanden. In diesem Sinne läßt sich also von einer Systementwicklung sprechen.

Überblick über QFD

In Kap. 2 wird nach einem kurzen geschichtlichen Überblick zunächst QFD definiert und die Zielsetzung von QFD in der Produktentwicklung angesprochen (Kap. 2.1). Dabei wird auch auf das für das Verständnis des Wirkungszusammenhangs zwischen Anforderungserfüllung und Kundenzufriedenheit und damit für QFD in der Produktplanung grundlegende Kano-Modell eingegangen. Nach der Schilderung der Ziele und potentiellen Vorteile von QFD (Kap. 2.2), werden die charakteristischen methodischen Merkmale von QFD, insbesondere das House of Quality und die Matrixsequenz, dargestellt (Kap. 2.3). Die existierenden allgemeinen Ansätze in der Fertigungsindustrie und die speziellen Vorgehensweisen in der Softwareentwicklung (Kap. 2.4) bilden die Grundlage für die in Kap. 3 detailliert beschriebene Anwendung von QFD auf die Planung von Softwareprodukten.

Vorgehensmodell zur Planung von Softwareprodukten

Nach einem Überblick über Komponenten und Ablauf des QFD-Prozesses (Kap. 3.1) wird ein mögliches Vorgehen für die Planungsphase von QFD (Kap. 3.2) skizziert, zweigeteilt in ei-

1 Vgl. dazu z. B. Meffert /Marketingforschung/

2 Vgl. Ohmori /Software quality deployment/ 211, 213; das „business system" steht für eine Zusammenfassung aller für das Erreichen der Organisationsziele notwendigen Aufgaben.

3 Vgl. z. B. Sommerville /Software Engineering/ 5-10

nen Teil zur allgemeinen Projektorganisation (Festlegung der Ziele und Inhalte eines QFD-Projekts, Team-, Termin- und Aufwandsplanung) sowie einen Teil zur Identifikation und Gewichtung von Kundengruppen. Die Kap. 3.3 bis 3.5 repräsentieren den zentralen Teil dieses Buches, in dem das Vorgehensmodell zur Planung von Softwareprodukten ausführlich mit den Problemen und beachtenswerten Aspekten anhand von kleineren Beispielen dargestellt wird. Dies soll zusammen mit den in der Materialsammlung aufgelisteten standardisierten Beschreibungen zu den einzelnen Aktivitäten als Anleitung bei der praktischen Umsetzung von QFD dienen. Den Abschluß von Kap. 3 bilden die Verwendung der ermittelten Entwicklungsvorgaben bei der Erstellung einer Anforderungsspezifikation (Kap. 3.6) und die Einordnung von QFD in das traditionelle Software Engineering (Kap. 3.7).

Vorgehensmodell zur Einführung von QFD

Ein Vorgehensmodell zur Durchführung eines QFD-Pilotprojekts wird in Kap. 4 vorgeschlagen. Neben einer zielgerichteten Strategie zur Einführung von QFD in einer Unternehmung, wird auch eine Methode zur systematischen Erfolgskontrolle eines QFD-Pilotprojekts anhand strukturierter Interviews mit allen Projektbeteiligten vor und nach einem QFD-Projekt vorgestellt.

SAP R/3 Fallbeispiel

In Kap. 5 wird ein Beispiel der Anwendung von QFD zur Planung von Softwareprodukten, konkret des dargelegten Vorgehens zur Bildung des (Software-)House of Quality, beschrieben. Anhand der Weiterentwicklung des in das Standardanwendungssystem R/3 des deutschen Softwarehauses SAP AG integrierten Softwareprodukts zur Pflege von persönlichen Terminkalendern werden der Ablauf und die Ergebnisse der einzelnen Projektschritte dargestellt. Zusätzlich zu der exemplarischen Anwendung der Erfolgskontrolle, werden die Ergebnisse des Projekts hinsichtlich Aufwand und Nutzen bewertet, auch um erste Erkenntnisse aus dem praktischen Einsatz von QFD zu gewinnen. Das abschließende Kap. 6 zieht ein Fazit und leistet einen Ausblick auf Erweiterungen und Varianten des vorgestellten Vorgehensmodells für QFD.

Ausführliche Materialsammlung

Die Materialsammlung gliedert sich in sieben Teile. Die Anleitung zur Planung eines QFD-Projekts, beschrieben in Kap. 3.2, bildet Teil A. In den Teilen B, C und D befindet sich das in Kap. 3.3, 3.4 und 3.5 dargestellte Vorgehen in Form einer Moderationsanleitung („Kochbuch"). Teil E beinhaltet die innerhalb des SAP-Projekts verwendeten Interviewleitfäden zur Erfolgskontrolle. Teil F gibt eine grobe Übersicht der am Markt erhältlichen QFD-Tools zur Softwareunterstüzung einer QFD-Anwendung. Teil G enthält nützliche (Internet-)Adressen zum Thema QFD.

2 Kundenorientierte Produktentwicklung mit QFD

QFD-Wurzeln liegen in Japan

Allgemein wird das Jahr 1966 als Geburtsjahr von QFD genannt.[1] In diesem Jahr wurde von Akao die Notwendigkeit erkannt, Anforderungen an die Qualität von Produkten bereits in der Planungsphase zu definieren. Die Jahre der ausschließlich statistischen Qualitätskontrolle waren vorbei, es sollte ein Weg gefunden werden, Qualtität im Sinne der Kunden bereits beim Entwurf des Produkts sicherzustellen. Doch erst 1972 wurde mit der Entwicklung der für QFD charakteristischen Qualitätstabellen eine Technik gefunden, welche für die QFD-Konzepte ein Mittel zur Abdeckung des gesamten Produkterstellungsprozesses beginnend bei den Kundenanforderungen darstellte. 1978 wurde dann das grundlegende Standardwerk[2] über QFD in Japan auch mit einigen industriellen Fallbeispielen veröffentlicht.

QFD-Siegeszug in den USA

Der erste englischsprachige Artikel[3] über QFD wurde hingegen erst im Oktober 1983 in den USA publiziert. Es folgten einige Veröffentlichungen von begeisterten amerikanischen Anwendern,[4] bis 1987 (bzw. in überarbeiteter Fassung 1989) das erste englischsprachige Buch[5] über QFD herauskam. Die Übersetzung einer Sammlung von japanischen Fallstudien zur praktischen Anwendung von QFD in den verschiedensten Branchen wurde mit ihrer Publikation 1990 zum amerikanischen Standardwerk.[6] In Europa und speziell in Deutschland gelangte QFD erst in den späten 80er Jahren zu erhöhter Aufmerk-

---

1 Vgl. Mizuno, Akao /QFD/ v und zum Folgenden Akao /History/

2 Mizuno, Akao /QFD/

3 Kogure, Akao /Quality Function Deployment/

4 Vgl. Hauser, Clausing /House of Quality/; Sullivan /Quality Function Deployment/

5 King /Designs/ bzw. in deutscher Übersetzung King /Konkurrenz/

6 Akao /QFD/

samkeit, insbesondere in der Automobilindustrie und bei deren Zulieferern.[1]

2.1 Überblick

Der Qualitätsbegriff

„Quality [...] begins with the customer's requirements [...] and ends with a satisfied or delighted customer."[2] Unter Qualität soll deswegen die Übereinstimmung eines Produkts (oder einer Dienstleistung)[3] mit den wie auch immer gearteten Anforderungen der Kunden verstanden werden.[4] Die Anforderungen sind dabei nicht beschränkt auf die Funktionalität des Produkts, sondern können sich auch auf die Zuverlässigkeit, den Preis, die Lieferzeit etc. beziehen. Qualität wird immer subjektiv durch die Kunden definiert und letztlich über den Grad der Kundenzufriedenheit mit dem Produkt oder der Dienstleistung einer Unternehmung spezifiziert.[5] Kunden sind dabei im Prinzip alle Personen, die in irgendeiner Weise mit dem Softwareprodukt in Berührung kommen, also von seiner Erstellung oder seiner Benutzung betroffen sind.[6] Der Begriff „Kunde" wird hier statt der in der Softwarebranche üblichen Bezeichnung des Anwenders bzw. Benutzers verwendet, weil er implizit deutlich macht, daß auch die Softwareentwickler immer in Kunden-Lieferanten-Beziehungen stehen, in denen sie Leistungen ihren Kunden gegenüber erbringen müssen.

Definition von QFD

QFD ist bei der praktischen Anwendung in der Produktentwicklung entstanden und kein theoretisches Gedankengebilde mit exakten Definitionen für jedes kleinste Rädchen im QFD-Prozeß. Auch aus diesem Grund haben viele Anwender über die letzten Jahre hinweg ihre eigenen Definitionen von QFD gepflegt.[7]

---

1 Vgl. Bergman /QFD in Europe/ 12; Brunner /Produktplanung/ 43

2 Arthur /TQM/ 8

3 I. d. R. bezieht sich in dieser Arbeit der Begriff Qualität auf das Produkt Software.

4 Vgl. Haist, Fromm /Qualität/ 5, 31

5 Vgl. Bicknell, Bicknell /QFD/ 12; Homburg, Rudolph /Kunden/ 44; ReVelle, Frigon, Jackson /Concept/ 140

6 Vgl. Juran /Design/ 44

7 Vgl. Eureka, Ryan /Customer-driven company/ 27ff.

Die japanische Wortfolge „Hin-Shitsu Ki-No Ten-Kai" ist als „Quality Function Deployment" in die englische Sprache übersetzt worden. Allgemein wird dieser Name als irreführend und wenig aussagekräftig bezeichnet.[1]

Abb. 2-1: Übersetzungen von QFD

品質	機能	展開
Hin Shitsu	**Kinou**	**Ten Kai**
Quality **Features** **Attributes** **Qualitites**	***Function*** **Mechanization**	***Deployment*** **Diffusion** **Development** **Evolution**
Qualität **Eigenschaften** **Merkmale** **Qualitäten**	**Funktion** **Aufgabe** **Zweck** **Tätigkeit**	**Entfaltung** **Entwicklung** **Aufmarsch** **Gliederung** **Verteilung**

Umfassender QFD-Begriff

Schlüssel zum besseren Verständnis der Intention hinter dieser Bezeichnung ist der Begriff „deployment". Er steht innerhalb QFD für die detaillierte Analyse und systematische Berücksichtigung bestimmter ausgewählter Aspekte der Produktentwicklung (z. B. der Produktzuverlässigkeit) an jeder notwendigen Stelle im Entwicklungsprozeß.[2] Bei QFD werden also sowohl die unternehmungsinternen Prozesse zur Erreichung von Qualität (z. B. in Form von kundennah entwickelten Produkten) als auch die geforderten Qualitätsmerkmale der Produkte selber betrachtet. Nach japanischem Verständnis setzt sich **QFD im weiteren Sinne** (QFD i. w. S.) eben aus diesen beiden Aspekten zusammen:

Prozeßbezogener QFD-Begriff

- **QFD im engeren Sinne** (QFD i. e. S. oder in neueren Veröffentlichungen auch task deployment[3]):
  Der Schwerpunkt liegt hier auf der Verbesserung der organisationsinternen Prozesse. Dabei werden sogenannte „quality functions" betrachtet, die als Sammelbegriff für sämtli-

1 Vgl. ASI /Quality Function Deployment/ 26; Cohen /Quality Function Deployment/ 17; Guinta, Praizler /QFD/ 4

2 Vgl. Zultner /Satisfying Customers/ 33

3 Vgl. Zultner /Task Deployment/

che Aktivitäten einer Unternehmung stehen, die zur Planung und Sicherung eines gewissen Qualitätsniveaus über Abteilungsgrenzen hinweg dienen.[1] Typische Qualitätsfunktionen sind in einer groben Gliederung durch die klassische Phaseneinteilung der Produktentwicklung in Planung, Analyse, Design, Herstellung und Auslieferung gegeben. QFD i. e. S. repräsentiert damit das „deployment of quality functions", also die Identifikation und den schrittweisen, zielgerichteten Einsatz solcher Aktivitäten.[2]

Produktbezogener QFD-Begriff

- **Comprehensive quality deployment**:
  Im Mittelpunkt steht hier die Aufgabe, die geforderte Qualität in das Produkt hineinzuentwickeln. Unter „quality deployment" wird die Übersetzung *aller* die Qualität (und damit die Kunden) betreffenden Anforderungen in Produktcharakteristika zur Festlegung der Entwurfsqualität und deren systematische Umsetzung in der ganzen Produktentwicklung verstanden.[3] Dabei wird von comprehensive quality deployment gesprochen, wenn die Produktentwicklung umfassend in mehreren separaten „deployments" (z. B. bezüglich Qualität,[4] Zuverlässigkeit, Kosten, neuen Technologien) unterstützt wird.[5]

In nachfolgender Abb. 2-2 wird die angeprochene Differenzierung von QFD i. w. S. in das prozeßbezogene QFD i. e. S. (task deployment) und das produktbezogene comprehensive quality deployment nochmals verdeutlicht.

---

1 Vgl. Mizuno /Introduction/ 6, 8ff.

2 Vgl. Mizuno, Akao /QFD/ v; Akao /Einführung/ 17

3 Vgl. Akao /Einführung/ 16; Akao /History/ 191

4 Hier in enger Definition im Sinne „fitness for use" vorrangig auf die Kundenbedürfnisse zur Funktionalität des Produkts ausgerichtet, siehe auch Kap. 2.2.

5 Vgl. Akao /Einführung/ 17; Powers /Comprehensive QFD/ 92

Abb. 2-2: Quality Function Deployment[1]

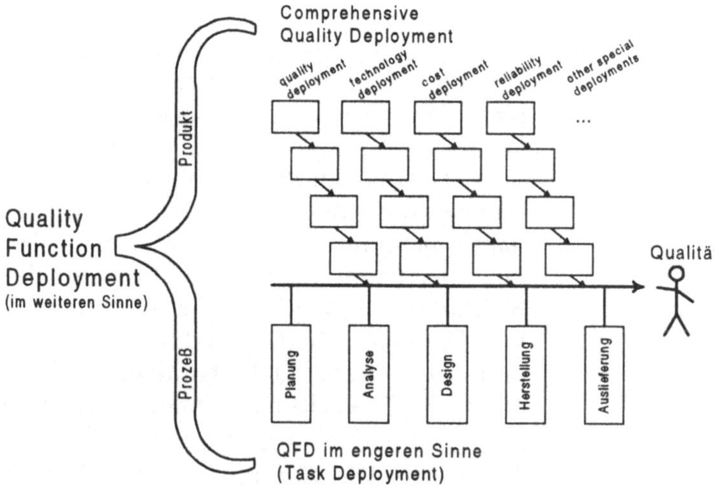

Unterhalb des nach rechts laufenden Pfeiles in der Mitte, der versucht, den eng mit dem Kunden verbundenen Qualitätsbegriff graphisch darzustellen, sind die oben beschriebenen Qualitätsfunktionen des Entwicklungsprozesses als das Wirkungsfeld von QFD i. e. S. zu erkennen. Oberhalb des Pfeiles sind die einzelnen angesprochenen deployments von comprehensive quality deployment symbolisch in jeweils vier Phasen[2] angeordnet. Produkt- und Prozeßsicht zusammen ergeben QFD i. w. S. In der westlichen Welt bezieht sich der Begriff QFD i. d. R. nur auf das comprehensive quality deployment (bzw. oft nur auf den Teil des quality deployments), da der Fokus vorrangig auf der konkreten Planung bzw. Entwicklung von Produkten liegt. Ebenso bezieht sich in diesem Buch der Begriff QFD nur auf den produktbezogenen Teil von QFD i. w. S.

Das Essentielle von QFD

Unter diesem Blickwinkel kann das Essentielle von QFD zusammengefaßt werden als die Übersetzung von Kundenanforderungen in entsprechende interne Vorgaben für jede Phase

1 In Anlehnung an Akao /Einführung/ 23 und Zultner /Quality Function Deployment/ 298.

2 D. h. es sind vier Matrizen zu einer Matrixsequenz gekoppelt, siehe Kap. 2.3.4.

der Produktentwicklung.[1] Dies bedeutet für die Produktplanung, daß die Kundenbedürfnisse (die „Stimme des Kunden" oder „Voice of the Customer" - VoC) explizit aufgenommen und in die Sprache der Entwickler transformiert werden. Der gesamte QFD-Prozeß wird getragen von einem interdisziplinären Team, bestehend - je nach Produkt und Phase - aus Mitgliedern des Marketing, des Vertriebs (bzw. Benutzerberatung oder Hotline), der Produktplanung und -entwicklung, der Forschung sowie des Qualitätsmanagements.[2] QFD bedient sich dabei mehrerer Qualitätstechniken, insbesondere der Affinitäts-, der Baum- bzw. Hierarchie- und der Matrixdiagramme, welche alle Bestandteile der insgesamt sieben Management- und Planungstechniken sind. Eine Erweiterung des Matrixdiagramms ist die für QFD charakteristische und auch als „House of Quality" bezeichnete Qualitätstabelle, wobei mehrere auf der Grundlage dieses „Hauses" gebildete Matrizen, zu einer Matrixsequenz gekoppelt, die deployments spezifischer Aspekte der Produktentwicklung darstellen.[3]

QFD ist ein Planungs-, Analyse- und Kommunikationsinstrument

Die Anwendung dieser Techniken ist nicht auf bestimmte Einsatzgebiete oder Branchen beschränkt, sie dienen allgemein der Analyse und Strukturierung von Informationen. Somit sind die rein methodischen Merkmale von QFD nicht nur auf die Produktentwicklung anwendbar, sondern auch überall dort, wo gemeinschaftlich in einem Team Lösungen zu bestimmten Problemen bzw. Antworten auf gegebene Anforderungen gesucht werden.[4] In diesem allgemeineren Sinne ist QFD also ein **Planungs-, Analyse- und Kommunikationsinstrument**.[5] Bei der speziellen Anwendung in der Produktentwicklung werden Kunden- und Marktinformationen *analysiert*, das Produkt durch die Umsetzung dieser Daten in Entwicklungsvorgaben *geplant* sowie durch die Involvierung aller intern beteiligten

---

1 Vgl. ASI /Quality Function Deployment/ 26

2 Vgl. Bossert /Quality Function Deployment/ 10f.

3 Zur Beschreibung dieser methodischen Merkmale von QFD siehe Kap. 2.3.

4 Vgl. Cohen /Quality Function Deployment/ 21. Als Beispiel sei der Einsatz von QFD in der strategischen Unternehmungsplanung genannt, vgl. Colleti /Hoshin Planning/ sowie Maddux, Amos, Wyskida /Strategic Planning Tool/.

5 Vgl. Saxby, Streckfuss /Produktplanung/ 2

Personen in einem strukturierten Vorgehen eine Grundlage für verbesserte *Kommunikation* und solidere Entscheidungen in der Unternehmung geschaffen.

Das Kano-Modell zur Darstellung des Wirkungszusammenhangs zwischen Anforderungserfüllung und Kundenzufriedenheit

Grundlegend von QFD ist die Befriedigung von Kundenbedürfnissen ab und dafür muß die Wirkung klar sein, die eine höhere Erfüllung bestimmter Kundenanforderungen auf die Kundenzufriedenheit hat. Kano unterscheidet dazu drei Zufriedenheitsfaktoren, die „dissatifiers" (Basisfaktoren), die „satisfiers" (Leistungsfaktoren) und die „delighters" (Begeisterungsfaktoren).[1] Diese Zufriedenheitsfaktoren stehen dabei je nach Betrachtungsweise entweder für spezifische Kundenanforderungen, mit deren Erfüllung durch bestimmte Charakteristika des Produkts die Kunden mehr oder weniger zufrieden sind. Oder sie stehen für spezifische Charakteristika des Produkts, die bestimmte korrespondierende Kundenanforderungen zu einem gewissen Grad erfüllen und so zur Zufriedenheit oder Unzufriedenheit mit dem Produkt beitragen. An dieser Stelle wird die notwendige Unterscheidung der Kundensicht in Form von Kundenanforderungen von der Entwicklersicht in Form von Produktcharakteristika deutlich. Sowohl die Kundenanforderungen als auch die Produktcharakteristika repräsentieren umfassend die Bedingungen, die an das fertige Produkt gestellt werden, nur die Perspektive und damit die sprachliche Formulierung ist eine andere.

Abgrenzung von Kundenanforderungen und Produktcharakteristika

Kundenanforderungen entsprechen Interpretationen der wortwörtlichen Aussagen der Kunden, und da diese jegliche Art von Wünschen äußern können, sind sie im Prinzip allgemein definiert als Informationen, die in irgendeiner Form eine spezifische Bedeutung für das zu entwickelnde Produkt haben.[2] Konkreter auf die Verwendung des Produkts bezogen sind die **Kundenanforderungen** in der Sprache der Kunden formulierte, kurze prägnante Aussagen über Vorteile, welche die Kunden durch die Nutzung des Produkts erzielen bzw. erzielen könnten.[3] **Produktcharakteristika** sind implementati-

---

1 Vgl. Kano u. a. /Quality/; zu den deutschen Bezeichnungen vgl. Saatweber /Kundenbefragungen/ 212

2 Vgl. Akao /QFD/ 323; diese Definition umfaßt also z. B. auch Forderungen bezüglich Entwicklungskosten bzw. -zeit.

3 Sowohl in funktionaler als auch in nicht-funktionaler Hinsicht, vgl. Herzwurm, Mellis, Stelzer /QFD/ 306.

onsunabhängige Eigenschaften oder Fähigkeiten des Produkts, die den Kunden bei hoher Erfüllung die Vorteile der dazu in Beziehung stehenden Kundenanforderungen bringen.[1] Funktionale i. d. R. nicht meßbare Charakteristika werden dabei als **Produktmerkmale**, nicht-funktionale, möglichst während der Entwicklung und vor Auslieferung meßbare, als **Qualitätsmerkmale** bezeichnet. Qualitätsmerkmale nehmen also eine quantitative Kontrollfunktion der Umsetzung der Kundenanforderungen im Entwicklungsprozeß wahr, während Produktmerkmale vorrangig die vom Kunden nutzbaren Fähigkeiten[2] des Produkts beschreiben. Die Implementationsunabhängigkeit ist wichtig, um das Denken in Lösungen und deren Ausgestaltung solange wie möglich herauszuzögern, denn bevor festgelegt wird, „*wie* etwas realisiert wird" muß bestimmt werden, „*was* realisiert werden soll". Nachfolgende Tab. 2-1 gibt einen Überblick über die wichtigsten bei der Anwendung von QFD verwendeten Begriffe.

1 Zur Vermeidung sprachlicher Inkonsistenzen wird in dieser Arbeit der Begriff Produktcharakteristika statt der in der Softwareentwicklung üblichen Bezeichnung Produktanforderung verwendet.

2 Besser beschrieben durch das englische Wort „capabilities", vgl. Zultner /Before the House/ 457f.

Tab. 2-1:
Überblick über wichtige QFD-Begriffe

	Kundenwunsch = Anforderung	***Produktcharakteristikum = Lösung***	
Definition	Sich aus der Verwendung des Produktes (Geschäftsprozeß) ergebenden Bedürfnisse („business needs“)	Implementationsunabhängige Eigenschaften oder Fähigkeiten des Produkts, die den Kunden bei hoher Erfüllung die Vorteile der dazu in Beziehung stehenden Kundenanforderungen bringen	
Ausprägungen	**Kundenanforderung**	**Produktmerkmal**	**Qualitätsmerkmal**
Definition	In der Sprache der Kunden formulierte, kurze prägnante Aussagen über Vorteile, welche die Kunden durch die Nutzung des Produkts erzielen bzw. erzielen könnten	Funktionales i. d. R. nicht meßbares Produktcharakteristikum	Nichtfunktionales möglichst während der Entwicklung und vor Auslieferung meßbares Produktcharakteristikum
Beispiel für den SAP R/3 Terminkalender	Termine pflegen	Aktionen anhand von Terminen anstoßen	schnelle Antwortzeit

Die Aussagen des Kano-Modells können graphisch in einem zweidimensionalen Koordinatensystem wiedergegeben werden (siehe Abb. 2-3).

Abb. 2-3:
Das Kano-Modell[1]

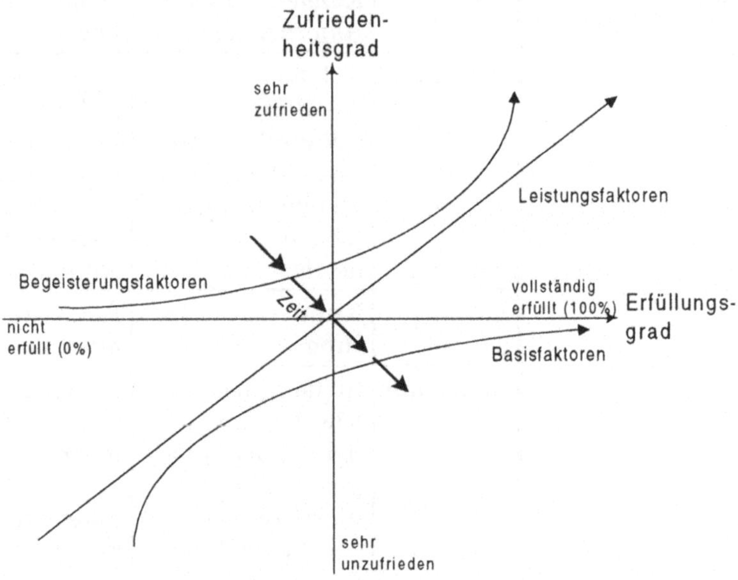

Leistungsfaktoren

Auf der horizontalen Achse wird der Erfüllungsgrad einer Kundenanforderung durch entsprechende Produktcharakteristika von „nicht erfüllt" bis zu „vollständig erfüllt" abgetragen, auf der vertikalen Achse der dadurch bedingte Zufriedenheitsgrad mit der Erfüllung der Anforderung von „sehr unzufrieden" bis „sehr zufrieden". Die drei eingezeichneten Graphen repräsentieren oben genannte Zufriedenheitsfaktoren. Unter diesen spiegeln nur die **Leistungsfaktoren** solche Anforderungen wider, die vom Kunden explizit verlangt werden. Sie werden deswegen auch mit „gewünschter" oder „eindimensionaler Qualität" gleichgesetzt, denn die Zufriedenheit steigt gleichmäßg mit zunehmendem Erfüllungsgrad.[2]

Basisfaktoren

Die **Basisfaktoren** entsprechen der „erwarteten Qualität" des Produkts. Der Kunde verlangt oftmals nicht explizit nach diesen Faktoren, die Erfüllung der sich dahinter verbergenden

---

1 In Anlehnung an Kano u. a. /Quality/ 5 sowie ASI /Quality Function Deployment/ 58 und Saatweber /Kundenbefragungen/ 212.

2 Vgl. King /Konkurrenz/ 80f.

Anforderungen wird als selbstverständlich vorausgesetzt.[1] Deswegen fallen diese Charakteristika des fertigen Produkts nur bei unzureichender Umsetzung als „Quellen der Unzufriedenheit" auf, werden allerdings auch bei nahezu perfekter Abdeckung auf der Zufriedenheitsskala nicht besonders gewürdigt. Bei Weiterentwicklungen können Beschwerden und Reklamationsmeldungen wertvolle Hinweise auf diese Faktoren liefern. Die vollständige Eliminierung dieser „dissatisfier" wird aber nicht zu hoher Kundenzufriedenheit führen, sondern nur zu einer Situation der „Nicht-Unzufriedenheit".[2]

Begeisterungsfaktoren

Wirklich positive Überraschungen für die Kunden und eine Herausforderung in ihrer Identifikation stellen die **Begeisterungsfaktoren** dar, also solche Produktcharakteristika, die vom Kunden nicht erwartet werden und in erster Linie der Kreativität und Innovationskraft der Entwickler entstammen. Oftmals spiegeln sie unbewußte und versteckte Wünsche der Kunden wider, die bei unzureichender Umsetzung nicht zu Unzufriedenheit führen, durch ihre Existenz allerdings zu „Quellen hoher Zufriedenheit" werden können.[3]

QFD muß alle Faktoren berücksichtigen

Ein wirklich erfolgreiches Produkt, das sich am Markt behaupten will, muß praktisch immer einige dieser „delighters" umfassen.[4] Dieser Aussage muß auch QFD Rechnung tragen. Allerdings wird vor allem der bewußten Beobachtung der Kunden bei der Nutzung des Produkts, also dem direkten Kontakt der Entwickler mit dem Kunden vor Ort, eine wirkliche Chance der Identifikation von Begeisterungsfaktoren eingeräumt. Dies wird auch als „going to the gemba" bezeichnet[5] und entspricht einer sehr aufwendigen Analyse und Aufnahme der Kundenstimme. Beim QFD-Vorgehen in dieser Arbeit wird stattdessen eine gemeinsame Gruppensitzung von Entwicklern und Kunden abgehalten, in der in erster Linie die Kunden frei ihre Wünsche äußern können, die Entwickler aber gleichzeitig

---

1 Vgl. Pfeifer /Qualitätsmanagement/ 31f.

2 Vgl. Cohen /Quality Function Deployment/ 37

3 Vgl. Cohen /Quality Function Deployment/ 38f.

4 Vgl. Saatweber /Kundenbefragungen/ 212

5 „Gemba" steht dabei für den Ort, an dem das Softwareprodukt Nutzen für den Kunden stiftet, vgl. Zultner /Quality Function Deployment/ 309.

Einblicke in die realen Probleme bekommen und so zu neuen Ideen inspiriert werden. Diese können die Entwickler in späteren Gruppensitzungen einbringen, in denen explizit ihr Einfallsreichtum bei der Entdeckung der Produktcharakteristika gefragt ist.

Zu berücksichtigen ist auch noch der Zeitfaktor. Produktcharakteristika, die zum heutigen Zeitpunkt Begeisterungsfaktoren darstellen, werden im nächsten Release vielleicht schon explizit von den Kunden gefordert und in noch fernerer Zukunft als selbstverständlich vorausgesetzt. In den Zufriedenheitsfaktoren spiegelt sich also, in Kenntnis der oft hohen Eigendynamik des Softwaremarktes, der Zwang zur ständigen Verbesserung wider.

2.2 Ziele und potentielle Vorteile von QFD

„Effektivität kommt immer vor Effizienz."[1] Die noch so akribische und effiziente Entwicklung von für die Kunden wertlosen Produkten entpricht immer einer Verschwendung von Zeit und Geld. Für die Kunden wird das Produkt Software erst wertvoll, wenn es sie bei der Erledigung ihrer täglichen Aufgaben unterstützt oder ihnen allgemein bei der Lösung ihrer Probleme hilft. Die Grundthese, die sich hinter diesen Aussagen verbirgt, ist, daß die Bestimmung der wichtigsten Kundenanforderungen der erste und für den Markterfolg zugleich kritischste Teil des Entwicklungsprozesses ist.[2]

QFD schafft hohe Kundenzufriedenheit

QFD steht für eine effektivere Produktentwicklung, denn es hilft bei der Identifikation der „richtigen Dinge", an denen gearbeitet werden muß.[3] Dabei müssen sich die *Entwicklungsvorgaben* in Form geforderter Entwurfsqualität an den wirklich bedeutsamen Kundenbedürfnissen orientieren und deren frühzeitige Umsetzung in Produktcharakteristika sicherstellen.[4] Der gesamte Entwicklungsprozeß wird nicht durch neueste technische Errungenschaften voran getrieben, sondern durch

1 Gause, Weinberg /Requirements/ xvi

2 Vgl. Bossert /Quality Function Deployment/ 2; Bicknell, Bicknell /QFD/ 31; Ishikawa /Total Quality Control/ 47ff.; Sullivan /Quality Function Deployment/ 41

3 Vgl. Arthur /TQM/ 8

4 Vgl. Akao /Einführung/ 16

die Kunden und das Verständnis ihrer Wünsche. Nicht „alles ist wichtig", sondern der Kunde entscheidet was wichtig ist. Oberste Leitlinie und Ziel aller Aktivitäten ist somit die Sicherung einer **hohen Kundenzufriedenheit** so früh wie möglich im Entwicklungsprozeß.[1] QFD legt den Fokus jeder Entwicklungsphase auf die für die Kunden wertvollsten Aspekte, also die wichtigsten Anforderungen und deren angemessene Umsetzung in das fertige Produkt. Statt die „best efforts" der Mitarbeiter mehr oder weniger zufällig auf die Entwicklung zu verteilen, will QFD durch die für alle Beteiligten sichtbaren deployments der Anforderungen mit größtem *Kundennutzen* den Markterfolg in Form der *Einhaltung von Zeit- und Ressourcenbeschränkungen* sichern.[2] Die verbesserte *Kommunikation* durch die Etablierung abteilungsübergreifender Teams innerhalb der Unternehmung und mit den Kunden ist dabei Mittel und Ziel zugleich. Von vielen Autoren wird sie auch als der entscheidende Vorteil von QFD bezeichnet.[3] Ebenso wird die *systematische Vorgehensweise* und strukturierte Dokumentation aller Entscheidungen basierend auf Fakten zur frühzeitigen gemeinsamen Verpflichtung *(„commitment")* gegenüber dem zu entwickelnden Produkt hervorgehoben.[4]

QFD schafft „fitness for use"

Als konkretes Ziel von QFD wird ein fertiges Produkt bezeichnet, das nicht alle technisch machbaren, sondern nur exakt die vom Kunden gewünschten Merkmale besitzt.[5] Diese Merkmale müssen dann allerdings umfassend definiert sein, d. h. nicht nur im Sinne der zuvorderst mit Qualität als „fitness for use"

---

1 Vgl. Akao /History/ 184; ReVelle, Frigon, Jackson /Concept/ 26, 140

2 Vgl. Zultner /Quality Function Deployment/ 302-305; Zultner /TQM/ 83f. Diese deployments können zusammenfassend als „(customer) value deployment" des Kundennutzens beschrieben werden, vgl. Zultner /Before the House/ 459.

3 Vgl. Hauser, Clausing /House of Quality/ 68, 73; Kihara /Software Requirements/ 9f.; Newton, McDonald /Software QFD/ 297

4 Vgl. Cohen /Quality Function Deployment/ 32; Curtius, Ertürk /QFD-Einsatz/ 394; Moran /Lessons Learned/ 341; Zultner /TQM/ 79

5 Vgl. Pfeifer /Qualitätsmanagement/ 38

verbundenen hohen funktionalen Gebrauchstauglichkeit.[1] Denn die Berücksichtigung von Kundenbedürfnissen vorrangig funktionalen Inhalts spiegelt nach der Definition von QFD zwar das wichtigste, aber nur ein deployment unter mehreren wider, das „quality deployment". Insbesondere Merkmale der Zuverlässigkeit und der Kosten von Produkten (reliability und cost deployment) sind zu einer umfassenderen Charakterisierung der Ziele von QFD in der Produktentwicklung mit einzubeziehen.[2]

QFD erhöht Qualität und Produktivität

Vor allem in Verbindung mit dem Einsatz in einem Konzept des Simultaneous (oder synonym Concurrent) Engineering, bei dem in einem interdisziplinären Team alle Aktivitäten der Produktentwicklung so früh wie möglich und am besten gleichzeitig durchgeführt werden, verspricht QFD zumindest langfristig auch *kürzere Entwicklungszeiten* und *niedrigere Entwicklungskosten* bei hoher Qualität der Produkte. Diese Aussage wird allerdings in der Literatur in gleichem Maße angezweifelt wie propagiert.[3] Der Aufwand, der in die präventive Planung gesteckt wird, sollte nicht unterschätzt werden und kann sich unter Umständen erst am Ende des Entwicklungszyklus in *geringerer Nacharbeit* am fertigen Produkt auszahlen.[4]

Die sich bei vereinfachter Betrachtung in der Produktentwicklung gegenüberstehenden Personengruppen, die Kunden und die Entwickler, profitieren also im Idealfall beide von der QFD-Anwendung. Abgesehen von dem für beide Parteien tenden-

---

1 Vgl. Haist, Fromm /Qualität/ 5; Juran hat diese engere Qualitätsdefinition geprägt, inzwischen aber auch hinsichtlich nichtfunktionaler Merkmale wie der Zuverlässigkeit geöffnet, vgl. Juran /Quality Function/ 2.8ff.

2 Vgl. Akao /Approach/ 309; Akao /Einführung/ 17; Mizuno /Introduction/ 8

3 Vgl. z. B. ASI /Quality Function Deployment/ 43ff., Bicknell, Bicknell /QFD/ 31f.; Clausing /Total Quality Development/ 25ff., 451ff. im Gegensatz zu Curtius, Ertürk /QFD-Einsatz/ 396 oder Eversheim, Wengler, Ogrodowski /Qualitätsprobleme/ 1052ff.

4 Vgl. Bossert /Quality Function Deployment/ 1f.; King /Konkurrenz/ 35f.; Streckfuss /Quality improvement/ 127

ziell positiv zu bewertenden Kommunikationsaspekt,[1] ist dabei für die Kunden insbesondere die Fokussierung auf die Erfüllung ihrer Bedürfnisse, für die Entwickler das systematische Vorgehen und die klaren Entwicklungsvorgaben hervorzuheben.

QFD-Potentiale bei Projektplanung berücksichtigen

Die genannten potentiellen Vorteile müssen bei der Festlegung und Abgrenzung der Ziele und Inhalte eines QFD-Projekts zur Produktentwicklung berücksichtigt werden. Auch für eine Bewertung der subjektiven Effektivität und Effizienz von QFD müssen die Erwartungen klar sein, mit der die Beteiligten in den QFD-Prozeß gehen. Somit bilden die Inhalte dieses Kapitels die Basis für Teile des Vorgehens zur Planung und zur Erfolgskontrolle eines QFD-Projekts (siehe Kap. 3.2 und 4.3).[2] Allerdings können in diesem Buch keine allgemeinen wissenschaftlichen Nachweise über den Nutzen von QFD in der Produktentwicklung geliefert werden.[3]

2.3 Die methodischen Merkmale von QFD

Wie schon betont, ist QFD sehr flexibel einsetzbar. Von diesem vorrangig anwendungsbezogenen Merkmal sind die anwendungsübergreifenden Merkmale von QFD zu trennen. Bei diesen läßt sich dann nochmals zwischen grundlegenden Charakteristika und spezielleren methodischen Merkmalen unterscheiden. Erstgenannte sind schon implizit ohne spezielle Hervorhebung in den vorangegangenen Kapiteln erläutert worden. Darunter fallen die Orientierung an den *Kunden* und deren Bedürfnissen, die explizite *Trennung von Anforderungen und Lösungen*, die Vorgabe von *priorisierten Entwicklungszielen* sowie deren *Verfolgung im gesamten Entwicklungsprozeß*, die Fokussierung auf die *vorbeugende Qualitätsplanung* im Gegensatz zur nachträglichen Qualitätskontrolle und die Betonung der intensiven *Kommunikation* aller Beteiligten.[4] Bei den methodischen Merkmalen sind neben den benutzten allgemeinen Qualitätstechniken und der interdisziplinären Teamarbeit insbeson-

---

1 Vgl. Haag /Field study/ 84f., 108f., 128; McLaurin, Bell /Customer Service/ 38f.

2 Siehe zu einem vollständigen Beispiel auch Kap. 5.3

3 Siehe hierzu Specht, Schmelzer /Produktentwicklung/ und Griffin /Evaluating development processes/

4 Vgl. Ohmori /Software quality deployment/ 211

dere das House of Quality (oder Qualitätstabelle) und die Matrixsequenz (oder Matrixkette) anzuführen. Abb. 2-4 zeigt eine Übersicht der angesprochenen Merkmale.

Abb. 2-4:
Merkmale von QFD

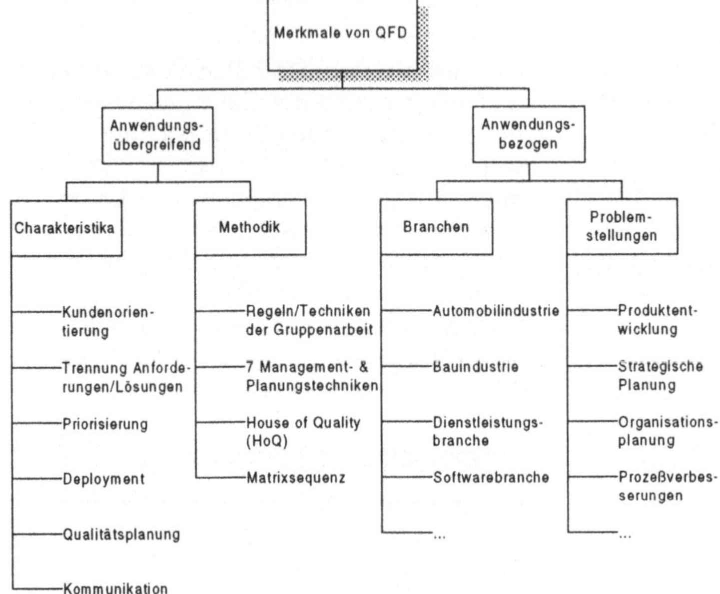

Die Darstellung der methodischen Merkmale ist Gegenstand dieses Kapitels, wobei zu beachten ist, daß nur das House of Quality und die Matrixsequenz als herausragendste Kennzeichen von QFD auch wirklich QFD-spezifisch sind. Sowohl die sieben Management- und Planungstechniken als auch die Regeln und Vorgehensweisen zur Gruppenarbeit wurden nicht speziell für QFD erfunden, werden allerdings trotzdem bei (fast) jeder Anwendung von QFD eingesetzt bzw. beachtet.

2.3.1 Regeln und Techniken der Gruppenarbeit

Moderator kommt Schlüsselfunktion zu

QFD bedingt ein abteilungsübergreifendes Team, das für die QFD-Anwendung verantwortlich ist. Diese Teamarbeit sollte in moderierten Sitzungen unter Benutzung einiger allgemeiner Gruppenarbeitstechniken und unter Beachtung einiger Verhaltensregeln durchgeführt werden. Dem Moderator kommt dabei die Schlüsselrolle zu, das Team durch den gesamten QFD-Prozeß inhaltlich wie zeitlich zu leiten und den Konsens aller Beteiligten bei den Entscheidungen ohne langwierige Erörterungen zu erwirken. Oftmals wird der Moderator sogar als entscheidender Faktor für den Erfolg oder Mißerfolg einer QFD-Anwendung bezeichnet.[1] Die meisten der Techniken und Regeln sind ohne besondere Hervorhebung in die Beschreibung des Vorgehens in Kap. 3 eingeflossen (z. B. das Brainstorming[2]), alle anderen können in der Literatur zu Moderationsmethoden nachgelesen werden.[3] Hier seien einige wesentliche Grundsätze nur aufgezählt:

Grundsätze der Gruppenarbeit

- eindeutige, verbale und visualisierte Fragestellungen zu den einzelnen Sitzungsschritten
- Benutzung von Karten zur Dokumentation von Ideen (Kartenfragen; Brainwriting)
- keine Begrenzung der Kartenzahl und damit der Ideen
- eindeutige Klärung und Deutung von Ideen im Team
- originalen Wortlaut der Ideen aufbewahren
- Nicht-Berücksichtigung von Ideen nur bei allgemeinem Konsens im Team
- keine unmittelbare Beurteilung von Ideen
- Visualisierung sämtlicher Vorgänge auf Pinnwänden
- Dokumentation aller erhobenen Informationen auf Papier für das Team
- endlose Diskussionen über Details vermeiden
- gemeinsame Entscheidungen in allgemeinem Konsens treffen
- ggf. Zurückstellung von kritischen Punkten zur späteren Klärung

---

1 Vgl. Bicknell, Bicknell /QFD/ 251ff., 255, 260ff.; Cohen /Quality Function Deployment/ 301ff.

2 Vgl. z. B. Gause, Weinberg /Requirements/ 111ff.

3 Vgl. z. B. Feix /Moderationsmethoden/ oder Seifert /Visualisieren/. Als gängige Moderationsmethode kann die MetaPlan-Methode verwendet werden.

2.3.2 Die sieben Management- und Planungstechniken

Die ursprünglichen sieben Techniken der Qualitätskontrolle[1] werden im wesentlichen bei der Analyse und Beseitigung von einfachen Qualitätsproblemen zur Prozeßverbesserung eingesetzt. Im Gegensatz dazu unterstützen die sieben Management- und Planungstechniken (affinity diagrams, tree/hierarchy diagrams, matrix diagrams, interrelationship diagrams, matrix data anlysis charts, arrow diagrams, process decision program charts)[2] unterstützen die oftmals komplexe Entscheidungsfindung in der vorbeugenden Qualitätsplanung durch Strukturierung von überwiegend qualitativen Informationen (z. B. schriftliche oder verbale Kommentare) und deren Beziehungen untereinander. Von diesen Qualitätstechniken werden innerhalb QFD vor allem das Affinitäts-, das Baum- bzw. Hierarchie- und das zweidimensionale Matrixdiagramm inkl. dessen Erweiterung zur Priorisierungsmatrix angewendet.[3]

Affinitätsdiagramme: Das Baum- bzw. Hierarchiediagramm

Zweck des **Affinitätsdiagramms**[4] ist die Systematisierung von qualitativen Informationen durch eine hierarchische, oftmals über mehrere Ebenen reichende Strukturierung zu „natürlichen" Gruppen verwandten Inhalts. Dieser Gruppierung ist eine Sammlung von Ideen vorgelagert, die sowohl vom QFD-Vorgehen unabhängig als auch intern in den Teamsitzungen erfolgen kann. Das **Baum- bzw. Hierarchiediagramm** setzt auf einer schon existierenden Struktur der Informationen auf, typischerweise auf die mittels des Affinitätsdiagramms gebildete Gruppierung. Beginnend auf der höchsten Ebene wird jede Aussage auf die Korrektheit ihrer Gruppenzuordnung und mit ihren verwandten Aussagen der gleichen Ebene auf Vollständigkeit der Abbildung der übergeordneten „Gruppenüberschrift" untersucht. Das Baumdiagramm wird

---

1 Vgl. Ishikawa /Guide/; für die generelle Anwendung in der Softwareentwicklung im Rahmen des PDCA-Zyklus vgl. Arthur /TQM/ 76-91

2 Vgl. Mizuno /Management/; King /Konkurrenz/ 379-435; für die generelle Anwendung in der Softwareentwicklung vgl. Arthur /TQM/ 57-71

3 Vgl. im folgenden Cohen /Quality Function Deployment/ 45-67

4 Oft wird synonym von der KJ-Methode (benannt nach Jiro Kawakita) gesprochen, vgl. King /Konkurrenz/ 382ff. und zu den Unterschieden Shiba, Graham, Walden /American TQM/ 153ff.

zum Hierarchiediagramm, sobald eine Aussage nicht eindeutig zu einer Gruppe zugeordnet werden kann, sondern mindestens zwei Gruppen logisch angehört. Typischerweise wird die Kombination von Bottom-Up-Gruppierung mittels Affinitätsdiagramm und Top-Down-Strukturierung mittels Baum- bzw. Hierarchiediagramm innerhalb QFD bei der Systematisierung der Informationen angewendet, die den Input für die einzelnen Matrizen darstellen. Die Bildung eines Affinitätsdiagramms basiert dabei mehr auf Intuition und Kreativität, die Transformation des Affinitätsdiagramms in ein Baum- bzw. Hierarchiediagramm mehr auf analytischem und logischem Denken.[1] Abb. 2-5 gibt schematische Beispiele für die beiden Diagrammtypen und ihre Beziehung untereinander wider.

Abb. 2-5: Schematische Beispiele für ein Affinitäts- und Baumdiagramm

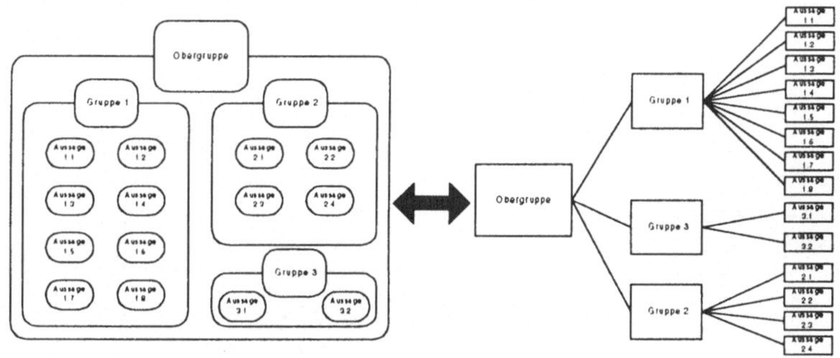

Matrixdiagramm und Priorisierungsmatrix

Das **Matrixdiagramm** und seine Erweiterung zur **Priorisierungsmatrix** repräsentieren schon fast das Herzstück von QFD, denn auf ihrer Grundlage ist das House of Quality entstanden. Durch die Untersuchung der Beziehungen zweier Informationstypen zueinander und der Quantifizierung der Korrelationsstärke (i. d. R. mit den Werten 0, 1, 3 und 9), ist es möglich, aus den bekannten Gewichtungen der Aussagen eines der beiden Informationstypen (i. d. R. der Eintragungen in den Zeilen), die Aussagen des anderen Typs (i. d. R. die Eintragungen in den Spalten) zu priorisieren. Diese Weiterreichung der Gewichtungen ist ein entscheidender Punkt bei der Bildung einer Matrixsequenz. Als Beispiel (Abb. 2-6) sei eine Matrix mit n = 4 Zeilen und m = 3 Spalten sowie den Zeilenaussagen x_i (i = 1,...,n) und den Spaltenaussagen y_j (j = 1,...,m) gegeben. Die relativen Gewichtungen der x_i sind 0.4, 0.3, 0.2 und 0.1 (in der Summe 1 bzw. 100 %), die Korrelationswerte w_{i1} zu y_1 betra-

1 Vgl. Shillito /Advanced QFD/ 3

gen 1, 9, 0 und 3, w_{i2} zu y_2 9, 0, 3 und 0 sowie w_{i3} zu y_3 3, 1, 3 und 9. Das *absolute* Gewicht von y_j ergibt sich aus der Spaltensumme der Multiplikationen der einzelnen Korrelationswerte w_{ij} mit den zugehörigen Zeilengewichten der x_i.

$$\textit{Absolutes}\text{ Gewicht }(y_j) = \sum_{i=1}^{n} \text{Relatives Gewicht }(x_i) * w_{ij}$$

Für y_1 ergibt sich also ein absolutes Gewicht von 3,4 (= 0,4*1+0,3*9+0,2*0+0,1*3). Um das *relative* Gewicht der y_j zu erhalten müssen die einzelnen absoluten Gewichte jeweils durch die Summe aller absoluten Gewichte dividiert werden.

$$\textit{Relatives}\text{ Gewicht }(y_j) = \frac{\textit{Absolutes}\text{ Gewicht }(y_j)}{\sum_{j=1}^{m} \textit{Absolutes}\text{ Gewicht }(y_j)}$$

Das relative Gewicht von y_1 beträgt somit 0,32 (3,4÷10,6).

Abb. 2-6:
Beispiel für eine Priorisierungsmatrix

	y_1	y_2	y_3	Relatives Gewicht
x_1	w_{11}= 1	w_{12}= 9	w_{13}= 3	0,4
x_2	w_{21}= 9	w_{22}= 0	w_{23}= 1	0,3
x_3	w_{31}= 0	w_{32}= 3	w_{33}= 3	0,2
x_4	w_{41}= 3	w_{42}= 0	w_{34}= 9	0,1
Absolutes Gewicht	3,4	4,2	3,0	Σ 10,6
Relatives Gewicht	0,32	0,4	0,28	Σ 1

2.3.3 Das House of Quality (HoQ)

Die Ursprünge dieser erweiterten Priorisierungsmatrix liegen bei der 1972 in der Schiffswerft von Mitsubishi Heavy Industries in Kobe (Japan) entwickelten Qualitätstabelle,[1] ebenso wie der prägnante Name „House of Quality" (HoQ) auf japanische Quellen zurückgeht.[2] Den hohen Bekanntheitsgrad erlangte der Begriff allerdings erst durch die frühen amerikanischen Anwender. Sie bezeichnen das HoQ mit Blick auf dessen universelle Einsatzmöglichkeiten als eine Art „konzeptioneller Landkarte" für die interdisziplinäre Planung und Kommunikation, auf deren Grundlage Personen mit unterschiedlichen Interessen und Verantwortlichkeiten zusammen fundierte Entwurfsentscheidungen treffen und Entwicklungsprioritäten setzen können.[3]

Das House of Quality bringt die Stimme des Kunden und die Stimme des Entwicklers zusammen

Das HoQ ist im allgemeinen die Matrix, in der die Kundenanforderungen detailliert analysiert und in die Sprache der Entwickler übersetzt werden. Die Beziehung zwischen der „wahren" von den Kunden geforderten Qualität und den „substitute quality characteristics", also den die geforderte Qualität technisch beschreibenden Eigenschaften, wird untersucht.[4] Etwas konkreter ausgedrückt werden die in der internen Sprache der Entwickler formulierten Produktcharakteristika mittels der Korrelationsbildung zu den in systematischer Form (typischerweise als Baumdiagramm) vorliegenden gewichteten Kundenanforderungen zu Entwicklungsschwerpunkten priorisiert. Da QFD seine Wurzeln in der Fertigungsindustrie hat, entsprechen dabei die Produktcharakteristika ursprünglich meßbaren Qualitätsmerkmalen.

Das HoQ bildet das Gerüst der meisten in QFD verwendeten Matrizen und besteht generell aus sechs verschiedenen Räumen, die auch mit den generischen Namen WAS, WIE, WAS zu WIE, WARUM, WIE zu WIE und WIEVIEL bezeichnet werden (Abb. 2-7).[5] Die grundsätzliche Idee ist, gewisse vorgegebene Anforderungen (WAS) den Möglichkeiten zur Anforderungserfüllung (WIE) gegenüberzustellen (WAS zu WIE). Konkrete Angaben zur Existenz der Anforderungen (WARUM), die vorhandenen Abhängigkeiten der Losungs-

1 Vgl. Takayanagi /Quality Chart/ 32

2 Vgl. Akao /History/ 190f.

3 Vgl. Hauser, Clausing /House of Quality/ 63f.

4 Vgl. Takayanagi /Quality Chart/ 31, 44

5 Vgl. Saatweber /Quality Function Deployment/ 445f.

möglichkeiten untereinander (WIE zu WIE) und die konkreten Entwicklungsvorgaben (WIEVIEL) komplettieren das Haus. Diese generischen Namen passen allerdings nicht zu den ursprünglichen Inhalten des HoQ, denn die Kundenanforderungen stehen mehr für die Gründe, **warum** irgendetwas gefordert wird, die Produktcharakteristika mehr für das, **was** konkret gefordert wird.[1]

Abb. 2-7: Schematische Darstellung des House of Quality[2]

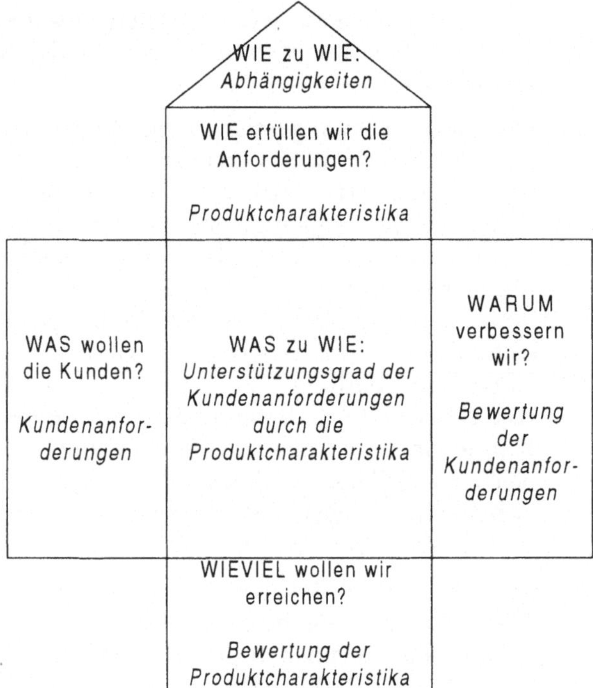

Die Bildung des HoQ wird oftmals fälschlicherweise mit QFD gleichgesetzt,[3] doch sie ist zwar die wichtigste, aber nur eine

1 Vgl. Zultner /Quality Function Deployment/ 306 und Zultner /Software Quality Deployment/ 140 sowie die Definitionen in Kap. 2.1

2 In Anlehnung an Cohen /House of Quality/ 13, Cohen /Quality Function Deployment/ 12 und Saatweber /Quality Function Deployment/ 446

3 Vgl. Zultner /Blitz QFD/ 25, 27. In Zultner /Software quality function deployment/ 152f. wird dafür auch die Bezeichnung „Kindergarten QFD" geprägt.

Matrix unter mehreren, genauso wie das HoQ auch nur ein QFD-Merkmal unter mehreren ist. Trotzdem führt die Anwendung von QFD (fast) immer zuerst zur Bildung des HoQ als Grundlage für alle weiteren Aktivitäten, und auch deswegen bildet sie den Kern für den QFD-Einsatz in der Produktplanung.

2.3.4 Die Matrixsequenz

Das Mittel, um die priorisierten Informationen der in QFD verwendeten Matrizen durch den ganzen Entwicklungsprozeß zu tragen, ist das deployment in Form von mehreren, hinsichtlich vertikalem Output und horizontalem Input gekoppelter Matrizen. Dies ist in der Weise zu verstehen, daß die Spalten einer Matrix zu den Zeilen der nächsten werden, um dann wiederum mit detaillierteren Informationen in den Spalten in Beziehung gesetzt zu werden, die dann in einer nächsten Matrix ebenfalls als Zeileninput dienen usw. Am einfachsten läßt sich die Matrixsequenz schematisch darstellen (Abb. 2-8).

Abb. 2-8: Schematische Darstellung einer Matrixsequenz[1]

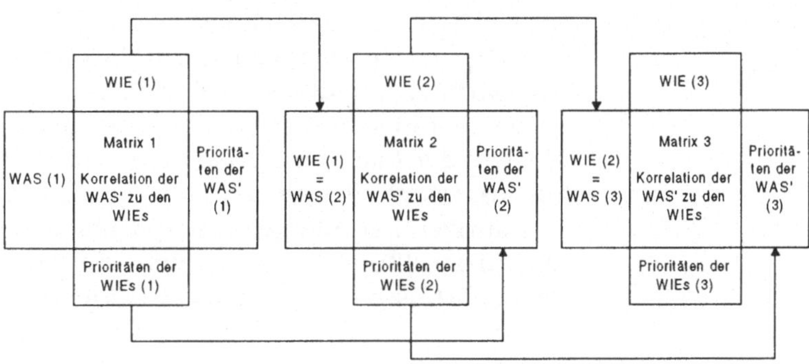

Das HoQ bildet bei den meisten QFD-Anwendungen zumindest den Anfang einer zentralen Matrixsequenz. Die weiteren Matrizen sind dann i. d. R. weniger umfangreich und bauen auf das HoQ-Gerüst auf. Auch deswegen wird in diesem Buch ausführlich auf die Bildung des HoQ eingegangen. Andere Matrizen sind im Prinzip in gleicher Weise, nur mit anderen Inhalten zu bilden.

1 In Anlehnung an Cohen /Quality Function Deployment/ 14

2.4 Anwendungen von QFD in der Praxis

2.4.1 Anwendungen in der Fertigungsindustrie

Automobilbauer sind die treuesten QFD-Anwender

Wie schon erwähnt ist QFD universell in vielen Branchen in den unterschiedlichsten Anwendungsgebieten (von elektronischen Fernsteuerungen über Spritzgußmaschinen bis zu vorgefertigten Mehrfamilienhäusern und der kundengerechten Ausgestaltung von Einkaufszentren) eingesetzt worden,[1] doch die Hauptnutzer kommen aus der Fertigungsindustrie (insbesondere der Automobilindustrie wie Toyota, Ford oder General Motors),[2] in der auch die Ursprünge von QFD liegen.[3]

Akaos comprehensive quality deployment

Der japanische Ansatz von Akao entspricht vom Aufbau dem in Kap. 2.1 dargestellten **comprehensive quality deployment** und kann in speziellen Anwendungsfällen aufgrund der vielen möglichen deployments (zumindest Qualität, Zuverlässigkeit, Kosten, neue Technologien) bis zu 150 unterschiedliche Matrizen und Tabellen in einem weiträumigen Matrizengeflecht umfassen.[4] King hat diesen ganzheitlichen Ansatz zur Produktentwicklung aus der schwer verständlichen japanischen Darstellung für den amerikanischen Markt in ein direkt umsetzbares „Kochrezept" übersetzt und Pughs Methoden zur Selektierung neuer innovativer Konzepte hinzugefügt.[5] Dieser auch als „Matrix der Matrizen" bekannte Vorgehensrahmen, bestehend aus insgesamt 30 Matrizen und Tabellen, wurde nochmals auf 17 Matrizen heruntergebrochen, zuzüglich expliziter Aktivitäten zur strukturierten Aufnahme und Untersuchung der Kundenbedürfnisse (Voice of the Customer Analysis).[6] Letzteres erfolgt anhand zweier Tabellen (siehe Kap. 3.3.1.2), in denen zum einen für jeden Kunden separat seine Wünsche mit Bezug

---

1 Vgl. Akao /QFD/

2 Vgl. Hauser, Clausing /House of Quality/ 63ff.; Ross, Paryani /Automotive Industry/; Sullivan /Quality Function Deployment/ 50

3 Vgl. Akao /Development History/ 342ff.; Akao /History/ 186ff.

4 Vgl. Akao /Einführung/ 17, 26-27

5 Vgl. King /Konkurrenz/ 7, 15ff.; King ordnet 24 der 30 Matrizen in vier Zeilen (1-4) und sechs Spalten (A-F) sowie die restlichen sechs Matrizen in einer separaten Zeile (G1-G6) an.

6 Vgl. Nakui /Comprehensive QFD/

zur realen Benutzung des Produkts untersucht und zum anderen aus einer Klassifikation der originalen Kundenaussagen die konkreten Anforderungen abgeleitet werden.

Akaos ursprünglicher Ansatz besteht allerdings nur aus der Konzentration auf das wichtigste der angesprochenen deployments, dem **quality deployment**. In diesem werden vorrangig die Kundenbedürfnisse zur Funktionalität des Produkts berücksichtigt und in Vorgaben für jede Aktivität im Entwicklungsprozeß umgesetzt.[1] Dies geschieht in vier Phasen, aufgeteilt auf acht untergeordnete deployments mit 17 Tabellen bzw. Matrizen und insgesamt 27 Einzelschritten.[2] Die frühen amerikanischen Anwender orientierten sich an diesen vier Phasen und bildeten sie durch vier Matrizen in einer Matrixsequenz ab (Abb. 2-9).[3] Die erste Matrix entspricht dabei dem **klassischen HoQ**, in dem die Kundenanforderungen in meßbare Qualitätsmerkmale transformiert werden. Die wichtigsten dieser Qualitätsmerkmale werden dann in der zweiten Matrix den Eigenschaften möglicher Produktkomponenten gegenübergestellt. Diese wiederum korrelieren in der dritten Matrix mit den zentralen Prozeßparametern, welche in der vierten Matrix zu konkreten Produktionsplänen und -mitteln in Verbindung gebracht werden. Die vier Phasen repräsentieren also die Produkt-, Komponenten-, Prozeß- und Produktionsplanung.[4]

---

1 Vgl. Akao /Quality Deployment/ 51ff., 58f.

2 Für einen Überblick vgl. Akao /Quality Deployment/ 52-54.

3 Vgl. zum Folgenden ASI /Quality Function Deployment/ 75-78; Hauser, Clausing /House of Quality/ 71ff.

4 In Kings Ansatz sind dies die Matrizen A1(+A3), A4, G3, G6. Die Bezeichnungen und auch die Abgrenzung der Phasen untereinander weicht von Akaos Original ab, vgl. Akao /Quality Deployment/ 54.

Abb. 2-9: Quality Deployment nach dem Vier-Phasen-Modell[1]

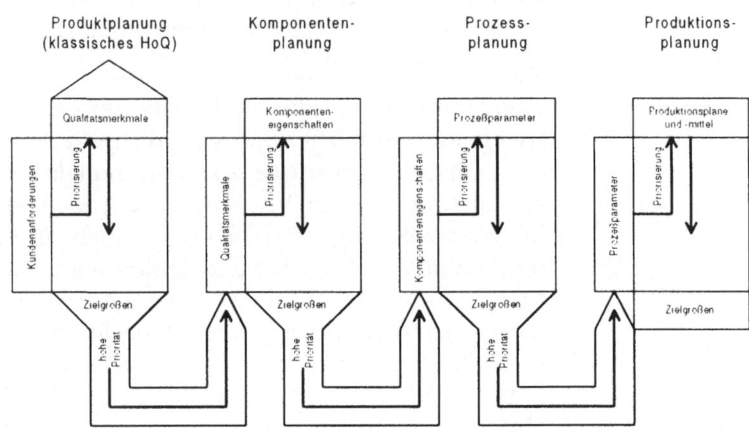

Trotz der nur vier Matrizen deckt dieser Vorgehensrahmen die wesentlichen Elemente einer Produktentwicklung ab und reicht zudem tief in die Produktionssteuerung hinein. Das Vier-Phasen-Modell im Rahmen des quality deployment bildet sozusagen die Essenz von QFD ab, die Fokussierung auf die aus Kundensicht wichtigsten Produktcharakteristika (Produktplanung im HoQ) und deren Berücksichtigung im gesamten Entwicklungsprozeß (deployment in den drei weiteren Matrizen). Der Fokus liegt allerdings auf meßbaren Produktcharakteristika im Sinne von Qualitätsmerkmalen.[2] Kein Bestandteil des Vier-Phasen-Modells ist das in Akaos quality deployment vorhandene untergeordnete **function deployment**, in dem in einer weiteren HoQ-ähnlichen Matrix auch die nicht zwingend meßbaren Produktcharakteristika in Form von funktionalen Produktmerkmalen durch ihre Korrelationen mit den Kundenanforderungen priorisiert werden.[3]

---

1 In Anlehnung an ASI /Quality Function Deployment/ 77 und Pfeifer /Qualitätsmanagement/ 40

2 Akao bezeichnet dies mit „quality characteristics deployment", vgl. Akao /Quality Deployment/ 58ff.

3 Vgl. Akao /Quality Deployment/ 67ff.; Nakui /Comprehensive QFD/ 145ff.

2.4.2 Anwendungen in der Softwarebranche

Softwarebranche hinkt hinter dem QFD-Trend her

Obwohl heftigst als essentieller Bestandteil der Managementkonzepte der weltbesten unter den Software entwickelnden Organisationen gefordert,[1] ist selbst in Japan, dem Ursprungsland von QFD, dessen Anwendung in der Softwarebranche nur wenig verbreitet.[2] Die Untersuchung der Übertragung von QFD auf die Softwareentwicklung geht in Japan zurück auf das Ende der 70er Jahre, erste Veröffentlichungen stammen aus dem hardwarenahen Bereich in den frühen 80er Jahren.[3] In den USA wird QFD erstmals in den späten 80er Jahren auf Software angewendet,[4] darunter von den Firmen AT&T Bell Laboratories,[5] Hewlett-Packard,[6] Texas Instruments,[7] Digital[8] und in jüngerer Zeit auch Andersen Consulting.[9] Die meisten dieser Anwendungen sind allerdings mehr oder weniger stark unternehmungs- oder sogar projektspezifisch, so daß sie an dieser Stelle nicht als Grundlage für ein allgemeineres Vorgehen dienen können. Sie zeigen aber, daß das Potential von QFD zuerst in der Praxis entdeckt und untersucht wurde. Unter den theoretischen Ansätzen von QFD in der Softwareentwicklung sind für unser Vorgehen vor allem die nach Zultner und Ohmori grundlegend. Zur Übertragung von QFD auf die Herstellung von Software müssen jedoch zunächst die wesentlichen Unterschiede zwischen der Produktentwicklung in der Fertigungsindustrie und in der Softwarebranche erkannt werden.

---

1 Vgl. Zultner /Satisfying Customers/ 29; Zultner /TQM/ 89f.

2 Vgl. Yoshiziwa u. a. /Recent Aspects of QFD/ 504

3 Vgl. Yoshiziwa u. a. /Recent Aspects of QFD/ 496 und Yoshizawa, Togari, Kuribayashi /QFD/ 299ff. und die dort angegebene Literatur.

4 Vgl. Zultner /Software Quality Deployment/

5 Vgl. Thompson, Fallah /Product Definition/

6 Vgl. Betts /QFD/ und Shaikh /Customer/

7 Vgl. Moseley, Worley /Customer Requirements/

8 Vgl. Ackermann, Buckland /Digital/

9 Vgl. Newton, McDonald /Software QFD/ und McDonald /Product Development/

Unterschiede zwischen der Produktentwicklung in der Fertigungsindustrie und in der Softwarebranche

Die grundlegende Aufgabe der Produktentwicklung ist universell: Kunden haben Forderungen an die Benutzung des Produkts, welche die Entwicklung in einem komplexen Prozeß unter Beachtung von Zeit-, Kosten- und Qualitätsgesichtspunkten erfüllen muß. Zwei wesentliche Unterschiede gilt es allerdings bei der Übertragung von QFD auf die Softwareentwicklung zu beachten.

Zum einen zeichnet sich das Produkt Software nicht durch seine physischen Eigenschaften, sondern durch sein Verhalten aus. Mit anderen Worten: „Software [...] is valued not for what it is, but for what it does."[1] Dies bedeutet, daß die bloße Übersetzung der Kundenanforderungen in meßbare Qualitätsmerkmale, die dann im Entwicklungsprozeß kontrolliert werden, schwierig ist und im allgemeinen nicht zur Sicherstellung einer angemessenen Berücksichtigung der Kundenanforderungen im Entwicklungsprozeß ausreicht. Deswegen muß auf jeden Fall das im Vier-Phasen-Modell unberücksichtigte function deployment für die Anwendung von QFD auf Softwareprodukte hinzukommen. Die explizite Aufnahme der „Stimme des Entwicklers" („Voice of the Engineer" - VoE) in Form von Produktmerkmalen ist dabei auch zur notwendigen Identifikation von Begeisterungsfaktoren wichtig.[2] Dies geht soweit, daß im klassischen HoQ aus der Fertigungsindustrie für die Anwendung in der Softwareentwicklung die Qualitätsmerkmale durch Produktmerkmale ersetzt und erst in der zweiten Matrix berücksichtigt werden. Gemäß der allgemeinen Definition des HoQ kann diese neue erste Matrix, in der insbesondere die Kundenanforderungen analysiert werden, als **Software-HoQ** bezeichnet werden.

Designrisiken versus Vervielfältigungsrisiken

Zum anderen ist der Produktionsprozeß im engeren Sinne in der Softwarebranche ein reiner Vervielfältigungsprozeß, genauso wie der konkrete Implementierungsprozeß schwierig durch spezielle einstellbare Prozeßparameter beeinflußt werden kann.[3] Das Problem liegt also in noch größerem Maße als

---

1 Zultner /Software quality function deployment/ 149

2 Vgl. King /Konkurrenz/ 103; siehe auch Kap. 2.1; in die VoE sind alle intern an der Produktplanung beteiligten Personen, auch Repräsentanten aus Marketing/Vertrieb, einbezogen.

3 Vgl. Betts /QFD/ 448; Zultner /Software quality function deployment/ 146

in der Fertigungsindustrie in den frühen Phasen der Entwicklung, im Sinne des Vier-Phasen-Modells also vor allem im HoQ. Der Schwerpunkt einer QFD-Anwendung in der Softwareentwicklung muß demnach auf der Fähigkeit zur Priorisierung der Entwicklungsaktivitäten liegen und weniger auf dem deployment bis zur letzten Codezeile der Software.

Die QFD-Ansätze nach Zultner

Trotzdem hat Zultner auch für die Softwareentwicklung einen Vorgehensrahmen für das comprehensive quality deployment im Sinne Akaos inklusive des quality deployments nach dem Vier-Phasen-Modell entwickelt (Abb. 2-10). Wichtigster Zusatz ist dabei die Betonung eines **customer deployments** noch vor dem quality deployment, entstanden aus der Erkenntnis, daß Software, wie auch (fast) jedes andere Produkt, in den seltensten Fällen nur einen homogenen Kunden und dessen Wünsche befriedigen muß. Zur Ermittlung von Kundengruppen und deren Bedeutung für die anstehende Entwicklung werden dabei eine Tabelle mit potentiell relevanten Kundencharakteristika und eine Priorisierungsmatrix mit ausgewählten Kriterien benutzt.[1]

Abb. 2-10: Comprehensive Software quality deployment nach Zultner[2]

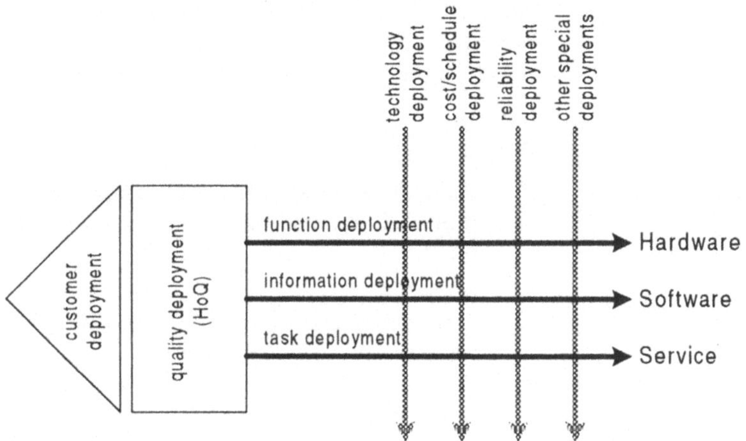

Information deployment

Das quality deployment als zweiter Schritt faßt in einem HoQ das klassische und das Software-HoQ zusammen, es werden

1 Vgl. Zultner /Before the House/ 452ff.

2 In Anlehnung an Zultner /Before the House/ 451

also sowohl funktionale als auch nicht-funktionale Produktcharakteristika betrachtet (also inklusive Akaos function deployment). Erst durch das information deployment finden zumindest die ersten beiden Phasen des Vier-Phasen-Modells ihre Entsprechung in der Softwareentwicklung. In diesem werden die im HoQ priorisierten funktionalen Produktmerkmale je nach angewendeter Entwicklungsmethodik in Entitäten, Prozesse, Objekte o. ä. umgesetzt. Vergleichbares wird im function deployment[1] für das eventuell notwendige Hardwaredesign und im task deployment[2] für die Aktivitäten im Entwicklungsprozeß selber geleistet. Die vertikalen deployments sollen die Berücksichtigung übergreifender Aspekte wie der Zuverlässigkeit oder der Kosten[3] über alle Entwicklungsaktivitäten sicherstellen. Hier spielen auch insbesondere die (möglichst) meßbaren Qualitätsmerkmale aus dem HoQ eine wichtige Rolle.[4]

Blitz-QFD

In jüngster Vergangenheit hat Zultner seinen QFD-Ansatz auf die absolut essentiellen Aktivitäten reduziert.[5] Dieses als „Blitz QFD" bezeichnete Vorgehen konzentriert sich vollkommen auf die Aufnahme, Analyse und Gewichtung der Kundenanforderungen (inklusive aufwendiger „go to the gemba"-Phase), nachdem die Kunden schon identifiziert wurden (customer deployment) und vor der Bildung des HoQ (quality deploy-

---

1 Diese Bezeichnung zielt auf Akaos umfassenderes quality deployment ab, also nicht nur auf den Teil des function deployment.

2 Siehe Kap. 2.1; das task deployment ist gleichzeitig das zentrale deployment bei der Anwendung von QFD auf Dienstleistungen, vgl. Zultner /Task Deployment/.

3 Bei Softwareentwicklungen direkt in Verbindung mit der benötigten Entwicklungszeit zu betrachten, vgl. Zultner /Software Quality Deployment/140.

4 Die Darstellung des QFD-Ansatzes nach Zultner ist schwierig, da er sich in seinen Texten weder an Akaos Begriffe hält, noch durchgängig einheitliche Begriffe verwendet oder für sein doch recht komplexes Vorgehen vernünftige Beispiele bietet, vgl. Zultner /Software Quality Deployment/, Zultner /Before the House/, Zultner /Satisfying Customers/ und Zultner /TQM/ 88f.

5 Vgl. Zultner /Blitz QFD/

ment). Die meisten der Vorteile einer QFD-Anwendung sollen so in geringerer Zeit mit weniger Aufwand erreicht werden.

Der Matrix-der-Matrizen-Ansatz nach Ohmori

Der Vorgehensrahmen nach Ohmori für die Neuentwicklung kommerzieller Individualsoftware wird zwar von ihm, ähnlich zu Kings Ansatz für die Fertigungsindustrie, in einem Matrix-Matrix-Diagramm dargestellt, doch deckt dieser Ansatz mit insgesamt 14 Matrizen nur das quality deployment in den ersten beiden Phasen des Vier-Phasen-Modells ab.[1] Grundlegendste Neuerung sind einige Aktivitäten zur Untersuchung eines umfassenden „business system", in dem alle für das Erreichen der Organisationsziele notwendigen Aufgaben zusammengefaßt sind. Die Software als Teil dieses übergeordneten Aufgabensystems muß einige dieser Aufgaben (business system tasks) mit ihren Hauptfunktionaliäten (software basic functions) unterstützen. In Kenntnis dieser „high-level-functions" werden dann erst die Kundenanforderungen (software quality requirements) ermittelt, die im Software-HoQ den Produktmerkmalen (software additional functions) und im klassischen HoQ den Qualitätsmerkmalen (software quality elements) gegenübergestellt werden. In einer weiteren Matrix werden aus der Bedeutung der einzelnen Qualitätsmerkmale für jedes Produktmerkmal „design-points" abgeleitet, also Vorgaben in der Art, daß bei der Umsetzung eines speziellen Produktmerkmals insbesondere auf die höhere Erfüllung eines bestimmten Qualitätsmerkmals zu achten ist. Die funktionalen Produktmerkmale werden anschließend zu einzelnen Softwarekomponenten, wie den „software subsystems", den „data files" oder später auch den Programmodulen, in Beziehung gesetzt. Die Vielzahl der Matrizen (Abb. 2.11) entsteht durch die konsequente Berücksichtigung von (nicht zwingend meßbaren) Qualitätsmerkmalen, sei es bezüglich des „business system" oder der „business software".

1 Vgl. im folgenden Ohmori /Software quality deployment/; das Vorgehen läßt sich mit zusätzlichen Marktforschungsaktivitäten zur Marktsegmentierung und Kundengruppenidentifizierung auf die Entwicklung von Standardsoftware übertragen. Die Beschränkung auf die Neuentwicklung liegt wohl in dem vermeintlich hohen Aufwand der Anwendung des Vorgehensrahmens begründet.

Abb. 2-11: Software quality deployment nach Ohmori[1]

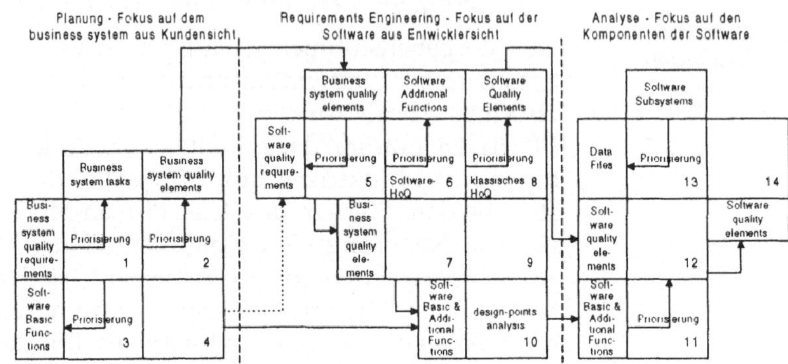

Ohmoris Ansatz läßt sich in drei Phasen aufteilen. Neben der Unterstützung des Requirements Engineering und den Anfängen der Analysephase existiert eine Planungsphase zur Einordnung der Software in ein übergeordnetes business system. Bevor sich die Entwicklung mit den konkreten Kundenanforderungen bezüglich der Software auseinandersetzen kann, muß sie überhaupt eine Vorstellung von dem Einsatz der Software beim Kunden bekommen.[2] Ausgangspunkt ist also eine geschäftsprozeßorientierte Sicht der durch das Softwareprodukt zu unterstützenden Aufgaben.

Die Palette der QFD-Anwendungen wächst kontinuierlich

Inzwischen gehen die Anwendungen von QFD weit über die reine Produktentwicklung hinaus: Neben Hardware und Software werden immer mehr Dienstleistungen oder die Prozesse selbst mit QFD geplant: Telus Corporation in Kanda analysierte im Rahmen eines Process Reengineering Projektes die Arbeitszufriedenheit, Snia Fibre in Italien überprüfte einen in der Fertigung zufällig entstandenen Kunststoff auf seine Verkäuflichkeit (QFD „rückwärts"), die Banca Antonia in Italien setzte QFD zum Konzeptvergleich bzw. zur Simulation verschiedener Kreditservicevarianten ein.

Auch in Deutschland wird QFD zunehmend populärer

In Deutschland gesellen sich zu den Automobilherstellern (allen voran Ford, aber auch VW und Mercedes Benz) und großen Unternehmungen (Boehringer Mannheim, Bosch, Hewlett-Packard, IBM, Siemens etc.) auch immer mehr kleine

---

1 In Anlehnung an Ohmori /Software quality deployment/ 219

2 Vgl. Ohmori /Software quality deployment/ 213

und mittelständische Unternehmungen zu den QFD-Anwendern. Viele QFD-Anwender haben sich in einem gemeinnützigen Verein, dem QFD Institut Deutschland (Adresse siehe Materialsammlung Teil G), zusammengeschlossen.

3 Vorgehensmodell für die Planung von Softwareprodukten mit QFD

Schwerpunkt liegt auf Priosierung und Fokussierung

Die wichtige erste Aufgabe von QFD in der Softwareentwicklung und der Schwerpunkt der Produktplanung besteht in der Festlegung von priorisierten Entwicklungsvorgaben auf Basis der wichtigsten Kundenanforderungen. Bei der Planung von Softwareprodukten ist der Priorisierungs- und Fokussierungsaspekt von QFD mittels des HoQ wichtiger als das deployment durch eine Matrixsequenz. Zu einer QFD-Anwendung gehört allerdings mehr als das Ausfüllen einer HoQ-Matrix. Es müssen, wie schon in Kap. 2 mehrfach erwähnt, eine Vielzahl von Techniken kombiniert eingesetzt werden, um alle erforderlichen Informationen zur Bildung der Matrizen zu ermitteln und das Potential von QFD nur annähernd auszuschöpfen. Die Verknüpfung dieser Techniken zu einem Vorgehensmodell für die Planung von Softwareprodukten einschließlich einiger im Hinblick auf die praktische Durchführung eines QFD-Projekts wichtigen organisatorischen Aspekte bilden den Inhalt dieses Kapitels.

3.1 Überblick

Pre-Planning

Die erste Aufgabe bei der Durchführung eines QFD-Projekts betrifft die *Festlegung der Projektziele*, die Diskussion der *Termin- und Aufwandsplanung* sowie die Bildung eines *QFD-Teams*. Diese Aktivitäten gehören ebenso wie die *Abgrenzung des Projektinhalts (Produktabgrenzung)*, die *Ermittlung der Kundengruppen und deren Bedeutung* für die anstehende Entwicklung sowie die *Auswahl von Kundenrepräsentanten* zur Planungsphase einer QFD-Anwendung. Diese im folgenden auch als **Pre-Planning** bezeichnete Phase erfolgt im wesentlichen durch normale Besprechungen und Brainstormingsitzungen der Projektverantwortlichen. Für die Produktabgrenzung können eine oder mehrere der QFD-Matrizen aus Ohmoris Planungsphase benutzt werden, ein Vorgehen in Anlehnung an Zultners customer deployment kann die Identifizierung potentieller Kundentypen und der Kundengruppengewichte leisten.

Voice of the Customer Analysis

Der gesamte QFD-Prozeß wird getragen von einem abteilungsübergreifend zusammengesetzten QFD-Team, das bei einigen Gruppensitzungen um die ausgewählten möglichst typischen Vertreter der Kundengruppen erweitert wird. Als Ersatz für eine Kundenbefragung als Vollerhebung werden in einem ersten gemeinsamen Meeting die Kundenbedürfnisse erhoben und in der Voice of the Customer Table zur Identifikation der Kundenanforderungen klassifiziert. Diese werden dann mittels Affinitäts- und Baumdiagramm strukturiert, in Federführung der Kundenrepräsentanten von möglichst vielen Mitgliedern der Kundengruppen gewichtet und bei Weiterentwicklungen von den Kundenvertretern bezüglich der Zufriedenheit mit der bisherigen Anforderungserfüllung beurteilt. Ein Wettbewerbsvergleich auf Ebene der erhobenen Anforderungen ist aufwendig, da nicht davon ausgegangen werden kann, daß die eigenen Kunden auch die Konkurrenzprodukte beurteilen können, es müßten also i. d. R. noch weitere Kundenvertreter konsultiert werden. In Verbindung mit der Gewichtung und Zufriedenheitsermittlung der Kundenanforderungen könnte dies im Rahmen einer umfassenden Kundenbefragung erfolgen. Diese wird allerdings nachfolgend nicht explizit dargestellt, sondern nur die potentielle Verwendung dieser Daten innerhalb QFD aufgezeigt. Das Ergebnis aller dieser Bemühungen ist die **Kundenanforderungstabelle** als Input für die beiden zu bildenden Qualitätstabellen, das **Software-HoQ** als Vertreter des function deployments und das **klassische HoQ** als Vertreter des Vier-Phasen-Modells der Fertigungsindustrie.

Voice of the Engineer Analysis

Die Erhebung der Produktmerkmale als weiterer Input für das Software-HoQ erfolgt analog zur Erhebung der Kundenanforderungen anhand einer Voice of the Engineer Table (VoET) mit dem Unterschied, daß in dieser Sitzung i. d. R. nur die Mitglieder des QFD-Teams und darunter insbesondere die Entwickler anwesend sind. Die Umsetzung der Anforderungen in meßbare Qualitätsmerkmale als zusätzlicher Input für das klassische HoQ ist Gegenstand eines weiteren internen QFD-Meetings. Die Ermittlung der Korrelationen der Produktcharakteristika mit den Kundenanforderungen in den beiden Priorisierungsmatrizen erfolgt idealerweise zusammen mit den Kundenvertretern. Ein vereinfachtes Produktbenchmarking bezüglich der priorisierten Charakteristika im Rahmen weiterer interner Gruppensitzungen, inklusive der Setzung von konkreten Entwicklungsvorgaben, führt zu je einer **Tabelle der bedeutendsten Produkt- und Qualitätsmerkmale**.

design-point analysis und Anforderungsspezifikation

Diese können dann gemäß Ohmori in einer dritten Matrix zu design-points verdichtet werden. Produktcharakteristika und design-points bilden dann, zusammen mit den wichtigsten Kundenanforderungen, die Grundlage für die Festlegung einer **Anforderungsspezifikation** als Ergebnis des Requirements Engineering und können in weiteren Matrizen in spezifischere Entwicklungsvorgaben zumindest der Analysephase umgesetzt werden. Abb. 3-1 zeigt den beschriebenen Ablauf der Softwareproduktplanung mit QFD.

Abb. 3-1:
Der Ablauf der Softwareproduktplanung mit QFD

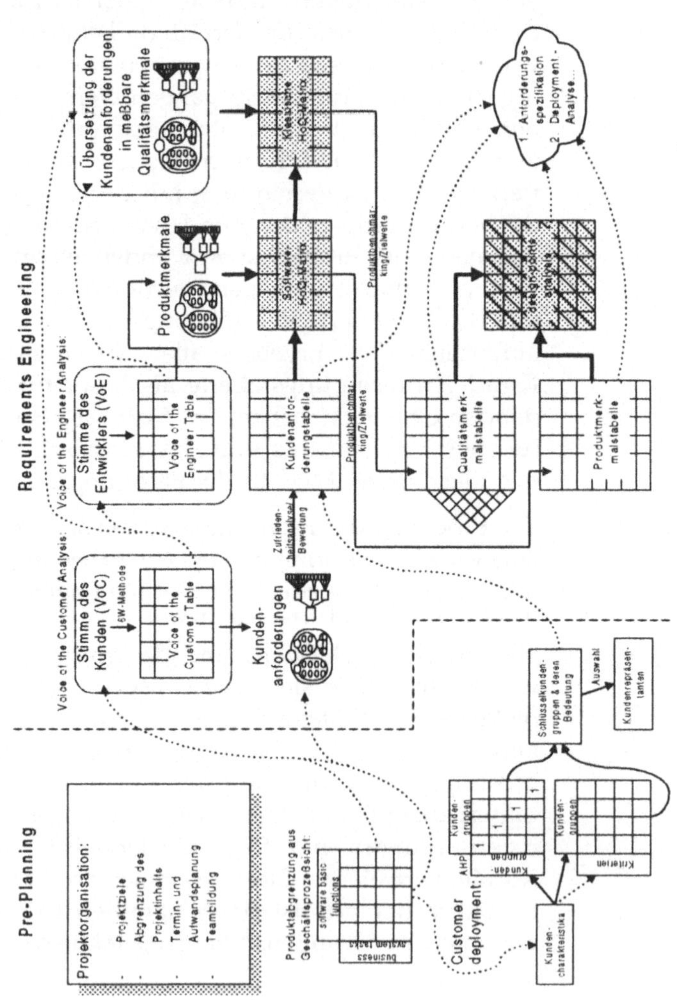

Ableitung von Produkt- und Qualitätsmerkmalen

Sowohl die Produkt- als auch die Qualitätsmerkmale werden in den beiden HoQ entsprechend der klassischen Vorgehensweise auf Basis der Kundenanforderungen entwickelt. Dies unterstreicht die QFD zugrundeliegende Orientierung am Kunden, alle Aktivitäten sollen ihren Ursprung in dessen Bedürfnissen haben. Trotzdem ist durch die ausdrückliche Berücksichtigung der VoE gewährleistet, daß auch den Kunden unbekannte und insbesondere positiv überraschende Merkmale (Begeisterungsfaktoren) in die Produktentwicklung einbezogen werden. King schlägt vor, die Produktmerkmale auf Basis der Qualitätsmerkmale und damit erst *nach* der Bildung des klassischen HoQ zu ermitteln.[1] Der Vorteil der expliziten Trennung der VoC und der VoE in zwei verschiedene Matrizen wird bei der Softwareentwicklung jedoch durch die ungewohnte und oft schwierige Erhebung meßbarer Qualitätsmerkmale erkauft.[2] Um eine angemessene Abdeckung der Kundenanforderungen durch die Produktmerkmale zu garantieren, müssen diese dann auf jeden Fall in einer dritten Matrix gegenübergestellt werden. Die Möglichkeit der design-points analysis entfällt ebenso wie eine Beschränkung des Vorgehens auf weniger Matrizen. Das hier vorgeschlagene Vorgehen ist also ein Kompromiß zwischen der Fokussierung der gesamten Entwicklung auf meßbare Qualitätsmerkmale und der Betonung der Kundenbedürfnisse als Motivation für alle Handlungen, inklusive der Option auf ein verkürztes Vorgehen sowie möglichst frühzeitige Ergebnisse durch Beschränkung auf die Bildung des Software-HoQ.

QFD in moderierten Gruppensitzungen

Der QFD-Ablauf umfaßt insgesamt elf Schritte, wobei alle bis auf die Pre-Planning-Phase mit den Projektverantwortlichen, die Bewertung der Anforderungen durch die Kunden und die abschließende Erstellung der Anforderungsspezifikation als Grundlage der weiteren Entwicklung moderierten Gruppensitzungen entsprechen. In den nachfolgenden Tabellen 3-1 und 3-2 sind diese Schritte grau hinterlegt.

1 Vgl. King /Konkurrenz/ 103ff.

2 Vgl. Cohen /Quality Function Deployment/ 131; siehe auch Kap. 3.4.1

Tab. 3-1:
Die elf Schritte im QFD-Ablauf zur Softwareproduktplanung (Teil 1)

Nr.	Schritt	Input	Ergebnis	Beteiligte	Kapitel
0.	Pre-Planning	grobe Vorstellung vom zu entwikkelnden Produkt	Produktabgrenzung; QFD-Team; Kundengruppen	Projektverantwortliche	3.2
1.	Voice of the Customer Analysis	Produktabgrenzung; Kundenbedürfnisse	dokumentierte Kundenanforderungen	QFD-Team insb. Marketing und Kunden	3.3.1
2.	Bewertung der Kundenanforderungen	dokumentierte Kundenanforderungen	Kundenanforderungstabelle	Kunden	3.3.2
3.	Voice of the Engineer Analysis	Produktabgrenzung; Kundenanforderungen	dokumentierte Produktmerkmale	QFD-Team insb. Entwicklungsteam (und ggf. Kunden)	3.3.3
4.	Bildung der Software-HoQ-Matrix	Kundenanforderungstabelle; Produktmerkmale	priorisierte Produktmerkmale	QFD-Team und Kunden	3.3.4
5.	Erhebung der Qualitätsmerkmale	Produktabgrenzung; Kundenanforderungen	dokumentierte Qualitätsmerkmale	QFD-Team	3.4.1

Tab. 3-2:
Die elf Schritte im QFD-Ablauf zur Softwareproduktplanung (Teil 2)

Nr.	Schritt	Input	Ergebnis	Beteiligte	Kapitel
6.	Bildung der klassischen HoQ-Matrix	Kundenanforderungstabelle; Qualitätsmerkmale	priorisierte Qualitätsmerkmale	QFD-Team und ggf. Kunden	3.4.2
7.	Bewertung der Produktmerkmale	priorisierte Produktmerkmale	Produktmerkmalstabelle	QFD-Team insb. Entwicklungsteam	3.5.1
8.	Bewertung der Qualitätsmerkmale	priorisierte Qualitätsmerkmale	Qualitätsmerkmalstabelle	QFD-Team insb. Entwicklungsteam	3.5.2
9.	design-points analysis	Produkt- bzw. Qualitätsmerkmals tabelle	design-points	QFD-Team insb. Entwicklungsteam	3.5.3
10.	Erstellung der Anforderungsspezifikation	Produktabgrenzung; Kundenanforderungstabelle; Entwicklungsvorgaben aus der Produkt- und Qualitätsmerkmalstabelle; design-points	Anforderungsspezifikation	QFD-Team bzw. Entwicklungs team; zumindest bei Individualsoftware von den Kunden zu prüfen	3.6

Review-Phasen im QFD-Prozeß

Nicht aufgeführt sind die im Sinne des Plan-Do-Check-Act-Zyklus (Deming-Zyklus)[1] nach **jedem** Schritt notwendigen kritischen Nachbetrachtungen der produzierten Ergebnisse, die i. d. R. nur von einigen wenigen QFD-Teammitgliedern (oder auch nur von den Projektverantwortlichen) in separaten Review-Sitzungen vorgenommen werden. Dazu gehören auch die (graphische) Aufbereitungen der Informationen und die Vorbereitungen der nächsten Schritte. Veränderungen oder Ergänzungen der in den Gruppensitzungen ermittelten Ergebnisse müssen allerdings immer vom gesamten QFD-Team gemeinschaftlich besprochen werden.

Die Numerierung der Schritte gibt nur eine mögliche Reihenfolge einer sequentiellen Durchführung des QFD-Prozesses wieder. Andere Abfolgen und insbesondere bei adäquater Aufteilung des QFD-Teams auch parallele Tätigkeiten im Sinne des Simultaneous Engineering sind denkbar, allerdings nur - wie an mehreren Stellen im folgenden erläutert wird - unter oftmals starken Wechselwirkungen der einzelnen Schritte untereinander.

Abb. 3-2: Netzplan der elf Schritte im QFD-Ablauf zur Softwareproduktplanung

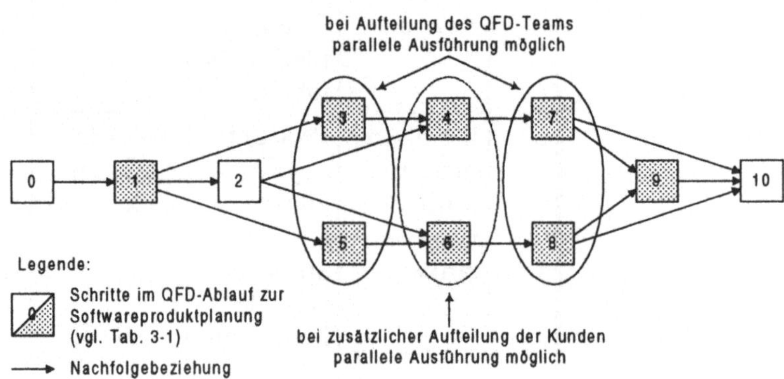

Die in Abb. 3-2 dargestellten Abfolgen der QFD-Schritte sollen allerdings nicht ein notwendigerweise rein sequentielles Vorgehen suggerieren. Gerade die in QFD verwendeten Qualitätstechniken erlauben eine unmittelbare Rückkopplung zu bereits durchgeführten Aktivitäten und eine schnelle Integration von Änderungen in den gesamten Planungsprozeß. Hierzu trägt nicht zuletzt auch die schon organisatorisch notwendige, enge und intensive Zusammenarbeit im für das gesamte Pro-

---

1 Vgl. z. B. Arthur /TQM/ 12ff., 76ff.

jekt verantwortlichen QFD-Team bei. Insbesondere wenn die Bewertung der Kundenanforderungen (Schritt zwei) im Rahmen einer umfangreichen Kundenbefragung geschieht, nimmt diese dabei eine Sonderstellung ein, da hier nicht in erster Linie das QFD-Team „arbeitet", sondern die Kunden. Um den i. d. R. beträchtlichen Aufwand einer solchen Untersuchung nicht unnütz zu verschwenden, sollte diese dann allerdings erst **nach** der Bildung der Korrelationsmatrizen (Schritte vier und sechs) erfolgen. Denn erst nach diesen Tätigkeiten ist die Menge der Kundenanforderungen bezüglich Vollständigkeit und Widerspruchsfreiheit hinreichend konsolidiert.

Alternative Vorgehensweisen

Generell lassen sich bei der Bildung von Matrizen und vor allem eines vollständigen HoQ zwei Vorgehensweisen gegeneinander abgrenzen. Bei der ersten sind die ersten beiden Aufgaben zur Erstellung einer QFD-Matrix das Füllen der Zeilen mit dem erforderlichen Input (WAS) und die Bewertung dieser Inhalte für eine nachfolgende Priorisierung der damit korrelierenden Informationen (WARUM).[1] Auf diese Weise kann schon vor der Ermittlung des Spalteninputs (WIE) eine Fokussierung auf die wesentlichen Daten erfolgen und somit der gesamte QFD-Ablauf verkürzt werden. Nachteil ist jedoch, daß jede nachträgliche Änderung in den Zeilen (z. B. während der Ermittlung der Korrelationen (WAS zu WIE)) eine u. U. aufwendige Revision der Bewertungen nach sich zieht. Diese kann durch eine (im Ideal) einmalige Bewertung des Zeileninputs zum Ende der Matrixbildung verhindert werden. Zudem werden bei dieser zweiten Vorgehensweise mit höherer Sicherheit alle für eine QFD-Matrix relevanten Aspekte berücksichtigt. Im Sinne eines möglichst günstigen Aufwand-Nutzen-Verhältnisses muß also abgewogen werden, ob der frühzeitigen Konzentration auf das Wesentliche oder der vollständigen Abbildung aller (wichtigen und unwichtigen) Informationen in einer übergroßen und aufwendig zu erstellenden Korrelationsmatrix Priorität eingeräumt wird. Wir folgen bei der Beschreibung der QFD-Schritte aufgrund unseres Schwerpunkts auf der Produktplanung der ersten Vorgehensweise, also nach inhaltlich

1 Es wird vereinfacht immer von den Zeilen als die bei der Matrixbildung als erstes betrachteten Räume des HoQ-Gerüstes gesprochen. Für Matrizen, in denen zuerst die Spalten gefüllt werden, gilt Analoges.

zusammengehörigen Aktivitäten und damit angelehnt an die Nummerierung der Schritte.

Pre-Planning und Software-HoQ

Das Pre-Planning wird im nachfolgenden Kap. 3.2 dargestellt, die Kap. 3.3.1 und 3.3.2 beinhalten die Schritte eins und zwei als die ersten beiden Bildungsschritte des Software-HoQ. Sie umfassen die Ersatzaktivitäten von repräsentativen Kundenbefragungen bzw. Marktforschungsvorhaben und sind somit spezifisch für diese erste Qualitätstabelle. Bei weiteren Matrizen in einer vielleicht komplexen Matrixsequenz über die gesamte Produktentwicklung reduzieren sich diese beide Schritte (wie z. B. beim klassischen HoQ) auf ein bloßes Übertragen bereits vorhandener Daten, da i. d. R. auf priorisierten Informationen bereits erstellter Qualitätstabellen aufgebaut wird. Es ist höchstens denkbar, daß neue Bewertungsmaßstäbe in Ergänzung zu den bereits erhobenen hinzukommen.

Die Bildung der QFD-Matrizen

Die Schritte drei, vier und sieben für das Software-HoQ bzw. fünf, sechs und acht für das klassische HoQ korrespondieren miteinander und repräsentieren die i. d. R. einzigen neuen Aufgaben bei der Erstellung einer QFD-Matrix. Die Erhebung der den Zeilen gegenüberzustellenden Informationen in den Spalten (WIE) und das Füllen der Matrix mit den Korrelationswerten zur Priorisierung dieser „neuen" Informationen (WAS zu WIE) werden für das Software-HoQ in den Kap. 3.3.3 und Kap. 3.3.4, für das klassische HoQ in Kap. 3.4.1 und Kap. 3.4.2 dargestellt. Die abschließende Bewertung und Aggregation dieser Daten zu konkreten Entwicklungsvorgaben (WIEVIEL) erfolgt in Kap. 3.5.1. und 3.5.2. Jede QFD-Matrix durchläuft methodisch diese drei Schritte, und auch deswegen kann das im folgenden beschriebene Vorgehen als Rahmen für die Erstellung weiterer Qualitätstabellen dienen.

Abhängigkeiten zwischen Produktcharakteristika

Das „Dach" des HoQ bzw. der WIE zu WIE-Raum mit den Abhängigkeiten der Produktcharakteristika untereinander ist streng nach deren Definition als *implementationsunabhängige* Eigenschaften oder Fähigkeiten zu diesem frühen Zeitpunkt der Entwicklung nicht zu benutzen. Denn die betrachteten negativen und positiven Auswirkungen der Änderung des Erfüllungsgrades eines Merkmals auf andere Charakteristika können nur unter Festlegung auf eine Entwicklungstechnologie sinnvoll begründet werden.[1] Allerdings sind oftmals (und nicht nur bei Weiterentwicklungen) die technischen Randbedingungen, unter denen das Softwareprodukt operieren muß, vorgegeben, und somit deuten vor allem mögliche negative Korrelationen auf konfliktäre Produktcharakteristika bzw. auf potentielle Probleme hin, die bei der gemeinsamen Umsetzung der Merkmale in späteren Entwicklungsphasen entstehen können. Unter den rein funktionalen Produktmerkmalen werden solche Konflikte trotzdem nur in Einzelfällen vorkommen, Abhängigkeiten können allerdings unter den Qualitätsmerkmalen bzw. zwischen den Produkt- und Qualitätsmerkmalen existieren. Das „Dach" des HoQ ist somit nur im achten Schritt in Zusammenhang mit der Festlegung konkreter Zielwerte für die Qualitätsmerkmale und in einer Erweiterung der design-points analysis um negative Korrelationen im neunten Schritt relevant. Dieser nimmt ohnehin eine Sonderstellung ein, denn es werden mit den Produkt- und den Qualitätsmerkmalen zwei bereits erhobene und priorisierte Informationstypen in einer Art „cross-checking" gegenübergestellt. Die Bildung dieser Matrix reduziert sich deshalb auf die Ermittlung der Korrelationen und deren Auswertung. Dies wird in Kap. 3.5.3 behandelt, bevor in Kap. 3.6 die Verwendung der erhobenen Daten bei der Erstellung einer Anforderungsspezifikation im speziellen und in Kap. 3.7 allgemein die Integration einzelner QFD-Aktivitäten in das Software Engineering diskutiert wird.

Beispiele zur Erläuterung der QFD-Methode

In den nachfolgenden Kapiteln werden alle Schritte aus dem QFD-Ablauf immer mit Bezug auf die in der Materialsammlung Teil A bis D dargestellten Aktivitäten detailliert beschrieben. Dabei ist insbesondere die Softwareunterstützung in Form von auf dem Markt gängigen QFD-Werkzeugen[2] und Tabellenkalkulationsprogrammen wichtig, damit sich das Team voll auf die QFD-Anwendung konzentrieren kann und durch die doch recht vielen, teilweise auch umfangreichen Berechnungen und Auswertungen keine unnötige Zeit verliert.

Zur Verdeutlichung der Vorgehensweise bei der Produktplanung mit QFD werden im Text immer wieder zwei Beispiel-

---

1 Vgl. Zultner /Before the House/ 457f.; Zultner /Software Quality Deployment/ 140

2 Eine knappe Übersicht über einige QFD-Tools mit ihren Vor- und Nachteilen befindet sich in der Materialsammlung Teil F.

Produkte herangezogen: Bei kleinen Beispielen für die wesentlichen zu erledigenden Teilaktivitäten wird auf die exemplarische Planung eines Texteditors Bezug genommen. Im Falle weitergehender Beispiele wird die Adreßdatenbank eines Universitätsinstituts zur Erläuterung herangezogen. Hierbei geht es um eine Datenbank, mit der in erster Linie die Sekretärin, aber auch der Lehrstuhldirektor, seine wissenschaftlichen und studentischen Mitarbeiter sowie Diplomanden auf Datenbestände zum Zwecke der Adreßverwaltung von Studenten, Mitarbeitern sowie Projektpartner anderer Universitäten und der Industrie zugreifen können sollen.

3.2 Das Pre-Planning

Das Pre-Planning (siehe auch Materialsammlung Teil A) zur Unterstützung der Initiierungsphase läßt sich grob in einen Teil zur vorrangig internen **Projektorganisation** mit vier Aufgabenkomplexen und einen Teil zur Identifizierung der Kunden (**customer deployment**) mit drei Aufgabenkomplexen gliedern.

3.2.1 Projektorganisation

3.2.1.1 Wahl des Produkts und Festlegung der Projektziele

Der erste Aufgabenkomplex umfaßt die Wahl des Produkts und die Festlegung der Projektziele.

Aufgabe:
Überprüfung der QFD-Fähigkeit des Produkts.

Der Einsatz von QFD ist nicht in jedem Projekt sinnvoll oder möglich. In der Praxis haben sich einige Kriterien herausgebildet, nach denen beurteilt werden kann, ob sich ein Produkt für einen QFD-Einsatz eignet. Je mehr Fragen der nachfolgenden Checkliste mit „ja" beantwortet werden, desto sinnvoller der QFD-Einsatz. Die mit 💣 gekennzeichneten Kriterien sind unabdingbare Voraussetzungen für die „QFD-Fähigkeit":[1]

1 In Anlehnung an Streckfuß /Checkliste/ 4. Weitere Kriterien zur Auswahl einer für eine QFD-Anwendung geeigneten Produktentwicklung bzw. eines ersten Pilotprojekts findet man bei Bicknell, Bicknell /QFD/ 283ff., Saatweber /Quality Function Deployment/ 467, Shillito /Advanced QFD/ 125f. und Streckfuss /Quality improvement/ 124.

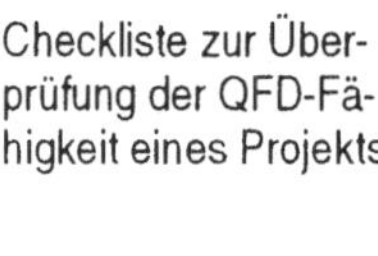

Checkliste zur Überprüfung der QFD-Fähigkeit eines Projekts

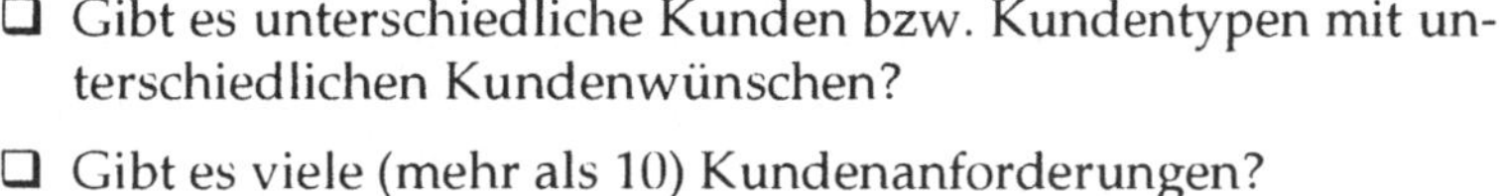

- ❑ Gibt es unterschiedliche Kunden bzw. Kundentypen mit unterschiedlichen Kundenwünschen?
- ❑ Gibt es viele (mehr als 10) Kundenanforderungen?
- ❑ Gibt es sowohl externe (Käufer/Benutzer) als auch interne (Unternehmungen/Mitarbeiter/Prozesse) Kunden und sind diese Kunden bekannt?
- 💣 Sind die Anforderungen der Kunden bekannt oder die Voraussetzungen da, sie zu ermitteln?
- ❑ Können die Kundenanforderungen gewichtet werden?
- ❑ Ändern sich die Kundenanforderungen relativ oft?
- ❑ Sind ggf. Kenntnisse über Mitbewerber bzw. Konkurrenzlösungen vorhanden?
- 💣 Hat die Unternehmung Einfluß auf die Produktmerkmale und die diese Produktmerkmale produzierenden Prozesse?
- 💣 Sind mehr als 10 Produktmerkmale vorhanden?
- ❑ Hat das Projekt für den Kunden einen hohen Nutzen?
- ❑ Sind die momentanen Benutzer unzufrieden?
- ❑ Besteht ggf. ein großes Verbesserungspotential im Vergleich zur Konkurrenz bzw. zur Vorgängerlösung?
- ❑ Sind überraschende Lösungen (nach dem Kano-Modell) wichtig?
- 💣 Gibt es in der Unternehmung einen anerkannten QFD-Moderator?
- 💣 Falls es keinen QFD-Moderator gibt, ist externe Unterstützung geplant?
- ❑ Ist QFD-Software im Einsatz?

Die Checkliste stellt außerdem eine hervorragende Basis für die zweite Teilaufgabe, der Festlegung der Projektziele, dar.

> **Aufgabe:**
> Festlegung des erwarteten Nutzens bzw. der erwarteten Ergebnisse des QFD-Einsatzes.

Planung der Projektziele und -ergebnisse

So können die potentiellen Antworten bezüglich der Hintergründe für die Projektauswahl als Ausgangspunkt für die konkreten Ziele und den angestrebten Ergebnissen genutzt werden. Sinnvolle Projektziele wären z. B. die Erhöhung der Kundenzufriedenheit, die Fokussierung der Ressourcen auf das Wesentliche, das Aufholen eines Konkurrenzvorsprunges, beschleunigte Entwicklungszeit oder aber einfach eine verbesserte Kommunikation zwischen Fachabteilung/Kunden und Entwickler. Beispiele für konkrete Ergebnisse wären ein vollständiges Pflichtenheft, ein detailliertes Stärken-Schwächen Profil des aktuellen Releases, Vorgaben für die Qualitätssicherung oder grobe Vorgaben für den Projektplan.

Tailoring der QFD-Methode gemäß den Projektzielen

Ergebnisse und Ziele sollen mittels einer einfachen Punktevergabe in eine ordinale Rangfolge gebracht werden. Zweck dieser Aufgaben ist, die QFD-Anwendung an den Vorstellungen der Projektverantwortlichen auszurichten, d. h. aus dem QFD-Ablauf die für die konkrete Produktplanung zur Erreichung der Ergebnisse notwendigen Komponenten herauszugreifen und weniger wichtige Teile herauszulassen. So könnte z. B. bei Schwerpunkt auf einer ausführlichen Kundenzufriedenheitsanalyse dieser Teil erheblich umfangreicher gestaltet werden oder bei keinerlei Bestrebungen sich mit der Konkurrenz zu messen sowohl der Wettbewerbsvergleich aus Kunden- wie auch aus Entwicklersicht entfallen.

3.2.1.2 Abgrenzung des Produkts

Der zweite Aufgabenkomplex beinhaltet die Frage nach dem Gegenstand des Projekts, also dem konkreten zu entwickelnden Produkt.

Aufgabe:
Abgrenzung des Gegenstands der QFD-Analyse (Was wird mit QFD geplant und was nicht?).

Abgrenzung des Projektinhalts

Ohne die Festlegung und Identifikation der Hauptfunktionalitäten bzw. der beabsichtigten Zweckerfüllung und Nutzenstiftung beim Kunden kann auch nicht nach zu erfüllenden Anforderungen gesucht werden, da der organisatorische Rahmen, in dem die Software eingesetzt werden soll, nicht klar ist. Der Kunde kauft bzw. bestellt nicht nur die bloße Software, sondern die Vorteile und den Nutzen, die er durch die Benutzung der Software in seinem organisatorischen Umfeld hat. Bei Schwierigkeiten mit der Abgrenzung des Projektinhalts (Produktabgrenzung), insbesondere bei Neuentwicklungen, kann diese auch mittels des von Ohmori vorgeschlagenen Vorgehens zur Einordnung des Softwareprodukts in das organisatorische Aufgabensystem erfolgen.[1] Aus den dort verwendeten vier Matrizen kann plausibel die Matrix zwischen den von der Software zu unterstützenden Geschäftsprozessen (business system tasks) und den zu dieser Unterstützung notwendigen Basisfunktionen (software basic functions) ausgewählt werden. Die Fragen, die hierbei zu beantworten sind, lauten wie folgt:

Checkliste zur Produktabgrenzung

- Welche organisatorischen Aufgaben soll das Produkt unterstützen? Warum existiert das Produkt? Welche Zwecke soll es erfüllen?
- Was sind die Basisfunktionen/Hauptfunktionalitäten des Produkts? Welche Kernaufgaben nimmt das Produkt wahr? Wie kann das Produkt die organisatorischen Aufgaben/Geschäftsprozesse unterstützen?
- Welchen unmittelbaren (Haupt-)Nutzen soll der Benutzer bei Anwendung des Produkts haben?

Identifizierung von Basisfunktionen

Die Basisfunktionen repräsentieren die Essenz des Softwareprodukts, ihre unzureichende Abdeckung führt zu geringer Wertschätzung der Software und geringem Kundennutzen. Im Ideal spiegeln sie schon eine grobe Gruppeneinteilung gemäß eines Affinitätsdiagramms der Kundenanforderungen wider und sollen zusammen mit den konkret zu unterstützenden Geschäftsprozessen als Leitlinie für deren Ermittlung dienen. Eine Priorisierung der Aufgaben und Funktionen ist zu diesem frühen Zeitpunkt der Entwicklung schwierig, zudem auch eigentlich nur von den Kunden in adäquater Weise zu leisten, doch sollten trotzdem einige (höchstens drei bis fünf) der Hauptfunktionalitäten als potentiell wichtigste herausgestellt werden.

In unserem Adreßdatenbank-Beispiel (Tab. 3-3) kann mit Hilfe der Produktabgrenzungsmatrix verhindert werden, daß aus der einfachen Adreßverwaltung ein komplexes Sekretariatsunterstützungssystem wird. Die business system tasks sind dabei in den Zeilen, die software basic functions in den Spalten angeordnet.

---

1 Siehe Kap. 2.4.2; vgl. dazu auch McDonald /Product Development/

Tab. 3-3: Produktabgrenzung am Beispiel einer Adreßdatenbank

	Adressen verwalten	Adressen suchen	Adressen drucken	Adressen exportieren	Termine verwalten	Haushaltsmittel verwalten	Materialbestände verwalten	Gewicht
Briefe schreiben	9	9	9	9				0,3
Telefonate führen	9	9		1		1		0,3
Haushalt verwalten	1	1	1			9	1	0,1
Termine koordinieren	1	1			9			0,2
Besucher betreuen			1					0,1
absolute Bedeutung	6	6	3	3	2	1	0	
relative Bedeutung	27,94	27,94	14,22	14,71	8,82	5,88	0,49	
Rang	1	1	4	3	5	6	7	

Bei großen Projekten sollte eventuell eine weitere Abgrenzung erfolgen. Das Produkt könnte in Teilkomponenten zerlegt werden oder es könnten nur bestimmte Teilfunktionen für die Planung mit QFD herausgegriffen werden. Auch die Begrenzung auf bestimmte (der wichtigsten) Kundengruppen oder die Beschränkung auf die Erstellung des Software-HoQ, also auf die Funktionalität des Produkts, helfen die Komplexität großer Projekte zu senken.

3.2.1.3 Team-,Termin- und Aufwandsplanung

Die Team-, Termin- und Aufwandsplanung als dritter Aufgabenkomplex hat die projektspezifische Vereinbarung der angestrebten Ergebnisse mit den dafür aufzubringenden Aufwendungen und die Diskussion der physischen Ressourcen zum Gegenstand.

Aufgabe:
Terminplan festlegen.

Aufwandsplanung

Die konkret zu veranschlagende Zeit für die Durchführung von QFD in der Produktplanung ist von vielen Einflüssen abhängig, nur eines ist sicher: „QFD requires time".[1] Zu betonen

1 Cohen /Quality Function Deployment/ 231

ist dabei insbesondere, daß der Aufwand nicht nur in den Gruppensitzungen sondern auch in deren Vor- und Nachbereitungen steckt, welche oftmals ein Vielfaches der Dauer der Meetings beanspruchen. Bei insgesamt acht Gruppensitzungen und einem QFD-Team bestehend aus vier Personen kann sich der Aufwand selbst bei kleineren Projekten schon auf 50 Personentage[1] und mehr belaufen, ohne daß die Anforderungsspezifikation schon geschrieben wäre. Dies unterstreicht nochmals die Wichtigkeit der sorgfältigen Planung einer spezifischen QFD-Anwendung und der Fokussierung auf die zur Erreichung der Projektziele wichtigsten Aktivitäten in diesem Pre-Planning.

Terminplanung

Die Meetings sollten möglichst regelmäßig (mindestens 1x jede Woche, besser 2x pro Woche) jeweils in den gleichen Räumlichkeiten stattfinden, damit der Anschluß an vorherige Sitzungen reibungslos hergestellt werden kann. Das ganze Projekt sollte auf nicht mehr als 2 bis 6 Wochen ausgedehnt werden.

Aufgabe:
Festlegung der physischen Ressourcen.

Ressourcenplanung

Es werden ein ausreichend großer Raum für ca. 12 Personen sowie die üblichen Moderationsmaterialien (Karten, Stifte, Nadeln, Flipcharts etc.) benötigt. Für die Softwareunterstützung sollte der Raum abdunkelbar sein und ein lichtstarker Overhead-Projektor oder ein guter Beamer zur Verfügung stehen.

Aufgabe:
Zusammenstellung des QFD-Teams.

Teamplanung

Der erste Teil des Pre-Planning wird durch die Bildung des interdisziplinären QFD-Teams abgeschlossen. Wichtigste Mitglieder sind neben den Projektverantwortlichen die Entwickler, welche die Vorgaben der QFD-Anwendung umsetzen müssen und der „Kundenkenner" als die Person mit dem größten Wissen uber Kundenwünsche (bei Standardsoftware typischerwei-

---

1 8 Gruppensitzungen à durchschnittlich 3 Stunden mit 4 Personen und einem Moderator ergeben 16 Personentage (Personentag = 7,5 Stunden), durchschnittlich 2 Personentage zur Vor- und Nachbereitung der Meetings machen 32 Personentage, also ohne die Aufwendungen der Pre-Planning-Phase und der Kunden bereits 48 Personentage. Ein konkretes Beispiel ist in Kap. 5.3 enthalten.

se aus der Marketing- oder Vertriebsabteilung, bei Individualsoftware z. B. der Benutzerservice). Das QFD-Team zuzüglich der im zweiten Teil auszuwählenden Kundenrepräsentanten sollte aus sechs bis zehn Mitgliedern bestehen, wobei auch Personen in „Doppelrollen", also mit zwei Verantwortlichkeiten (z. B. der Projektleiter ist gleichzeitig der „Kundenkenner"), zugelassen sind. Wichtig für eine reibungslose Zusammenarbeit ist allerdings eine klare Zuordnung der Teilnehmer zu ihren Aufgabengebieten, insbesondere muß die Abgrenzung zwischen (internen) Kunden und Entwicklern klar sein. Als Faustregel gilt, daß auf jedes „interne" QFD-Teammitglied ein „externer" Kunde kommen sollte. Extern ist hier nicht gleichzusetzen mit „außerhalb der Organisation", sondern bezieht vielmehr auch interne Kunden ein, die i. d. R. leichter als externe Kunden zur Mitarbeit zu bewegen sind, allerdings oftmals weniger realistisch den „wahren" Kunden am Markt widerspiegeln. Die Gefahr besteht immer, daß den Kunden bei ihrer aktiven Teilnahme an der Produktplanung möglicherweise die Schwächen und Konflikte der internen Teamarbeit offenbart werden, sie wird aber durch den Vorteil der direkten Kommunikation und die Chance auf das potentiell größere gegenseitige Verständnis aufgewogen. Tab. 3-4 gibt einen Überblick über die Rollen und die zur Aufgabenerledigung erforderliche Qualifikation der Personen.

Tab. 3-4:
Rollen und Qualifikation im QFD-Team

Rolle	Qualifikation	Anzahl
Projektleiter-QFD:	Qualitätsmanagementverantwortlicher, Produktplaner	1
Projektleiter-Produkt:	Wissen über Kostenwirkungen, Teamkoordinator	1
Entwickler:	Wissen über • Konkurrenzprodukte • die Stärken & Schwächen des Produkts • Entwicklungspotentiale • Schwierigkeiten & Probleme in der Entwicklung Verwender der Projektergebnisse	2
Kundenkenner:	Wissen über Kundenwünsche, Koordinator Kundeninfos (Marketing/Vertrieb/Benutzerservice etc.)	1

3.2.2 Customer Deployment

3.2.2.1 Identifikation von Kundengruppen

Bevor die Kunden nach ihren Bedürfnissen gefragt werden können, muß zuerst entschieden werden, wer überhaupt die Kunden sind. Somit bezieht sich die erste Aufgabe des customer deployment auf die Identifikation der Kundengruppen.

Aufgabe:
Identifikation von Kundengruppen anhand relevanter Kundencharakteristika.

Identifizierung aller potentiellen Kundentypen

Es sollte versucht werden, wirklich alle potentiellen Kundentypen zu identifizieren, um aus diesen dann in einem zweiten Schritt die für den (Markt-)Erfolg wichtigsten auszuwählen.

„Kunden" sind hierbei nicht nur die eigentlichen Benutzer der Software, sondern auch Personen, die zwar selbst nicht mit der Software arbeiten, aber trotzdem gewisse Interessen und Anforderungen bezüglich der Software haben: Z. B. Führungskräfte, die über den Kauf oder Einsatz der Software entscheiden, oder Verantwortliche im Rechenzentrum, die später für den reibungslosen Betrieb der Software zu sorgen haben.

Kriterien zur Festlegung von Kundengruppen

Bei Neuentwicklungen kann eine Analyse der betroffenen Geschäftsprozesse mit Hilfe von Prozeßflußdiagrammen o. ä. einen Überblick über betroffene Personen und somit potentielle Kunden schaffen. Gegebenenfalls müssen die potentiell relevanten Kundencharakteristika explizit mit ihren möglichen Ausprägungen aufgenommen werden, um aus verschiedenen Kombinationen dieser Werte auf typische Kundensegmente zu schließen.[1] Dabei fallen verschiedene Aspekte ins Gewicht. Bei Standardsoftware spielt für die Auswahl der Kundengruppen deren strategische Position, zahlenmäßige Größe und Nutzungshäufigkeit der Software sowie nicht zuletzt die Höhe ihres Umsatzes bezüglich des Produkts in der Vergangenheit und potentiell in der Zukunft eine Rolle. Bei Individualsoftware sind neben der Nutzungsintensität Kriterien wie hierarchische Stellung (z. B. fachlicher Projektleiter versus Endanwender) oder Bedeutung für den Projekterfolg (Meinungsführer, Multiplikatoren, Verantwortlicher für Abnahme etc.) von Bedeutung.

Bei Schwierigkeiten an dieser Stelle ist es bei Weiterentwicklungen womöglich sinnvoller, vorab eine Umfrage zur Kundenzufriedenheit mit dem Produkt auf relativ allgemeinem Niveau durchzuführen,[2] um daraus auf Gruppen mit ähnlichen Ansprüchen an das Produkt zu schließen.

3.2.2.2 Gewichtung der Kundengruppen

Aufgabe:
Identifikation primärer und sekundärer Kundengruppen und deren Repräsentanten sowie Ermittlung der Kundengruppengewichte.

Konzentration auf Schlüsselkunden

Die Produktplanung und damit die gesamte Entwicklung sollte den Fokus auf die Erhöhung der Zufriedenheit der für den (Markt-)Erfolg wichtigsten drei bis vier Kundengruppen setzen, denn oftmals machen diese, gemäß dem Pareto-Prinzip, den überwiegenden Teil des Umsatzes bzw. des Erfolges mit

1 Vgl. Zultner /Before the House/ 453

2 Vgl. dazu z. B. Hierholzer /Kundenorientierung/ 53ff.

dem Produkt aus.[1] Diesen Schlüsselkundengruppen müssen Gewichtungsfaktoren zugeordnet werden, die deren Wichtigkeit relativ zueinander wiedergeben und als Multiplikatoren für die nach Kundengruppen getrennten Bewertungen der Anforderungen dienen.

Festlegung der Kundengruppengewichte

Sowohl die Auswahl der wichtigsten Kundengruppen als auch die Festlegung der Kundengruppengewichte sind bevorzugt in allgemeinem Konsens der Projektverantwortlichen und nachvollziehbar für die anderen Mitglieder des QFD-Teams zu treffen. Falls diese Transparenz gegeben ist, bietet sich eine direkte Verteilung von 100 Punkten (im Sinne von Prozentzahlen) auf die Schlüsselkundengruppen oder die Festlegung von Bedeutungsverhältnissen (z. B. 3:2:1) und deren Umrechnung in die Multiplikatoren (3:2:1 $\Rightarrow$ 3/6 : 2/6 : 1/6 $\Rightarrow$ 0,5:0,33:0,17) an. Letzteres ist allerdings schwierig bei Kundengruppen fast gleicher Wichtigkeit, denn es führt tendenziell zu größeren Bedeutungsunterschieden. Um den Entscheidungsprozeß insbesondere bei vielen potentiell zu berücksichtigenden Faktoren oder einer großen Anzahl von Kundengruppen explizit zu machen, lassen sich auch zwei aufwendigere Vorgehensweisen rechtfertigen.

Priorisierungsmatrix zur Kundengruppengewichtung

Die erste Möglichkeit ist, zuerst eine Gewichtung der entscheidungsrelevanten Kriterien (Kundencharakteristika) vorzunehmen und dann in einer **Priorisierungsmatrix** aus den „Korrelationen" der Kundensegmente zu den Kriterien die Wichtigkeit der Kundengruppen zu bestimmen bzw. zumindest die wichtigsten unter den Kundengruppen zu erkennen. Objektiver werden die Wertungen, wenn man die tatsächlichen Ausprägungen der Kriterien heranzieht: Beispielsweise können die absoluten Werte für die Umsatzstärke der Kundengruppen konkret angegeben und durch Division durch den Gesamtumsatz relativiert werden, Ausprägungen für die Nutzungshäufigkeit müssen womöglich geschätzt werden, und für wieder andere projektspezifische Kriterien werden die relativen Werte am besten direkt im paarweisen Vergleich der Kundengruppen untereinander ermittelt.[2] Als „mathematisch einfachere" Variante

1 Vgl. Juran /Design/ 68ff.

2 Vgl. zu einem ausführlichen Beispiel dieser Art einer Kriterien/Kundengruppen-Matrix Zultner /Before the House/ 453f., 462f.

dieses Vorgehens können für die einzelnen Kriterien fiktive Bewertungsskalen (z. B. 1, 2, 3 oder 1, 3, 5) festgelegt und dann additiv oder multiplikativ zur (gröberen) Priorisierung verknüpft werden. Kriterien, die multiplikativ verknüpft werden oder denen hohe Ausprägungswerte zugeordnet sind, haben dabei einen größeren Anteil an der Bedeutung der einzelnen Kundengruppen für den (Markt-)erfolg als andere.

Tab. 3-5 zeigt die Gewichtung der Kundengruppen in einer Priorisierungsmatrix am Beispiel der Adreßdatenbank.

Tab. 3-5: Beispiel für eine Kundengruppengewichtung mit Priorisierungsmatrix

	Assistent	Direktor	Diplomand	Student	Sekretariat	Gewicht
Nutzungsintensivität	3	3	1	9	9	0,50
Einfluß auf Nutzung	3	9		1	9	0,40
DV-Kenntnisse	3	9	1	9	3	0,10
Absolute Bedeutung	3	6	1	6	8	
Relative Bedeutung	12,61	25,21	2,52	24,37	35,29	
Rang	4	2	5	3	1	

Paarweiser Vergleich zur Kundengruppengewichtung

Das zweite Verfahren im Teil A der Materialsammlung bedient sich des einfachen **paarweisen Vergleichs** zwischen je zwei „Dingen" bezüglich der Erfüllung eines beliebigen Kriteriums zur Ermittlung „echter", d. h. einer Verhältnisskala genügender Gewichte. Diese „Dinge" (englisch: items) können jegliche Art von Fakten, Aussagen oder Merkmalen sein, die untereinander hinsichtlich ihrer Wichtigkeit oder Bedeutung für einen Sachverhalt verglichen werden sollen. Die einfache Art der Anwendung in den drei Kategorien „besser", „gleich" und „schlechter" führt allerdings nur zu ordinalen Reihenfolgen und kann deswegen auch nur (aber immerhin) die grobe Erkennung der wichtigsten der verglichenen Items leisten. Zur konkreten Priorisierung in Form relativer Gewichte muß eine feinere Differenzierung der möglichen Vergleichsbeziehungen (mindestens fünf Kategorien) und eine dementsprechende Zuordnung von Zahlenwerten zu den einzelnen Kategorien (i. d. R. im Intervall [$\frac{1}{9}$,9], wobei 1 für „gleich" steht) benutzt werden. Oberhalb der mit Einsen gefüllten Diagonalen einer Matrix werden die Werte gemäß des Verhältnisses der „Zeilen" zu den „Spalten" eingetragen, unterhalb der Diagonalen die reziproken Werte für die entgegengesetzte Beziehungen. Nach der Normalisierung der Spalten erfolgt die Gewichtung durch zeilenweises Summieren der Matrixwerte und Division durch die absolute Anzahl der verglichenen Items.

Anwendungsspektrum des Paarvergleichs

Das Anwendungsspektrum dieser Art des Paarvergleichs im Rahmen von QFD in der Produktplanung reicht von den Kriterien zur Unterscheidung der Kundengruppen bzw. der Werte, welche die Kundengruppen bezüglich dieser Kriterien annehmen (Korrelationswerte in der oben beschriebenen Kriterien/Kundengruppen-Matrix) über die Wichtigkeit der Kundengruppen selber bis hin zu den Bewertungen der in Baum- bzw. Hierarchiediagrammen strukturierten Kundenanforderungen.[1] Letzteres ist allerdings aufgrund der i. d. R. großen Anzahl an Kundenanforderungen nur mittels eines speziell für die Anwedung auf hierarchischen Strukturen entwickelten Verfahrens, dem Analytic Hierarchy Process, effizient durchführbar (siehe dazu Kap. 3.3.2.1). An dieser Stelle wird der Paarvergleich direkt für eine Gewichtung der Kundengruppen untereinander benutzt.

---

1 Vgl. Cohen /Quality Function Deployment/ 219ff.; Zultner /Before the House/; Zultner /Priorities/

Tab. 3-6: Beispiel für eine Kundengruppengewichtung mit Paarvergleich

Gewichtungen	Direktor	Sekretariat	Assistenten	Studenten	Diplomanden
Direktor	1	1/3	1	1	3
Sekretariat	3	1	3	3	9
Assistenten	1	1/3	1	1	3
Studenten	1	1/3	1	1	3
Diplomanden	1/3	1/9	1/3	1/3	1
SUMMEN	6,33	2,11	6,33	6,33	19,00

Normalisiert	Direktor	Sekretariat	Assistenten	Studenten	Diplomanden	Gewicht
Direktor	0,16	0,16	0,16	0,16	0,16	15,79%
Sekretariat	0,47	0,47	0,47	0,47	0,47	47,37%
Assistenten	0,16	0,16	0,16	0,16	0,16	15,79%
Studenten	0,16	0,16	0,16	0,16	0,16	15,79%
Diplomanden	0,05	0,05	0,05	0,05	0,05	5,26%
SUMMEN	1,00	1,00	1,00	1,00	1,00	100,00%

Die Vorteile der Ermittlung relativer Gewichte und der einfachen Paarvergleiche werden bei diesem Verfahren durch deren mit der Menge der Items stark steigenden Anzahl ($\frac{n*(n-1)}{2}$, also bei n = 10 schon 45 Einzelentscheidungen), der ein wenig willkürlichen Vergabe von Zahlenwerten zu den Ergebnissen der Gegenüberstellungen und der Gefahr von Inkonsistenzen in Form von Verletzungen der Transitivität (A $\succ$ B, B $\succ$ C, aber C $\succ$ A)[1] erkauft. Aus diesen Gründen sollte der Paarvergleich nur bei relativ wenigen zu vergleichenden Items (< 10, bei den Kundengruppen oft zutreffend) angewendet und seine Ergebnisse einer genauen Analyse unterzogen werden (auch weil jedem Item ein Gewicht größer als Null zukommt). Das Vorgehen anhand einer Priorisierungsmatrix zwischen Kriterien und Kundengruppen ist zwar mit ähnlich hohem Aufwand verbunden, führt aber zu verläßlicheren Ergebnissen, auch weil im Gegensatz zum Paarvergleich nicht alle Kriterien gleichzeitig berücksichtigt und zu einem Verhältnis verdichtet werden müssen.

QFD erfordert ausreichende Schulung

Aus den auf diese Weise ermittelten (drei bis vier) Schlüsselkundengruppen müssen für die gemeinsamen Gruppensitzungen mit dem QFD-Team möglichst repräsentative Vertreter

1 Zur Sicherung eines angemessenen Konsistenzniveaus ist bei einer größeren Anzahl von Items (> 10) eine systematische Konsistenzprüfung zu empfehlen, vgl. Saaty /Analytic Hierarchy Process/ 179ff. und Saaty /Decision Making/ 80ff.

ausgewählt werden, die zudem bereit zur aktiven Mitarbeit sind und auch den Kontakt zu anderen Mitgliedern ihrer Kundengruppe suchen, um ihre Bewertungen auf eine breitere Basis zu stellen. Nachdem damit die Beteiligten am QFD-Prozeß festgelegt sind, muß ein wichtiger Erfolgsfaktor noch vor den ersten Projektaktivitäten gesichert werden: **eine ausreichende und umfassende Schulung** in den im QFD-Prozeß verwendeten Techniken. Obwohl QFD als wenig trainingsintensiv bezeichnet wird und auch im Sinne eines „learning by doing" eingeführt werden kann, so darf die Verdichtung der Informationen vor allem im HoQ nicht unterschätzt werden. Nicht umsonst wird QFD als in seiner Komplexität und Lernkurve äquivalent zu den strukturierten Methoden des Software Engineering bezeichnet.[1]

Sammlung von Kundeninformationen

Den Abschluß des zweiten Teils des Pre-Planning bilden die praktischen Fragen nach den bereits existierenden Daten über die Kunden und ihren Bedürfnissen sowie nach möglichen Informationen, die noch vor der ersten Gruppensitzung zur Ermittlung der Kundenanforderungen beschafft werden müssen.

Aufgabe:
Bestandsaufnahme existierender und Planung noch zu erhebender Kundeninformationen.

„garbage in, garbage out" vermeiden

Die Voice of the Customer Analysis (erster Schritt im QFD-Ablauf aus Tab. 3-1) kann natürlich mit einer Kartenfrage an die ausgewählten Personen ad hoc keine vollständige Erhebung sämtlicher Wünsche der Kunden leisten. Bereits im Vorfeld sollten sich die Beteiligten bemühen, Daten zu sammeln und entsprechend aufzubereiten, z. B. können die Kundenrepräsentanten weitere Kunden in ihrem Umfeld nach deren Anforderungen befragen oder der interne „Kundenkenner" Beschwerden bzw. Reklamationsmeldungen analysieren. Es muß den Projektverantwortlichen verdeutlicht werden, daß der Erfolg des gesamten QFD-Prozesses extrem abhängig von den eingehenden Informationen ist, denn für die Strukturierungstechniken von QFD gilt die Aussage, daß „garbage in" auch „garbage out" nach sich zieht. Zudem sollte sich der Informationssuchaufwand im Einklang zu den angestrebten Ergebnissen und Zielen bewegen.

1 Vgl. Zultner /Blitz QFD/ 30

Pre-Planning Unterschiede bei Standard- und Individualsoftware

Das Pre-Planning ist der Abschnitt einer QFD-Anwendung, in welchem der größte Unterschied zwischen der Entwicklung von Standard- und Individualsoftware liegt. Beim erstgenannten ist aufgrund der Anonymität des Marktes die Suche nach personalen und repräsentativen Kunden aufwendiger, die Produktabgrenzung bei Neuentwicklungen auch wegen der höheren Geschäftsrisiken schwieriger. Bei auftragsgebundenen Entwicklungen werden diese Aufgaben durch den i. d. R. begrenzten Kundenkreis erleichtert. Nach deren Erledigung sind die Vorgehensweisen allerdings ähnlich und auch gleichermaßen die Voraussetzungen für den Einstieg in die Anwendung von QFD in der Produktplanung gegeben.

3.3 Die Erstellung des Software-HoQ

Gegenstand dieses Kapitels ist die Erstellung des Software-HoQ d. h. die Schritte eins bis vier aus dem QFD-Ablauf.

3.3.1 Schritt 1: Voice of the Customer Analysis

Voice of the Customer Analysis

Die Analyse der Kundenbedürfnisse ist der kritischste und oftmals auch schwierigste Schritt im ganzen QFD-Prozeß. Alle nachfolgenden Aktivitäten können noch so perfekt ausgeführt werden, wenn am Anfang ungenau und wenig gewissenhaft gearbeitet wird, ist dies nicht wieder auszugleichen. Die Voice of the Customer Analysis (VoCA) bildet das Rückgrat von QFD; sie ist der unabhängige, QFD der abhängige Prozeß. Durchgeführt wird dieser Schritt in einer ersten moderierten Gruppensitzung des QFD-Teams und der Kundenrepräsentanten.[1] Prinzipiell werden allerdings nur die Kundenvertreter und der Kundenkenner benötigt, denn nur ihre unverfälschte Meinung, unbeeinflußt durch die Präsenz der Entwickler, ist gefragt. Auf der anderen Seite wird dem direkten Kontakt zwischen Kunden und Entwicklern hohe Bedeutung beigemessen, denn dadurch kann das gegenseitige Verständnis für die Probleme der jeweils anderen Gruppe gefördert werden und ein „fruchtbares" Miteinander erwachsen. Wenn sich die internen QFD-Teammitglieder an die Grundregel halten, die Kunden-

1 Das Vorgehen ähnelt der Durchführung von sogenannten „focus groups", in denen derzeitige und potentielle Kunden zusammen mit internen Mitarbeitern in moderierten Gruppensitzungen über ihre Anforderungen an ein Produkt und die Probleme bei dessen Nutzung diskutieren, vgl. Bailey /Customer/.

wünsche nicht direkt zu bewerten und zu kommentieren, können insbesondere die Entwickler durch die Einblicke in die wirklichen Probleme der Kunden zu neuen Einsichten und Ideen kommen, z. B. in Form von Begeisterungsfaktoren. Zudem könnte eine Nicht-Beteiligung der Entwickler unnötige Widerstände auslösen und die oftmals ohnehin vorhandenen Akzeptanzprobleme verschärfen, einerseits bezüglich des QFD-Einsatzes generell, andererseits gegenüber dem Ergebnis dieser Sitzung, den strukturierten Kundenanforderungen. Oberste Regel bei deren Formulierung und Systematisierung ist die Verständlichkeit für die Kunden, also eine Ausdrucksweise in der „Sprache der Kunden" und eine Strukturierung aus Kundensicht, denn sie müssen die Anforderungen im nächsten Schritt bewerten und demzufolge auch verstehen. Die Betrachtung des Produkts aus Entwicklersicht bzw. die Transformation der Kundenanforderungen in die „Sprache der Entwickler" ist Gegenstand anderer Sitzungen (dritter und fünfter Schritt). Federführend und dominierend in dieser Sitzung sind die Kunden. Ziel ist die Erhebung klarer Aussagen darüber, was die Kunden bei ihrer täglichen Nutzung des Produkts wirklich brauchen, unabhängig von der Art und Weise der potentiellen Erfüllung dieser Anforderungen.

3.3.1.1 Erhebung von Kundenaussagen

Aufgabe:
Zusammentragen der unterschiedlichen Wünsche und Bedürfnisse der Kunden, die durch das Produkt erfüllt und befriedigt werden sollen.

Stimme des Kunden aufnehmen

Die erste Aufgabe in der VoCA besteht in der Aufnahme der Stimme des Kunden, also dem Zusammentragen der unterschiedlichen Wünsche und Bedürfnisse der Kunden, die in ihren Augen durch das Produkt erfüllt und befriedigt werden sollen. Anhand einer einfachen allgemeinen Kartenfrage („Welche Forderungen stelle ich an das Produkt?") sind die Kunden und der Kundenkenner dazu angehalten, frei und unbeeinflußt durch andere Beteiligte des QFD-Teams (Entwickler!) ihre Vorstellungen zu äußern. Idealerweise orientieren sie sich dabei an den im Pre-Planning herausgestellten Basisfunktionen der Software und den durch diese zu unterstützenden Geschäftsprozessen, also an den konkreten, sich wiederholenden Aufgaben, die sie mit dem Produkt tagtäglich durchführen wollen bzw. deren Erledigung ihnen das Produkt in geeigneter Weise erleichtern soll. Wie bereits angesprochen, sollten sich insbesondere die Kundenvertreter als ausgewählte Repräsentanten ihrer Kundengruppe schon bevor sie hier ad hoc mit der Identifikation ihrer Anforderungen konfrontiert werden, über diese Gedanken machen und am besten schon fertig formulierte Aussagen zu dieser Sitzung mitbringen.

Kunden nicht überfordern

Die direkte Frage nach den Kundenanforderungen im Sinne der Definition („Welche Vorteile möchte ich durch die tägliche Nutzung des Produkts erzielen?") ist zwar theoretisch besser als obige Frage geeignet zur möglichst schnellen Ermittlung der Kundenanforderungen, kann jedoch auf die Kunden wegen ihrer Förmlichkeit eher einschränkend wirken. Um ein möglichst realistisches Bild der Kundenbedürfnisse zu bekommen, sollen die Kunden aber gerade frei von solchen Beschränkungen ihre Meinung zum Produkt äußern können, sozusagen eine „in-house" Simulation einer aufwendigen Untersuchung vor Ort („go to the gemba") leisten. Die Analyse der Kundenaussagen und dabei insbesondere die oft notwendige Umformulierung zu Kundenanforderungen im Sinne der Definition ist erst die zweite Aktivität nach der Erhebung der VoC. Wichtige Voraussetzung für diese erste Aktivität ist, daß die Produktabgrenzung im Pre-Planning sorgfältig erfolgte und daß bei einem umfangreichen Produkt eine angemessene Strukturierung des QFD-Vorgehens vorgenommen wurde, damit die Kundenaussagen und -anforderungen eine in den Gruppensitzungen handhabbare Masse (ca. 80) nicht überschreiten. U. U. muß die Produktplanung mit QFD auf mehrere „Durchläufe", d. h. insbesondere auf mehrere HoQs z. B. gemäß der Basisfunktionen aufgeteilt werden.

Alle Anforderungskategorien im Sinne des Kano-Modells berücksichtigen

Prinzipiell ist bei der Erhebung der VoC für eine erste QFD-Anwendung auf ein bestimmtes Softwareprodukt kein Unterschied zwischen einer Neu- und einer Weiterentwicklung zu machen; in beiden Fällen sollte versucht werden, die Anforderungen möglichst umfassend zu erheben. Das bedeutet bei Weiterentwicklung einen (scheinbar unnötig) höheren Aufwand, da auch schon im derzeitigen Produktrelease umgesetzte Anforderungen in die Analyse aufgenommen werden. Gerade dies ist allerdings eine Stärke von QFD, denn diese „alten" Anforderungen werden hinsichtlich ihrer Kundenzufriedenheit und Wettbewerbsposition bewertet, dadurch Fehleinschätzungen in der bisherigen Entwicklung aufgedeckt und entsprechend neue, verbesserte Produktmerkmale erkannt. Der Mehraufwand rechnet sich spätestens dann, wenn das Produkt ein weiteres Mal weiterentwickelt werden soll. Denn die Anforderungen der Kunden ändern sich zwar im Laufe der Zeit, doch bleiben auch viele über Jahre hinweg gleich bzw. durchlaufen eine Art „Lebenszyklus", im Sinne des Kano-Modells beschrieben als der Wandel von den Begeisterungsfaktoren über die Leistungsfaktoren hin zu den Basisfaktoren. Der Vorteil von QFD liegt dann in seiner Flexibilität, daß bei Weiterentwicklungen de facto nur die „neuen" Anforderungen in das HoQ integriert und mit allen anderen zusammen ganzheitlich bewertet werden müssen. Trotzdem wäre eine Beschränkung nur auf *neue und modifizierte* Anforderungen im Sinne einer vordergründigen Zeitersparnis „jetzt" insbesondere bei Produkten niedriger strategischer Bedeutung für die Unternehmung vorstellbar, auch wenn dabei die Bewertung des jetzigen Produkts (Kundenzufriedenheitsuntersuchung, Produktbenchmarking) eine eher untergeordnete Rolle spielt. Prämisse ist dann die „Erhaltung aller bisher vom Kunden für sinnvoll gehaltenen Funktionalität", aber allein in dieser ungenauen Ausdrucksweise[1] spiegelt sich die Problematik und die Gefahr eines solchen Vorgehens wider, denn die Unternehmung müßte ohne umfangreichere Aktivitäten zur Analyse der Kundenzufriedenheit schon ziemlich genau die Meinung der Kunden einschätzen können.

3.3.1.2 Identifikation der Kundenanforderungen

Aufgabe:
Identifikation und Ableitung der Kundenanforderungen (im Sinne der Definition) aus der Menge der Kundenaussagen.

Anforderungen und Lösungen trennen

„User needs and user requirements are not the same."[2] Es reicht nicht aus, einen allgemeinen oder speziellen Kundenwunsch ungefragt zur Kenntnis zu nehmen, sondern vielmehr muß nach Informationen über das beim Kunden zu lösende

1 „Von wem" und wie soll der „sinnvolle" Funktionsumfang festgelegt werden? Die bisher unzureichend umgesetzten Anforderungen müssen auf jeden Fall in die QFD-Analyse einbezogen werden und gerade diese zu erkennen, ist eine Aufgabe von QFD in Verbindung mit Kundenzufriedenheitsuntersuchungen!

2 Sommerville /Software Engineering/ 48

Problem, das diesen Wunsch auslöst, gesucht werden. Um wirklich Potentiale für neuartige Ideen und Innovationen (Begeisterungsfaktoren) zu öffnen, müssen die hinter den Kundenaussagen verborgenen Vorteile bei der Nutzung des Produkts, also der Kundennutzen, identifiziert werden. Da Kunden nicht nur Kundenanforderungen in diesem Sinne, sondern auch Produkt- und Qualitätsmerkmale, konkret zu entwerfende Komponenten, konkret zu erreichende Zielwerte etc. nennen, ist die Trennung von Anforderungen und Lösungen ein essentieller Bestandteil der QFD-Methode. Nennt der Kunde eine Lösung (z. B. „Adressenexport in Datei" für die Adreßdatenbank), so muß nach den dahinterliegenden Kundenanforderungen gesucht werden: In diesem Falle möchte der Kunde möglicherweise einfach nur Adressen aus der Adreßdatenbank in einen mit Textverarbeitung erstellten Brief übernehmen. Hierfür sind z. B. auch andere Lösungen denkbar, die den Kunden am Ende zufriedener stellen würden, oder sogar ein Begeisterungsmerkmal darstellen (z. B. dynamischer Datenaustausch über OLE). Es muß also der Grund für diese Äußerung, der Zweck der Anwendung des Produkts in bezug auf diese Kundenaussage, hinterfragt werden, denn in solchen Äußerungen kommen möglicherweise Anforderungen zum Ausdruck, die erkannt werden müssen.

Voice of the Customer Table erstellen

Das Werkzeug, das bei dieser Aktivität zum Einsatz kommt, ist die **Voice of the Customer Table** (VoCT).[1] Sie besteht aus zwei Teilen. In der klassischen Anwendung der Voice of the Customer Table Part 1 (VoCT 1 oder 6W-Tabelle, Tab. 3-7) werden für jeden Kunden separat seine Wünsche aufgenommen und die Beziehungen dieser Wünsche zur konkreten Benutzung des Produkts mittels der 6W-Methode untersucht. Die 6W-Methode stellt dabei sechs Fragen immer mit *Bezug zu einer konkreten Kundenaussage* (Tab. 3-8), die insbesondere bei negativen Aussagen im Sinne einer 6W-*Nicht*-Methode auch in der verneinenden Formmulierung (z. B „warum wird die Kundenaussage *nicht* benötigt") gebraucht werden können. Die Antworten bilden die Grundlage für die Transformation bzw. Klassifizierung der Kundenaussage in Kundenanforderungen, Produktmerkmale, Qualitätsmerkmale etc. in der Voice of the

1 Vgl. zum Folgenden Cohen /Quality Function Deployment/ 78ff., Mazur /Voice of the Customer Table/ und insbesondere Nakui /Comprehensive QFD/ 138ff.

Customer Table Part 2 (VoCT 2 oder vereinfachend VoCT, Tab. 3-9):

Tab. 3-7:
Voice of the Customer Table Part 1 (6W-Tabelle)

Kundenaussagen	WER	WOZU/ WAS	WARUM	WANN	WO	WIE (-VIEL)	Kundenanforderungen

Tab. 3-8:
Fragen der 6W-Methode

Frage	Heute	Zukunft
WER	WER nutzt/benötigt *die Kundenaussage*?	WER könnte *die Kundenaussage* benutzen/benötigen?
WOZU/ WAS[1]	WOZU wird *die Kundenaussage* benutzt/ benötigt? Welchen Zweck erfüllt *die Kundenaussage*?	WOZU könnte *die Kundenaussage* benutzt/benötigt werden? Welchen Zweck könnte *die Kundenaussage* erfüllen?
WARUM	WARUM wird *die Kundenaussage* benutzt/benötigt?	WARUM könnte *die Kundenaussage* benutzt/ benötigt werden?
WANN	WANN wird *die Kundenaussage* benutzt/benötigt?	WANN könnte *die Kundenaussage* benutzt/benötigt werden?
WO	WO wird *die Kundenaussage* benutzt/ benötigt?	WO könnte *die Kundenaussage* benutzt/benötigt werden?
WIE(-VIEL)	WIE wird *die Kundenaussage* benutzt/ benötigt?	WIE könnte *die Kunden aussage* benutzt/benötigt werden?

1 „WAS" kommt aus dem Englischen: „What is the Product used for?"

Tab. 3-9: Voice of the Customer Table Part 2 (vereinfacht VoCT)

Kunden-aussagen	Kunden-anforde-rungen	Produkt-merkmale	Qualitäts-merkmale	Sonstige (Komponen-ten, Zielwerte etc.)

Ableitung von Kundenanforderungen

Bei der Anwendung der beiden Tabellen innerhalb der Planung eines Softwareprodukts im Rahmen einer Gruppensitzung, in der die gemeinschaftlich erhobenen Kundenaussagen nacheinander dem Plenum kundgetan werden, sind einige Besonderheiten zu berücksichtigen. Wichtigste Aufgabe dieser Aktivität ist die Ermittlung von Kundenanforderungen aus den Kundenaussagen. Die Beantwortung der WOZU/WAS- und der WARUM-Spalten der 6W-Tabelle zielt schon genau auf den Zweck der Nutzung im Sinne des Kundennutzens, also auf die Kundenanforderung ab. Oft reicht also das im vorherigen Kapitel angesprochene Hinterfragen des Vorteils einer Kundenaussage („Welche Vorteile möchte ich durch die tägliche Nutzung des Produkts erzielen?") aus. Auch die einfache Regel, daß Kundenanforderungen oft erkennbar sind an einer Formulierung in der Art, daß das Produkt etwas können **soll** (und nicht **muß**) kann sehr hilfreich sein. Die gesamte 6W-Tabelle ist sicherlich sinnvoll, um ein gemeinsames Verständnis der vorhandenen Aussagen für alle Beteiligten zu erzeugen und auch darüber hinaus neue Einsichten in die Benutzung des Produkts zu bekommen, doch nimmt ihre Bearbeitung auch relativ viel Zeit in Anspruch. Deswegen sollte sie insbesondere für solche Kundenaussagen herangezogen werden, die auf kein allgemeines Verständnis unter den Beteiligten stoßen und deren Aufnahme im Plenum somit in unstrukturierten, zeitraubenden Diskussionen ausartet. Dann kann ein Vorgehen gemäß der sechs Fragen eine gewisse Struktur vorgeben und Zeit sparen. Folgende Beispiele (Tab. 3-10) für die Adreßdatenbank sollen dies verdeutlichen.

Tab. 3-10: Beispiele der Anwendung der 6W-Tabelle für die Adreßdatenbank

Kundenaussage	WER	WOZU	WARUM	WANN	WO	WIE-(VIEL)	Kundenanforderung
gutes Antwortzeitverhalten	Sekretariat	Chef will mit jemanden verbunden werden	rasch gesuchte Informationen finden	Abfrage von Telefonnummer	auf dem Bildschirm	< 2 Sekunden	schnelle Auskunft über Person
einfache Bedienung	Student	Adressen von Visitenkarten eingegeben	Adressen einfach eingeben können	neue Person anlegen	Tastatur, Maus	ohne Hilfefunktion in anspruch zu nehmen	leichte Eingabe von Adressen
einfache Bedienung	Assistent	Mitglieder des Arbeitskreis einladen	Faxe verschikken	für Faxversand	Drukker	Access nicht verlassen müssen	einfaches Versenden von Fax

Die Fragen der 6W-Tabelle

Da die 6W-Tabelle in den Gruppensitzungen nicht für einen Kunden und seine Aussagen separat erhoben wird, verweisen die Inhalte der WER-Spalte allgemein auf eine oder mehrere Kundengruppen. An unserem Beispiel wird deutlich, daß eine einzige Kundenaussage („einfache Bedienung") durch die Berücksichtigung verschiedener Kundengruppen zu unterschiedlichen Anforderungen führen kann. Die Antworten in den WOZU/WAS- und WARUM-Spalten unterscheiden sich oftmals nur graduell, tendenziell zielt die WARUM-Frage auf eine grundsätzlichere, allgemeinere Nutzung des Produkts ab. Die restlichen drei Fragen sind bei der Softwareentwicklung oftmals nur wenig aussagekräftig bzw. ihre Beantwortungen unterliegen von Aussage zu Aussage lediglich geringen Schwankungen. Eingabe, Ausgabe, Bildschirm, Drucker etc. sind übliche Antworten für die WANN- bzw. WO-Frage, die WIE-Spalte kann in seiner Abwandlung zu WIEVIEL Hinweise für ein quantifizierbares Qualitätsmerkmal bezüglich der Kundenanforderung geben. Die Angaben in der 6W-Tabelle können außer zur Identifikation der Kundenanforderungen also auch schon Elemente der Dokumentation im Sinne einer Anforderungsspezifikation (siehe Kap. 3.6) enthalten.

Kundenaussagen dokumentieren

Durch den starken Fokus auf die Erkennung von Kundenanforderungen stellen diese bei der Klassifizierung der Kundenaussagen in der VoCT die mit Abstand zahlenmäßig größte Kategorie dar. Wichtig dabei ist, daß die Kundenaussagen auf jeden Fall in ihren originalen Formulierungen dokumentiert werden, um auf sie bei späteren Unklarheiten zurückgreifen zu können. Zur Sicherstellung, daß in den nachfolgenden Schritten für alle Beteiligten die verwendeten Begriffe einheitlich und eindeutig definiert sind, müssen ebenso Erläuterungen und Interpretationen der Kundenanforderungen (**Erläuterungskommentare**) festgehalten werden. Dies wird umso wichtiger, je weiter zeitlich entfernt voneinander die einzelnen Schritte des QFD-Ablaufs durchgeführt werden. Grundsätzlich sollte versucht werden, durch eine möglichst positive und eindeutige Formulierung angelehnt an die originalen Worte der Kunden, die Anforderungen für alle Beteiligten und insbesondere die Kunden verständlich zu beschreiben. Allerdings fallen negative Formulierungen wie z. B. „kein Datenverlust bei Absturz" oft leichter. Die Klassifikation bzw. Tranformation der Kundenaussagen zu Anforderungen darf dabei nicht zu Diskussionen über deren Sinn oder Unsinn führen. Die Kundenaussagen werden nur umformuliert, um Anforderungen einer einheitlichen sprachlichen Ebene zu erhalten, die im nächsten Schritt vergleichend bewertet werden können.

Abgrenzung zwischen Kundenanforderungen und Produktcharakteristika

Das größte Problem bei der Durchführung dieser Aktivität ist die Abgrenzung zwischen Kundenanforderungen und Produkt- bzw. Qualitätsmerkmalen. Insbesondere bei Weiterentwicklungen, bei denen die Kunden oftmals schon genaue Vorstellungen von den Änderungen am Produkt haben bzw. allgemein, wenn die (internen) Kunden schon relativ viel Wissen über die Möglichkeiten bei der Softwareentwicklung mitbringen, wird die sprachliche Ebene der Kundenaussagen eher in die Richtung der konkreteren Eigenschaften und Fähigkeiten des Produkts, also der Produktcharakteristika, tendieren. Die Abstrahierung dieser Aussagen zu „Vorteilen, welche die Kunden durch die Nutzung des Produkts erzielen bzw. erzielen könnten" erscheint dann oftmals als ein überflüssiger Schritt zurück in der Entwicklung.[1]

Vorgehen bei Weiterentwicklung

An dieser Stelle muß auf die Ziele der Entwicklung zurückgegriffen werden. Wenn es sich um eine Weiterentwicklung kleineren Umfangs im Sinne von einigen Änderungen bzw. Ergänzungen handelt, ist zu überlegen, ob nicht ganz auf die Bildung der HoQ in der Produktplanung verzichtet wird und nur die Kundenanforderungen im Detaillierungsgrad von Produktmerkmalen analysiert und bewertet werden (erster und zweiter Schritt sowie ausgewählte Aktivitäten aus dem siebten Schritt). Dieses Vorgehen wäre im Sinne von „Blitz QFD" (siehe Kap. 2.4.2) mit erheblich weniger Aufwand als der komplette QFD-Ablauf verbunden und würde trotzdem zu expliziten Vorgaben für die Entwickler führen.

Vorgehen bei Neuentwicklung

Bei Neuentwicklungen und größeren Weiterentwicklungen, in denen womöglich das ganze Produkt in Frage gestellt wird, ist dagegen immer eine abstraktere Formulierung der Anforderungen notwendig. Denn nur dann kann das derzeitige Produktrelease realistisch beurteilt werden, können die zu erhebenden Produktmerkmale wirklich unabhängig von der derzeitigen Lösung sein und im Sinne von Begeisterungsfaktoren Potentiale höherer Kundenzufriedenheit darstellen. Die detaillierten Kundenaussagen müssen allerdings auf jeden Fall in den entsprechenden Spalten der VoCT dokumentiert und von den Entwicklern in den nachfolgenden Schritten bei der Erhebung

1 Die konkrete Kundenaussage (z. B. „Mausbedienung") wird sozusagen „verwaschen" und geht (oberflächlich betrachtet) in der allgemeineren Kundenanforderung (z. B. „einfache Bedienung") verloren.

der Produktcharakteristika ausreichend berücksichtigt werden. Offensichtlich äußert sich in der genannten „Kunden-Lösung" ein Leistungsfaktor, dem intensive Beachtung geschenkt werden muß und dessen Erfüllung, in für die Kunden „noch positiverem" Sinne, durchaus ein potentieller Überraschungseffekt innewohnt. Durch die Beschränkung des Vorgehens auf i. d. R. wenige (im Vergleich zu Produktcharakteristika) abstraktere Kundenanforderungen werden zudem die Korrelationsmatrizen kleiner gehalten und potentielle 1:1-Gegenüberstellung in Form von Diagonalmatrizen verhindert (siehe Kap. 3.3.4.2).

Detaillierungsgrad der Kundenanforderungen festlegen

Trotzdem ist die Definition der Kundenanforderungen kein Dogma, dem unbedingt gefolgt werden muß. Die zugrundeliegenden Vorteile können auch einfach zu generell für die Planung des spezifischen Produkts sein. Die Gratwanderung besteht darin, daß Kundenanforderungen allgemein genug sein sollten, um viele mögliche Umsetzungen in Produktcharakteristika zu erlauben, aber gleichzeitig speziell genug, um die Probleme und Bedürfnisse der Kunden klar zu beschreiben.

3.3.1.3 Strukturierung der Kundenanforderungen

Aufgabe:
Untersuchung der Kundenanforderungen auf Abhängigkeiten, Ähnlichkeiten und bisher nicht genannte Anforderungen; Erarbeiten einer Struktur als Vorgabe für die Gewichtung; Auswahl einer für die weitere Analyse handhabbaren Menge an Anforderungen.

Kundenanforderungen auf Ähnlichkeiten und Abhängigkeiten untersuchen

Die Kundenanforderungen aus der VoCT können aus zwei Gründen nicht direkt in die Kundenanforderungstabelle bzw. in die HoQs übernommen werden. Zum einen sollten sie vorher eine gewisse Konsolidierung hinsichtlich ihres sprachlichen Detaillierungsniveaus, ihrer Überschneidungsfreiheit untereinander und einer möglichst vollständigen Abbildung der Kundenbedürfnisse erfahren, zum anderen ist ihre Gewichtung aufgrund ihrer oftmals großen Anzahl ohne weitere Strukturierung schwierig und nur mit wenig differenzierten Methoden[1] möglich. Deswegen werden die Kundenanforderungen am En-

1 Z. B. mittels der Vergabe absoluter Gewichtungen auf einer festgelegten nominalen Skala von 1 (unwichtig) bis 5 (sehr wichtig), siehe auch Kap. 3.3.2.1.

de der ersten Gruppensitzung in einem Affinitätsdiagramm auf Abhängigkeiten und Ähnlichkeiten untereinander untersucht sowie anschließend in einem Baum- bzw. Hierarchiediagramm angeordnet, um bisher nicht genannte Anforderungen zu erkennen und die angesprochene Struktur für die Gewichtung vorzugeben. Diese Aktivität wird (idealerweise nach einer gewissen Vorstrukturierung durch den Moderator) in ausführlicher Diskussion *aller* Beteiligten und dabei insbesondere der Kunden durchgeführt, denn sie müssen im nächsten Schritt die Kundenanforderungen gewichten, und darum müssen die Diagramme ihre Perspektive des Produkts widerspiegeln.

Bildung von Gruppenüberschriften

Der Gruppenbildung und dabei insbesondere den Gruppenüberschriften kommt entscheidende Bedeutung zu. Diese sollten das gemeinsame Element ihrer Gruppe auf einem höheren Abstraktionsniveau zusammenfassen. Nur wenn die Zugehörigkeit einer Kundenanforderung zu einer Gruppe für alle Beteiligten nachvollziehbar ist und die „Erklärung"[1] der Überschrift durch ihre Gruppenelemente vollständig und korrekt ist, kann diese Struktur für die Gewichtung eine verläßliche Grundlage bieten. Wenn eine Kundenanforderung unbedingt zwei Gruppen logisch angehört, sollte sie nicht in eine der beiden „hineingezwungen" werden, sondern beiden Gruppen zugeordnet werden. Statt eines Baumdiagramms entsteht dann ein Hierarchiediagramm. Gruppen mit wesentlich mehr als zehn Mitgliedern sind i. d. R. ebensowenig gerechtfertigt wie die Bildung von mehr als drei Gliederungsebenen in Obergruppen, Gruppen und Anforderungen, denn die gewonnene Übersichtlichkeit durch die Strukturierung geht dadurch wieder verloren. Zur Verkürzung des gesamten Strukturierungsprozesses kann auch die Bildung des Baum- bzw. Hierarchiediagramms entfallen und nur eine Gruppierung der Anforderungen in handhabbarere Mengen im Affinitätsdiagramm erfolgen. Die Gewichtung der Anforderungen wird auf diese Weise ebenfalls erleichtert, allerdings sinkt ihre Verläßlichkeit aufgrund möglicher ungenauer Zuordnungen der Anforderungen zu einzelnen Gruppen.

Festlegung des Detaillierungsgrades

Die Menge der Anforderungen, welche den Input für die Kundenanforderungstabelle bzw. die HoQs darstellen, muß für das

1 Eine „Vateranforderung" (Gruppenüberschrift) *„besteht aus"* bzw. *„wird detailliert in"* ihren „Sohnanforderungen".

weitere Vorgehen und den veranschlagten Aufwand handhabbar sein, andererseits aber trotzdem sicherstellen, daß auch die wichtigsten unter den Anforderungen mit adäquatem Detaillierungsgrad abgebildet sind. Als Faustregel kann gelten, daß maximal 80 Anforderungen in ca. 15 Gruppen und drei bis fünf Obergruppen für die gemeinsame Analyse in *einem* HoQ geeignet sind.[1] Als Ergebnis des gesamten Abschnitts zur VoCA ist neben diesen strukturierten und durch die Erläuterungskommentare dokumentierten Kundenanforderungen noch die VoCT hervorzuheben, in der nicht nur die originalen Kundenaussagen, sondern insbesondere noch zu verwendende Produktcharakteristika aufgeführt sind.

3.3.2 Schritt 2: Bewertung der Kundenanforderungen

Quantitative Analyse der Kundenanforderungen

„We have to get the labels on things before we can measure any thing."[2] Nachdem die qualitativen Kundendaten im ersten Bildungsschritt des Software-HoQ in Form von Kundenanforderungen erhoben wurden, sind jetzt die quantitativen Daten zu den Kundenanforderungen Gegenstand der Analyse. Die Sicherstellung der vollständigen Abbildung der Kundenbedürfnisse ist wichtig, aber noch wichtiger, insbesondere bei sehr vielen Anforderungen, ist die Gewichtung derselben, bei Weiterentwicklungen explizit unter Berücksichtigung der Kundenzufriedenheit mit dem bisherigen Produkt im Vergleich zur Konkurrenz. Die Beurteilungen werden für jede einzelne Kundengruppe separat erhoben und mittels der im Pre-Planning ermittelten Kundengruppengewichte zu Bewertungen über alle Kundengruppen aggregiert. Die Berechnungsformel ist dabei von der Struktur her immer die gleiche und wird deswegen im folgenden als Standardformel bezeichnet.

Berücksichtigung der Kundengruppengewichte

Für jede Anforderung Y, über alle Kundengruppen i:

$$\text{Aggregierter Gesamtwert}(Y) = \sum_i \text{kundengruppenspezifischer Einzelwert}(Y,i) * \text{Kundengruppengewicht}(i)$$

Das bedeutet allerdings nicht, daß nur diese Aggregationen in die Entscheidungen bei der Produktplanung einbezogen wer-

1 Vergleichbare Zahlen finden sich in Akao /Quality Deployment/ 82 und Cohen /Quality Function Deployment/ 52. Zur Aufteilung der Analyse auf mehrere HoQ siehe Kap. 3.2 und 3.3.1.1.

2 Shillito /Advanced QFD/ 147f.

den, die differenzierte Analyse der individuellen Ergebnisse ist immer notwendig, denn es handelt sich bei *allen* ausgewählten Kundengruppen um Schlüsselkunden.

Repräsentativität von Kundenumfragen

Abgesehen von der in Kap. 3.1 angesprochenen umfassenden, repräsentativen Kundenumfrage gibt es prinzipiell zwei Möglichkeiten bei der Durchführung dieses Schrittes. Die erste vertraut auf die Repräsentativität der Kundenvertreter und nimmt ausschließlich deren Bewertungen in einer moderierten Gruppensitzung auf. Dies ist im Sinne einer Aufwandsminimierung zwar das günstigere, aber bezüglich der Validität der Ergebnisse das schlechtere Verfahren, denn den „Durchschnittskunden" gibt es nicht. Statt eines gemeinsamen Meetings der Kunden sind deswegen die Kundenrepräsentanten (oder Mitglieder des QFD-Teams, z. B. der Kundenkenner) dazu angehalten, die Anforderungen von möglichst vielen Mitgliedern der jeweiligen Kundengruppe beurteilen zu lassen und so die Bewertungen auf ein breiteres Fundament zu stellen. Die einzige Prämisse dabei ist, daß *nur* die Kunden unbeeinflußt von anderen Personen ihr Urteil zum Produkt abgeben. Damit zwischen und innerhalb der Kundengruppen die verwendeten Begriffe eindeutig definiert sind und keine Inkonsistenzen durch unterschiedliche Auffassungen der Anforderungen entstehen, sollte dabei unbedingt auf die Erläuterungskommentare zu den Anforderungen zurückgegriffen werden. Alle Bewertungen werden dann innerhalb der jeweiligen Kundengruppen einer Durchschnitts- bzw. Mittelwertbildung unterzogen und gehen als Ergebnisse dieses Schrittes zusammen mit den über alle Kundengruppen aggregierten Werten in die **Kundenanforderungstabelle** (Tab. 3-11) ein. Diese setzt den ersten richtigen Fokus in der Entwicklung, denn in ihr werden die in bezug zur Kundenzufriedenheit wichtigsten Anforderungen klar herausgestellt.

Tab. 3-11:
Die Kundenanforderungstabelle (Anforderungen gemäß Gruppierung sortiert)

	Kundenanforderungsgewicht	Kundengruppe 1 (in %)	Kundengruppe 2 (in %)	...	Gesamtgewicht (in %)	Kundenzufriedenheit	Kundengruppe 1	Kundengruppe 2	...	Gesamtzufriedenheit	Kundenanforderungsbedeutung	Kundengruppe 1 (in %)	Kundengruppe 2 (in %)	...	Gesamtbedeutung (in %)	Klassische Planungsmatrix	Konkurrenz	Ziel-Gesamtzufriedenheit	Verkaufspunkte	Modifiziertes Gesamtgewicht
Multiplikator		0.30	0.20				0.30	0.20				0.30	0.20							
Anforderungsgruppe 1																				
Kundenanforderung 1.1																				
Kundenanforderung 1.2																				
Kundenanforderung 1.3																				
Anforderungsgruppe 2																				
Kundenanforderung 2.1																				
Kundenanforderung 2.2																				
...																				

Aufbau der Kundenanforderungstabelle

Die Multiplikatoren-Zeile in obiger exemplarischer Kundenanforderungstabelle beinhaltet die Werte für die Kundengruppengewichte, die Anforderungen links sind beispielhaft in zwei Ebenen gruppiert. Die vertikalen Schraffurabgrenzungen gliedern die Tabelle in vier Teile, die nacheinander durch die Ergebnisse der im folgenden beschriebenen Aktivitäten gefüllt werden. Der letzte Teil der Kundenanforderungstabelle repräsentiert zwar das in QFD ursprünglich übliche Vorgehen, hat aber einige Nachteile, auch da seine Inhalte nicht in angemessener Weise durch das oben beschriebene Vorgehen ermittelt werden können.

3.3.2.1 Gewichtung der Kundenanforderungen

Aufgabe:
Ermittlung relativer (prozentualer) Gewichte der Kundenanforderungen für einzelne Kunden innerhalb der Kundengruppen.

Gewichtung durch Konsens in Gruppensitzungen

Für Neuproduktentwicklungen ist die Gewichtung der Kundenanforderungen der einzig ausschlaggebende Maßstab, denn Daten über die Zufriedenheit mit dem Produkt und dessen Stellung im Vergleich zu Konkurrenzprodukten können noch nicht existieren. Auch bei Weiterentwicklungen bilden die Beurteilungen in diesem Schritt die Grundlage aller nachfolgenden Berechnungen und damit auch vieler Entscheidungen in der Produktplanung. Die Kunden sollten also mit größtmöglicher Sorgfalt an die Gewichtung herangehen, durchaus differenziert die potentiellen Vorteile abwägen und nicht alle Kundenanforderungen als sehr wichtig einstufen. Letzteres ist eine Gefahr bei der ursprünglich in QFD benutzten Gewichtung mittels der Vergabe absoluter Werte auf einer festgelegten nominalen Skala meist von 1 (unwichtig) bis 5 (sehr wichtig).[1] Diesen Nachteil akzeptierend, kann dieses Verfahren nur bei Beschränkung auf eine Gewichtung während der Gruppensitzung zur Erreichung eines allgemeinen Konsenses *aller* Kundenvertreter praktikabel eingesetzt werden, dann allerdings ohne die Unterscheidung nach einzelnen Kundengruppen. Denn nur wenn alle Kundenvertreter gemeinsam ein Gewicht verteilen, kann sichergestellt werden, daß die Einordnung der Kundenanforderungen auf einer solch groben Skala konsistent erfolgt. In Abweichung von dieser Bewertungsmethode ist die nach den einzelnen Kundengruppen differenzierte, direkte Ermittlung der relativen (prozentualen) Gewichte der Kundenanforderungen erklärtes Ziel dieser Aktivität, um die Kunden sozusagen zu „zwingen", Prioritäten zu setzen.

Verfahren zur Gewichtung von Kundenanforderungen

Dies ist ab einer Zahl von ca. 20 Kundenanforderungen nicht mehr konsistent unter gleichzeitiger Betrachtung aller dieser Anforderungen möglich, aber unter anderem deswegen sind sie im vorigen Schritt in Gruppen systematisiert worden. Unter Ausnutzung der Hierarchie, d. h. der Betrachtung immer nur einer kleineren Gruppe von Anforderungen, kann eine Gewichtung, z. B. mittels des paarweisen Vergleichs (siehe Kap. 3.2 und Materialsammlung Teil A für die Anwendung auf die Gewichtung von Kundengruppen) oder einer direkten Vergabe von 100 Punkten im Sinne von Prozentzahlen, erreicht werden. Das Verfahren, welches dabei zur Anwendung kommt, ist der Analytic Hierarchy Process (AHP).[2] Der AHP umfaßt eine Vielzahl von Techniken und Problemlösungsansätzen, die ursprünglich zur Entscheidungsunterstützung komplexer Probleme der strategischen Unternehmungsführung entwickelt wurden. Durch die breite mathematische Fun-

1 Vgl. z. B. Akao /Quality Deployment/ 82ff.; King /Konkurrenz/ 92; Shindo, Kubota, Toyoumi /Tabelle der Kundenanforderungen/ 36

2 Vgl. zur einer umfassenden Darstellung die grundlegenden Werke Saaty /Analytic Hierarchy Process/ und Saaty /Decision Making/.

dierung und die allgemein gehaltene Beschreibung der Vorgehensweise, läßt sich die grundlegende Idee des AHP auf nahezu jegliche Art von Entscheidungsproblemen anwenden. Die Erklärungsbeziehung der Gruppenüberschriften durch ihre Mitglieder innerhalb eines zur Strukturierung von vorhandenen Informationen (in unserem Fall den Kundenanforderungen) genutzten Baum- bzw. Hierarchiediagramms wird zur anteiligen Verteilung von Gewichten der höheren Ebenen auf alle zugehörigen Informationen der niedrigeren Ebenen verwendet. Bei „echten" Anforderungshierarchien ist für Kundenanforderungen, die mehr als einer Gruppe zugeordnet sind, darauf zu achten, daß diese nicht ungewollt zu hoch gewichtet werden, da diese von allen ihren „Vätern" anteilig Gewichte erhalten. Konkret bei der Anwendung in diesem Schritt, ist für die Kunden entscheidend, daß die Überschriften nur ein Hilfsmittel zum Zweck der Vergabe der Gewichte auf die „wirklichen" Kundenanforderungen der niedrigsten Ebene sind, von Bedeutung ist allein deren Gewichtung. Der gesamte Prozeß entspricht also mehr einer Iteration zwischen der Gewichtung der höheren und niedrigeren Anforderungsebene, wie folgende Anwendung auf ein einfaches Baumdiagramm über zwei Ebenen mit zwei Anforderungsgruppen zeigt (Abb. 3-3).

Abb. 3-3: Beispiel für die Gewichtung anhand einer Anforderungshierarchie

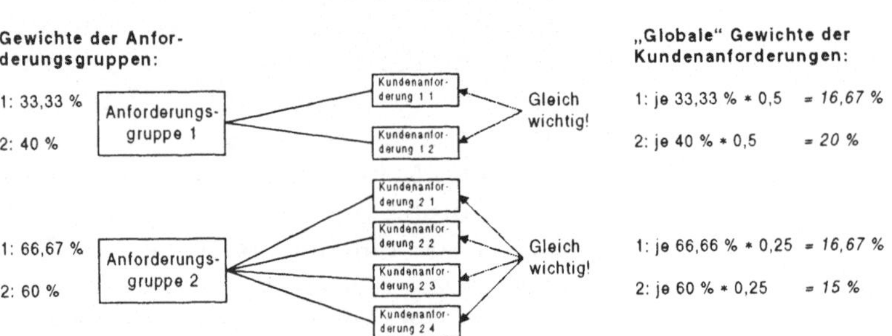

Bedeutung der Anforderungshierarchie für die Gewichtung

Angenommen die Gruppen werden im Verhältnis 1:2 (Fall 1: Gruppe 1: 33,33 %; Gruppe 2: 66,67 %) gewichtet. Innerhalb der Gruppen sind die Anforderungen jeweils gleich wichtig (d. h. die „lokalen" Gewichte sind gleich). Dies führt dazu, daß allen Anforderungen das gleiche „globale" (im Vergleich aller Anforderungen) Gewicht von *16,67 %* zukommt, denn innerhalb der ersten Gruppe werden die 33,33 % auf zwei, innerhalb der zweiten die 66,67 % auf vier Anforderungen zu gleichen Teilen verteilt. Wenn dies nicht den Vorstellungen des Kunden entspricht und die Anforderungen innerhalb der Gruppen weiterhin jeweils gleich wichtig bleiben sollen, dann muß die Gewichtung der Gruppenüberschriften (also der gesamten Gruppe) angepaßt werden. Beispielsweise folgt auf eine Änderung des Gewichtungsverhältnisses zu 2:3 (Fall 2: Gruppe 1: 40 %; Gruppe 2: 60 %), daß die globalen Gewichte der Anforderungen in der ersten Gruppe je *20 %*, die der zweiten Gruppe je *15 %* betragen. Bei Hierarchien, die sich über mehr als zwei Ebenen erstrecken, sind diese Rückkopplungen durch die mehrstufige, multiplikative Verknüpfung der Gewichte noch größer. Indem die Kunden zuerst auf der niedrigsten Ebene die Anforderungen innerhalb der einzelnen Gruppen im Vergleich gewichten und dann ebenenweise in der Hierarchie nach oben „klettern", kann die Anzahl möglicher Iterationen tendenziell gering gehalten werden, wodurch die Bewertung auch ihren spontanen Charakter beibehält. Dies ist notwendig, um möglichen unerwünschten Verfälschungen durch hinreichend langes „Herumexperimentieren" an den Werten vorzubeugen. Dieser Manipulationsspielraum seitens der Kunden entsteht zwangsläufig, da der dargestellte iterative Gewichtungsprozeß nur mit adäquater Softwareunterstützung zuverlässig und nachvollziehbar durchgeführt werden kann.

Vorteile des Paarvergleichs beim AHP

Ob der paarweise Vergleich oder die 100-Punkte-Verteilung zur Gewichtung innerhalb einer Gruppe eingesetzt wird, kann nicht pauschal entschieden werden. Allgemein erhält bei der Anwendung innerhalb des AHP häufig der Paarvergleich den Vorzug. Durch die Ausnutzung der Hierarchie und der damit verbundenen Betrachtung nur kleinerer Anforderungsgruppen nimmt die Anzahl der notwendigen Paarvergleiche stark ab, und unter der Voraussetzung, daß die Gewichtung direkt ein hinreichendes Konsistenzniveau (siehe Kap. 3.2) erreicht, sind die Vergleiche sehr einfach und zügig durchzuführen. Einer hoch konsistenten Bewertung kommt ohnehin nur eine geringere Bedeutung zu, denn in erster Linie sollen die wichtigen von den unwichtigen Anforderungen unterschieden werden. Im Vordergrund steht eben, im Sinne des Priorisierungsaspekts von QFD, gerade nicht eine bis in letzte Detail widerspruchsfreie Gewichtung. Eine aufwendige Neubewertung aller Anforderungen durch einen Kunden ist also nur bei sehr vielen Inkonsistenzen und somit nur eher selten nötig.

Nachteile des Paarvergleichs beim AHP

Gegen den paarweisen Vergleich spricht der bei der 100-Punkte-Verteilung höher einzuschätzende und in vielen Anwendungsfällen durchaus bedeutende Aspekt der Transparenz, die der gesamte Gewichtungsprozeß für die Kunden besitzt. Ein Grund hierfür ist der vordergründige Nachteil, daß die Kunden bei der direkten Vergabe von Prozentwerten oft ein wenig mit den Punkten „spielen" müssen, ehe deren Verteilung ihre relative Gewichtung korrekt wiederspiegelt. Außerdem bekommt beim Paarvergleich jede Anforderung ein positives Gewicht, eine Tatsache, die bei sehr vielen Anforderungen der mit QFD beabsichtigten Fokussierung auf das Wesentliche widersprechen kann. Als Alternative zu der klaren Entscheidung für eine Bewertungsmethode, ist es natürlich auch möglich, beide Verfahren parallel (z. B. den Paarvergleich zur Uberprüfung einer mittels 100-Punkte-Vergabe durchgeführten Gewichtung) bzw. gleichzeitig einzusetzen (z. B. den Paarvergleich auf den höheren, die 100-Punkte-Vergabe auf den unteren Hierarchieebenen).

3.3.2.2 Ermittlung der Kundenzufriedenheit

Aufgabe:
Ermittlung der absoluten Einschätzung der Zufriedenheit mit dem derzeitigen Stand der Erfüllung der Kundenanforderungen durch das Produkt für einzelne Kunden innerhalb der Kundengruppen.

Messung der Kundenzufriedenheit

Bei Weiterentwicklungen sollte nicht nur die Gewichtung der Kundenanforderungen bei den zu treffenden Entwicklungsentscheidungen berücksichtigt werden, sondern insbesondere die Kundenzufriedenheit mit dem bisherigen Produktrelease. Deswegen nehmen die Kunden im Anschluß an die relative Gewichtung der Anforderungen eine absolute Einschätzung ihrer (subjektiven) Zufriedenheit mit der bisherigen Anforderungserfüllung vor. Sie erfolgt auf einer Nominalskala von 1 (sehr unzufrieden) bis 5 (sehr zufrieden)[1] und wird innerhalb der Kundengruppen durch Mittelwertbildung zu einem Zufriedenheitswert aggregiert. Dabei *müssen* die einzelnen Kunden für jede Anforderung, die sie mit einem relativen Gewicht größer als 0 % bewertet haben, einen Zufriedenheitswert angeben, denn offensichtlich ist diese Anforderung von einer gewissen Bedeutung für sie. Konsequenterweise herrscht bei „neuen" Anforderungen, die bisher in keinster Weise berück-

---

1 Vgl. Hayes /Customer Satisfaction/ 57ff.

sichtigt wurden, große Unzufriedenheit (Zufriedenheitswert = 1). Nur bei völlig unwichtigen Anforderungen *können* die Zufriedenheitsbeurteilungen entfallen. Ansonsten sollten die Kunden aber vollkommen unabhängig von den vergebenen Gewichtungen ihre Zufriedenheit mit dem Produkt einschätzen, obige Bedingung dient als ein Konsistenzcheck im nachhinein.

Berücksichtigung der Kundengruppen bei der Zufriedenheitsmessung

Im ursprünglichen QFD-Ansatz werden die Zufriedenheitswerte *aller* Kunden mittels Mittelwertbildung zu Gesamtzufriedenheitswerten je Anforderung im Sinne eines „Unternehmung-Jetzt"-Datums aggregiert.[1] Dieser Wert bildet den Ausgangspunkt für angestrebte Verbesserungen und die Grundlage des Vergleichs mit der Konkurrenz. Allerdings bleibt bei der Mittelwertbildung die Zugehörigkeit der einzelnen Kunden zu verschiedenen Kundengruppen unterschiedlicher Wichtigkeit unberücksichtigt. Wenn für eine Anforderung von allen Kundengruppen Zufriedenheitseinschätzungen vorliegen, dann können die Kundengruppengewichte zur Ermittlung der Gesamtzufriedenheit benutzt werden (Standardformel). Wenn aber Zufriedenheitsbeurteilungen einiger Kundengruppen für eine *bestimmte Anforderung* fehlen,[2] ist eine relative Anpassung der Kundengruppengewichte zu 100 % notwendig, denn sonst geht der nicht definierte Zufriedenheitswert 0 in die Berechnung ein und würde das Ergebnis ebenso verfälschen, wie eine willkürliche Zuordnung eines (womöglich hohen) Zufriedenheitswerts. Nur die Kundengruppen, welche die jetzige Erfüllung *dieser speziellen Anforderung* eingeschätzt haben, dürfen bei der Berechnung der Gesamtzufriedenheit berücksichtigt werden. Für alle Kundengruppen A bzw. i, die einen Zufriedenheitswert für *diese Anforderung* vergeben haben, müssen somit angepaßte Kundengruppengewichte errechnet werden:

$$\text{angepaßtes Kundengruppengewicht}(A) = \frac{(\text{altes})\ \text{Kundengruppengewicht}(A)}{\sum_i (\text{altes})\ \text{Kundengruppengewicht}(i)}$$

1 Vgl. z. B. Cohen /Quality Function Deployment/ 100ff.

2 Kein seltener Fall, da i. d. R. immer Anforderungen existieren, denen einzelne Kundengruppen keine Bedeutung beimessen und die sie demzufolge auch nicht bezüglich ihrer Erfüllung durch das jetzige Produktrelease einschätzen müssen.

Die Gesamtzufriedenheit bezüglich *dieser Anforderung* kann dann mit den angepaßten Kundengruppengewichten und der Standardformel errechnet werden.

3.3.2.3 Ermittlung der Kundenanforderungsbedeutung

Aufgabe:
Aggregation der Bewertungen der Anforderungen durch die Kunden für die einzelnen Kundengruppen und über alle Kundengruppen zu Kennzahlen.

Kennzahlen für Gewichte und Zufriedenheitswerte

Die Gewichte und Zufriedenheitswerte der Anforderungen für die Kundengruppen können auf zwei verschiedene Arten in Kennzahlen verdichtet werden. Die erste Möglichkeit ist die Multiplikation der beiden Werte und damit die Bildung von gewichteten Zufriedenheitswerten je Anforderung. Allerdings ist diese Kennzahl in der Produktplanung nur unzureichend als Basis für eine Fokussierung auf die zur Erhöhung der Kundenzufriedenheit wichtigsten Anforderungen geeignet. Denn anstatt die Anforderungen hervorzuheben, bei denen es um die derzeitige Erfüllung aus Kundensicht nicht so gut bestellt ist, werden die Anforderungen, denen ohnehin schon ein hoher Zufriedenheitswert zukommt, noch höher eingestuft. Wenn aber der Schwerpunkt auf die noch höhere Erfüllung der ohnehin schon (zumindest) ordentlich in Produktcharakteristika umgesetzten Anforderungen gelegt wird, gehen womöglich weniger wichtige, aber mit hoher Unzufriedenheit verbundene Anforderungen bei der Weiterentwicklung völlig unter.

Kennzahl Kundenanforderungsbedeutung

Deswegen kann als bessere Grundlage für Entwicklungsentscheidungen die **Kundenanforderungsbedeutung** verwendet werden, ermittelt aus der Division des Gewichts durch den Zufriedenheitswert einer Anforderung. Errechnet werden dabei zuerst die (relativen) Anforderungsbedeutungen für jede Kundengruppe (in %), die dann in einem zweiten Schritt mittels der Standardformel über alle Kundengruppen zu Gesamtbedeutungen der Anforderungen (in %) aggregiert werden. Eine Anforderung mit hohen Zufriedenheitswerten wird jetzt in ihrer Bedeutung gegenüber ihrem Gewicht erniedrigt, wohingegen eine Anforderung, mit der die Kundengruppe besonders unzufrieden ist, eine im Verhältnis zum Gewicht größere Bedeutung bekommt. Dies spiegelt in höherem Maße die bei einer Weiterentwicklung typische Situation wider, daß viele der wichtigsten und grundlegenden Anforderungen bereits angemessen umgesetzt sind, wohingegen in den bei einer reinen Neuentwicklung eher zweitrangigen Dingen noch hohe Verbesserungspotentiale verborgen sind. Beispielsweise nimmt bei einer Neuentwicklung eines Texteditors die Möglichkeit, Dokumente zu erstellen und bei Bedarf wieder zu verwenden einen essentiellen Stellenwert ein. Doch nachdem diese Aufgaben für die Kunden zufriedenstellend im Produkt verwirklicht sind, rücken die zu Anfang eher nebensächlichen und demzufolge weniger berücksichtigten Aspekte, wie z. B. der Wunsch nach möglichst von Schreibfehlern freien Dokumenten, in den Vordergrund.

3.3.2.4 Die klassische Planungsmatrix

Aufgabe:
Ermittlung der Zufriedenheitswerte der Konkurrenzprodukte und Ziel-Zufriedenheitswerte sowie Verkaufspunkte für das eigene Produkt; Aggregation zu modifizierten (relativen) Gesamtgewichten jeder Anforderung.

Die klassische Planungsmatrix in der Fertigungsindustrie

Bei der ursprünglichen Anwendung von QFD in der Fertigungsindustrie und dabei speziell des klassischen HoQ wird die detaillierte Differenzierung nach Kundengruppen in der Kundenanforderungstabelle nicht vorgenommen, sondern von Anfang an versucht, die Daten in Gesamtwerten innerhalb einer sogenannten Planungsmatrix zu aggregieren.[1] Somit wird dabei aus den ersten drei Aktivitäten dieses Schrittes nur das Gesamtgewicht, die Gesamtzufriedenheit und die Gesamtbedeutung in die Analyse übernommen, wobei letzteres noch ersetzt wird durch ein auf andere Weise errechnetes „modifiziertes" Gesamtgewicht. Dazu werden als weitere Informationen zu jeder Anforderung die Zufriedenheit der Kunden mit Konkurrenzprodukten, ein angestrebter Ziel-Zufriedenheitswert für das eigene Produkt und Verkaufspunkte im Sinne einer für die Kunden besonderen Attraktion zum Kauf erhoben. Der Wettbewerbsvergleich kann dabei methodisch in ähnlicher Weise durchgeführt werden, wie die Erhebung der Kundenzufriedenheit mit dem eigenen Produkt, nur daß i. d. R. nicht die eigenen Kunden diese Einschätzung abge-

1 Vgl. King /Konkurrenz/ 92ff.; Shindo, Kubota, Toyoumi /Tabelle der Kundenanforderungen/ 36f.

ben können, sondern die Kunden der Konkurrenz befragt werden müssen.

QFD und Wettbewerbsanalyse

Die Alternative zu dieser oft schweren Aufgabe ist, soviel Daten wie möglich über die Konkurrenz zu erlangen (z. B. aus Vergleichstests in Fachzeitschriften) und dann intern innerhalb des QFD-Teams diese Spalte auszufüllen. Das Risiko von Fehleinschätzungen ist dabei natürlich sehr groß, denn nur selten werden diese Infomationen unmittelbar auf die ermittelten Kundenanforderungen abbildbar sein, eher schon auf die noch zu erhebenden Produktcharakteristika. Prinzipiell ist allerdings die gesamte Erstellung der klassischen Planungsmatrix nur bei Existenz von verläßlichen Daten über die Kundenzufriedenheit der Wettbewerber sinnvoll, denn sowohl die Festlegung der Zielwerte als auch der Verkaufspunkte beruht auf einer internen Analyse aller bisher gewonnenen Daten und dabei insbesondere des Konkurrenzvergleichs. Die Zielwerte eignen sich dabei allerdings nicht als konkrete Entwicklungsvorgaben, sondern repräsentieren nur die gewünschte „sichtbare" Auswirkung aller zukünftigen Entwicklungsbemühungen am Markt. Die Verkaufspunkte als die „Stimme des Marketing" in Form dreier Multiplikatoren (1,0; 1,2; 1,5) unterliegen einer eher willkürlichen Zuordnung zu den Anforderungen im Sinne einer potentiellen Manipulationsmöglichkeit der Kundenbewertungen, denn eigentlich sollten in den Präferenzen der Kunden schon die für den Verkaufserfolg wichtigsten Anforderungen zum Ausdruck kommen. Auch eine Orientierung am Kano-Modell zur begründeten Festlegung von Verkaufspunkten ist nur schwer möglich, denn es wird neben dem (subjektiven) Zufriedenheitswert der Anforderung auch dessen derzeitiger (vermeintlich objektiver) Erfüllungsgrad durch Produktcharakteristika zur Klassifizierung z. B. als Begeisterungsfaktor benötigt (siehe Kap. 2.2). Das modifizierte (relative) Gesamtgewicht wird dann für alle Anforderungen Y mit folgender Formel errechnet:

Verkaufspunkte in QFD

Modifiziertes Gesamtgewicht (Y) =

$$\text{Gesamtgewicht}(Y) * \frac{\text{Zielwert}(Y)}{\text{Gesamtzufriedenheit}(Y)} * \text{Verkaufspunkt}(Y)$$

und Normalisierung dieser Werte zu 100 %.

Strategische Positionierung des eigenen Produkts

Diese zusätzlich erhobenen Informationen leisten vorrangig eine strategische Positionierung des eigenen Produkts im Vergleich zur Konkurrenz aus Kundensicht, die bei sorgfältiger Durchführung mit großem Aufwand verbunden ist. Trotzdem kommt bei der klassischen Anwendung die kundengruppenspezifische Auswertung der Daten zu kurz. Für das Ziel, den Fokus der Entwicklung auf die für die Erhöhung der Kundenzufriedenheit wichtigsten Anforderungen zu lenken und in diesem Sinne Entwicklungsvorgaben in Form von Produktcharakteristika bereitzustellen, stellen die ersten drei Aktivitäten dieses Schrittes die wichtigsten Kundeninformationen zur Verfügung. Vor allem bei der Entwicklung von Standardsoftware sollte aber der Wettbewerbsvergleich im Rahmen einer umfangreichen Kundenzufriedenheitsanalyse durchgeführt werden.

3.3.2.5 Analyse der qualitativen und quantitativen Kundendaten

Aufgabe:
Differenzierte Analyse der erhobenen Kundendaten und ggf. Beschränkung der im weiteren QFD-Vorgehen zu betrachtenden Kundenanforderungen.

Fokussierung reduziert Komplexität

Am Ende dieses Schrittes kann anhand der differenzierten Analyse der erhobenen Daten eine Beschränkung der im weiteren QFD-Vorgehen betrachteten Kundenanforderungen erfolgen. Dies ist vor allem bei knappem Zeitrahmen unter Beachtung der Faustregel, daß es i. d. R. mindestens 50 % mehr Produktcharakteristika als Anforderungen in den HoQ gibt, zu überlegen, da die zu bildenden Korrelationsmatrizen bei 80 Zeileneinträgen schon rund 10.000(!) Eintragungen hätte. Die Auswahl bestimmter Anforderungen muß allerdings in vollkommenem Einvernehmen mit allen Beteiligten und dabei insbesondere den Kundenvertretern getroffen werden, denn nicht die Kennzahlen sind entscheidend, sondern die kundengruppenspezifische Analyse der systematisch aufbereiteten Informationen unter Beachtung der verschiedenen aggregierten Bewertungen. Insbesondere auf Diskrepanzen in den Beurteilungen der einzelnen Kundengruppen untereinander ist zu achten. Es ist immer der Einzelfall zu prüfen, Pauschalurteile sind nur bei wirklich über alle Kundengruppen deutlich unwichtigen Anforderungen möglich. Zur übersichtlichen Darstellung sollten die Anforderungen in absteigender Reihenfolge ihrer Gesamtgewichte bzw. bei Weiterentwicklungen ihrer Gesamtbedeutungen in der Kundenanforderungstabelle umgeordnet werden.

Graphische Auswertungen schaffen Übersichtlichkeit

Zur graphischen Visualisierung der quantitativen Daten sollten Pareto-Diagramme mit Einteilung der Anforderungen in Gruppen mit ungefähr gleichen Werten bezüglich der jeweils betrachteten Kennzahl, Wichtigkeit-Zufriedenheits-Portfolios und andere Graphiken erstellt werden[1]. Bei Wichtigkeit-Zufriedenheits-Portfolios wird in einem zweidimensionalen Koordinatensystem auf der Abzisse die Gewichtung und auf der Ordinate die Zufriedenheit abgetragen und anhand der Positionierung der Anforderungen (bzw. der Anforderungsgruppen) deren Bedeutung für die Aufrechterhaltung bzw. Verbesserung des Qualitätsniveaus bezüglich des Produkts erkannt (analog zu den errechneten Kundenanforderungsbedeutungen).

Beschränkungen sind nicht immer von Vorteil

Diese frühzeitige Beschränkung der Anforderungen hat allerdings zwei Nachteile. Zum einen verhindert sie eine zu diesem Schritt parallele Durchführung der Voice of the Engineer Analysis, in der die Entwickler bei der Erhebung der Produktmerkmale in zwar nicht starkem, aber doch vorhandenem Maße Bezug auf die Anforderungen nehmen.[2] Zum anderen besteht die Gefahr, daß insbesondere bei vielfach weiterentwikkelten und ausgereiften Produkten die gesamte QFD-Analyse nur zu wenig neuen Erkenntnissen führt, da die Software ihre wichtigsten Aufgaben bereits gut erfüllt. Aber selbst diese Bestätigung, ein aus Kundensicht gutes Produkt zu besitzen, hat für eine Software entwickelnde Organisation durchaus ihren Wert.

Weitere Auswertungsmöglichkeiten der erhobenen Daten

Es existieren noch zwei weitere Auswertungsmöglichkeiten der erhobenen Daten. Die erste basiert auf den bereits kurz angesprochenen gewichteten Zufriedenheitswerten (siehe Kap. 3.3.2.3). Durch Summierung dieser Werte über alle Kundenanforderungen werden für die einzelnen Kundengruppen und mittels der Standardformel über alle Kundengruppen aggregiert Kundenzufriedenheitsindizes gebildet. Sie können als Maßstäbe zum Vergleich des Produkts mit den Ergebnissen

1 Konkrete Beispiele befinden sich in Kap. 5

2 Dies gilt noch verstärkt für die Erhebung der Qualitätsmerkmale (fünfter Schritt) und verändert überdies den Netzplan der elf Schritte des QFD-Ablaufs, vgl. Abb. 3-2 in Kap. 3.1.

vergangener Kundenzufriedenheitsuntersuchungen dieses oder anderer Produkte - insbesondere der Konkurrenz - dienen. Darüberhinaus kann durch eine Gegenüberstellung der tatsächlichen Gewichtung und Zufriedenheit der Kunden („Fremdbild“) mit der von den Projektverantwortlichen vermuteten Gewichtung und Zufriedenheit der Kunden (vorab getrennt ermitteltes „Eigenbild“) ein „Spiegeleffekt“ in der Art erreicht werden, daß intern der kritische Umgang mit den eigenen Leistungen gefördert wird.

3.3.3 Schritt 3: Voice of the Engineer Analysis

Von der Stimme des Kunden zur Stimme des Entwicklers

Mit der Voice of the Engineer Analysis (VoEA) in diesem dritten Bildungsschritt des Software-HoQ begibt sich die Produktplanung von der Detaillierungsebene der Kundenanforderungen auf das Niveau der Produktcharakteristika. Diese repräsentieren die üblicherweise in der Softwareentwicklung unter „(Produkt-)Anforderungen“ zusammengefaßten implementationsunabhängigen Eigenschaften und Fähigkeiten eines Produkts als essentielle Bestandteile einer jeden Anforderungsspezifikation. Gegenstand dieses Schrittes ist die explizite Aufnahme der VoE in Form von i. d. R. nicht meßbaren, funktionalen Produktmerkmalen. Dabei wird sowohl auf die bereits erhobenen Kundenanforderungen reagiert, als auch von diesen losgelöst das Produkt aus interner Sicht betrachtet. Denn wie das Kano-Modell lehrt, reicht die bloße Umsetzung der von den Kunden genannten Anforderungen nicht aus, Produktmerkmale vor allem in Form von Begeisterungsfaktoren, aber auch Basisfaktoren müssen zusätzlich erkannt werden.

Erhebung von Produktcharakteristika in moderierten Gruppensitzungen

Dieser Schritt wird normalerweise in einer moderierten Gruppensitzung des QFD-Teams durchgeführt, also ohne Beteiligung der Kundenvertreter. Das Vorgehen entspricht dabei im Ablauf der Aktivitäten genau dem der VoCA, ebenso wie die benutzten Hilfsmittel zu den im ersten Bildungsschritt des Software-HoQ verwendeten korrespondieren. Falls allerdings, wie am Ende des vorangegangenen Kapitels beschrieben, die Menge der Anforderungen zuvor für das weitere Vorgehen beschränkt werden soll, dann bleibt, da dies nur in allgemeinem Konsens erfolgen kann, nur dieses Meeting als mögliche Plattform für diese Analyse, und so müßten auch die Kunden dem Treffen beiwohnen. Für eine Beteiligung der Kundenrepräsentanten spricht zudem, daß sie im nachfolgenden Schritt zusammen mit dem QFD-Team die Korrelationsmatrix ausfüllen sollen und sie dabei nur gleichberechtigt sind, wenn sie auch den gleichen Kenntnisstand wie die Entwickler haben. Sie könnten durch ihre Anwesenheit auch sicherstellen, daß das Detaillierungsniveau der Produktmerkmale nicht zu tief für die geforderte Implementationsunabhängigkeit abrutscht und daß ihre Anforderungen angemessen berücksichtigt werden. Ferner könnten (und sollten) in diesem Schritt „neue" Produktmerkmale gefunden werden, die in ihrer Abstraktion zu „neuen" Kundenanforderungen führen, die auch wieder von den Kunden bewertet werden müssen. Dies legt eine im Vergleich zur hier dargestellten sequentiellen Abarbeitung der Schritte eins bis vier alternative Vorgehensweise nahe (siehe zum folgenden auch Kap. 3.1). Nach der VoCA (erster Schritt) wird direkt in einer nächsten Gruppensitzung die VoEA (dritter Schritt) durchgeführt, um dann vor der Erstellung der Korrelationsmatrix (vierter Schritt), die Bewertung wirklich aller Anforderungen (zweiter Schritt) sowie gegebenenfalls auch eine Beschränkung derselben vorzunehmen. Allerdings sind dann womöglich zuviele „unnötige" Produktmerkmale erhoben worden (vor der Beschränkung der Anforderungsmenge), welche die Matrix und damit den Aufwand dann von dieser Seite her vergrößern. An dieser Stelle wird deutlich, daß der QFD-Ablauf im Grunde nie ein sequentieller sein kann, genauso wie der gesamte Softwareentwicklungszyklus nur theoretisch nacheinander mit fest definierten Meilensteinen erfolgt, praktisch aber viele Rücksprünge und Schleifen beinhaltet.

Verhaltenregeln bei Gruppensitzungen

Wenn die Kunden der Gruppensitzung in diesem Schritt beiwohnen, dann gelten wiederum ähnliche Verhaltensregeln wie bei der ersten Sitzung, allerdings mit dem klaren Unterschied, daß hier die internen Beteiligten und darunter vorrangig die Mitglieder des Entwicklungsteams die Zügel in der Hand haben. Wichtigste Grundregel dabei ist, daß nicht schon zu diesem Zeitpunkt die möglichen Arten der Erfüllung der Produktmerkmale diskutiert (dies folgt in den Schritten vier und sieben) und sogar einzelne Merkmale aus der (vordergründigen) Aussichtslosigkeit ihrer Realisierung verworfen werden. In diesem Schritt sollen wirklich unabhängig vom derzeitig technisch Machbaren Potentiale für die zukünftige Entwicklung eröffnet werden.

3.3.3.1 Erhebung von Entwickleraussagen

Aufgabe:
Zusammentragen potentieller Merkmale des zu entwickelnden Produkts, frei und ohne unmittelbaren Bezug auf die bereits erhobenen Kundenanforderungen.

Brainstorming über Lösungen

Die QFD-Teammitglieder und dabei vorrangig die Entwickler sollen in dieser Aktivität ohne unmittelbaren Bezug auf die bereits erhobenen Kundenanforderungen, also ohne jegliche Beschränkungen, ihre Vorstellung von den potentiellen Merkmalen des Softwareprodukts äußern. An dieser Stelle ist explizit kreatives und innovatives Denken gefragt, die Beteiligten sind ausdrücklich dazu angehalten, ihren Ideen freien Lauf zu lassen, um auch für die Kunden überraschende Produktmerkmale zu entdecken. Dies erfolgt analog zu VoCA unter Orientierung an einer allgemeinen Kartenfrage („Welche Eigenschaften und Fähigkeiten soll das Produkt besitzen?"), ohne ausdrücklichen Verweis auf die vorrangig zu identifizierenden *funktionalen* Produktcharakteristika. Nichtsdestotrotz wird die überwiegende Mehrheit der Entwickleraussagen (steht allgemein für die von den internen Beteiligten geäußerten Aussagen) in diese Richtung gehen, auch da sich in der Softwareentwicklung tendenziell bei der Berücksichtigung meßbarer Qualitätsmerkmale schwer getan wird (siehe Kap. 3.4.1). Die Kartenfrage soll eben nur unter keinen Umständen einschränkend wirken, denn die Herausforderung in diesem Schritt liegt weder in der Umsetzung der erhobenen Anforderungen in Produktmerkmale (Leistungsmerkmale) noch in der Festlegung elementarer Basisfaktoren, sondern vielmehr in der Entdeckung von den potentiell beim Kunden Begeisterung hervorrufenden Merkmalen. Dabei ist im Sinne des Requirements Engineering als generelle Randbedingung nur auf deren möglichst implementationsunabhängige Formulierung zu achten.

Berücksichtigung der Kundenanforderungen

Die erhobenen Kundenanforderungen werden trotzdem mehr oder weniger unbewußt eine Rolle spielen, da alle QFD-Teammitglieder schon an der vorherigen Sitzung zur VoCA teilgenommen haben. Deswegen sind hier auch Unklarheiten über die Abgrenzung des Produkts und dessen Aufgaben weniger wahrscheinlich als in der VoCA. Falls sie doch zu Tage treten, muß auf die im Pre-Planning herausgestellten geforderten Basisfunktionen der Software bzw. die durch diese zu unterstützenden Geschäftsprozesse zurückgegriffen werden. Wie die Kundenvertreter in der VoCA sollten sich auch die QFD-Teammitglieder in der VoEA schon vor diesem Schritt intensiv mit dem zu entwickelnden Produkt auseinandersetzen und fertig formulierte Aussagen zu dieser Sitzung mitbringen, denn nur so ist sichergestellt, daß ein ausreichend umfassender Überblick über die Produktmerkmale erhoben wird.

3.3.3.2 Identifikation der Produktmerkmale

Aufgabe:
Identifikation bzw. Ableitung der Produktmerkmale (im Sinne der Definition) aus der Menge der Entwickleraussagen; (grobe) Sicherstellung einer angemessenen Abdeckung der Kundenanforderungen durch die Produktmerkmale.

Ableitung von Produktmerkmalen

Auch in der VoEA bietet es sich wie in der VoCA an, die Entwickleraussagen, parallel zu ihrer Präsentation im Plenum, in einer **Voice of the Engineer Table** (VoET) zu klassifizieren, denn auch (oder gerade) den mit der Softwareentwicklung vertrauten Personen fällt es nicht immer leicht, sich sicher auf der sprachlichen Ebene der Anforderungsspezifikation zu bewegen. So müssen, falls Aussagen zu detailliert und lösungsnah formuliert sind, diese auf ein implementationsunabhängiges Niveau angehoben, ebenso zu allgemein gehaltene Äußerungen zur besseren Verständlichkeit präzisiert oder in mehrere genauere Teilmerkmale aufgesplittet werden. Die VoET (Tab. 3-12) gliedert sich dabei analog zur VoCT, aber mit einer zusätzlichen Spalte für Aussagen, welche schon konkret zu den im weiteren Verlauf der Softwareentwicklung verwendeten Methoden und Techniken zuzuordnen sind. Dazu können beispielsweise Äußerungen zu potentieller Unterteilung des Softwaresystems, konkreten Prozessen und (Daten-)Entitäten im Sinne der strukturierten Analyse, Objekten aus der objektorientierten Analyse oder noch detaillierter zu einzelnen Programmodulen gehören.

Tab. 3-12: Voice of the Engineer Table (VoET)

Entwickleraussage	Produktmerkmale	Qualitätsmerkmale	Kundenanforderungen	Entwicklungsmethodik	Sonstige (z. B. Zielwerte etc.)

Den mit Abstand zahlenmäßig größten Umfang nehmen allerdings die Eintragungen in der Spalte der Produktmerkmale ein, vor allem wenn die Beteiligten im QFD-Team mit der Erstellung von Anforderungsspezifikationen vertraut sind.

Dokumentation in der VoET

Die konkreten Zielwerte der Erfüllung einzelner Merkmale (Erfüllungsgrade) werden im nächsten und vor allem im übernächsten Schritt berücksichtigt. Bisher nicht genannte Kundenanforderungen müssen einer Bewertung durch die Kunden zugeführt werden. Potentielle Produktmerkmale für den Texteditor bilden beispielsweise das Speichern und Öffnen von Dokumenten in Form von Dateien, eine Rechtschreibprüfung oder eine automatische Silbentrennung. Für alle Produktmerkmale sollten zudem **Erläuterungskommentare** notiert werden, die insbesondere bei der nachfolgenden Korrelationsermittlung (Schritt vier) zusammen mit den Erklärungen zu den Kundenanforderungen als Verständigungsgrundlage zwischen Kundenvertretern und QFD-Team dienen. Dies wird umso wichtiger, wenn die Kundenrepräsentanten der VoEA nicht beiwohnen. Zu beachten ist, daß, obwohl die Produktmerkmale die interne Sicht auf das Produkt widerspiegeln und demzufolge in der „Sprache der Entwickler" formuliert sind, sie als Grundlage einer Anforderungsspezifikation auch für die Kunden nachvollziehbar und verständlich sein müssen.

Abgleich Kundenanforderungen und Produktmerkmale

Zur frühzeitigen Sicherstellung einer angemessenen Abdekkung der Kundenanforderungen, müssen diese den bisher identifizierten Produktmerkmalen, einschließlich denjenigen aus der VoCT, gegenübergestellt werden. Dies entspricht noch nicht der detaillierten Korrelationsermittlung, sondern soll lediglich gewährleisten, daß keine für die Kunden wesentlichen Produktmerkmale vergessen werden. Als Anhaltspunkt kann dienen, daß in einem groben Überblick zumindest drei Produktmerkmale zu jeder Kundenanforderung in Beziehung stehen sollten.[1] Falls dies im Einzelfall nicht zutrifft, dann entspricht die Kundenanforderung oftmals schon selber einem Produktmerkmal und muß demzufolge aus der Menge der Kundenanforderungen herausgenommen bzw. im Sinne der Defintion umformuliert werden. Auch sehr ähnliche Formulie-

---

1 Dies ist nicht gleichzusetzen mit der Aussage, daß es zwei- bis dreimal soviele Produktmerkmale wie Kundenanforderungen geben sollte, obwohl auch dies nicht ausgeschlossen ist.

rungen von Anforderungen und Produktmerkmalen deuten darauf hin, daß die zwei Detaillierungsebenen vermischt wurden. Dieser Kontrollschritt entspricht der eigentlichen Reaktion der Entwickler auf die Kundenanforderungen, also deren Übersetzung in die „Sprache der Entwickler". Der Vorteil der Aufspaltung der VoE-Ermittlung in einen analytischen und einen kreativen Teil liegt in der größeren Chance, wirkliche „breakthrough ideas" als potentielle Ursprünge höchster Kundenzufriedenheit zu finden.

3.3.3.3 Strukturierung der Produktmerkmale

Aufgabe:
Untersuchung der Produktmerkmale auf Abhängigkeiten, Ähnlichkeiten und bisher nicht genannte Merkmale und Anforderungen; Festlegung des Detaillierungsgrades der weiteren Analyse.

Systematisierung der Produktmerkmale

Um Übersichtlichkeit in die Menge der Produktmerkmale zu bekommen, fehlende Merkmale zu ergänzen, doppelt genannte Merkmale auszusortieren und vor allem die nachfolgende Korrelationsermittlung durch eine Anordnung nach verwandten Inhalten zu beschleunigen, wird auch für die Produktmerkmale eine Strukturierung in Affinitäts- und Baum- bzw. Hierarchiediagramm vorgenommen. Dies geschieht in ausführlicher Diskussion *aller* Beteiligten (idealerweise auch der Kunden), denn an dieser Stelle wird vorerst abschließend die Menge der *potentiellen* Merkmale des zu entwickelnden Softwareprodukts festgelegt. Das Vorgehen entspricht dabei methodisch exakt dem in der VoCA, nur das die Korrektheit der Gruppenzuordnung einzelner Produktmerkmale nicht so entscheidend ist, da die Hierarchie i. d. R. nicht zu deren Bewertungen herangezogen wird. Dies gilt allerdings nur, wenn am Ende dieses Schrittes für das weitere Vorgehen eine **vollständige Analyse** der Produktmerkmale in der Software-HoQ-Matrix angestrebt wird. Denn insbesondere bei umfangreichen Produkten, bei denen die Zahl der Produktmerkmale und damit auch der Gruppen verhältnismäßig hoch ist (maximal allerdings ca. 25 Gruppen, bei mehr verliert die gewonnene Strukturierung wieder an Überschaubarkeit) bzw. eine vollständige Analyse in einer Matrix zu unübersichtlich wird, ist zu überlegen, ob nicht zuerst auf Gruppenebene, die wichtigsten Merkmalsgruppen identifiziert und dann in weiteren Matrizen weiter detailliert werden.[1] Wenn frühzeitig in diesem Schritt klar wäre, daß eine solche Beschränkung erfolgen soll, könnten sogar die beiden vorangegangenen Aktivitäten schon mit direktem Bezug auf die Erhebung allgemeinerer Produktmerkmale durchgeführt werden. In die Entscheidung über das Detaillierungsniveau der weiteren Analyse muß aber auf jeden Fall auch der Mehraufwand für die Erstellung der notwendigen weiteren Matrizen und der Nachteil einer anfangs geringeren Analysetiefe einbezogen werden.

Vollständige Analyse der Produktmerkmale

Bei einer vollständigen Analyse bleibt für eine Beschränkung der Menge der Produktmerkmale keine Möglichkeit, ihre Anzahl ist direkt abhängig von der Zahl der Kundenanforderungen. Falls diese nur unwesentlich geringer (oder sogar höher) als die der Produktmerkmale ist, so fehlen entweder noch Merkmale oder die Abgrenzung der Kundenanforderungen zu ihnen ist unzureichend erfolgt. Beide sollten nochmals (wie in der vorherigen Aktivität) einander gegenübergestellt werden. Nach der Erstellung des vollständigen Baumdiagramms und vor der Entscheidung über die weiter zu betrachtenden Produktmerkmale sollte noch deren grobe Überprüfung bezüglich möglicherweise bisher unberücksichtigter Kundenanforderungen stattfinden. Denn wenn wirklich besondere Produktmerkmale im Sinne von Begeisterungsfaktoren gefunden wurden, könnte es zumindest theoretisch sein, daß ihnen bisher nicht erkannte Kundenanforderungen zugrunde liegen, die noch vor der Korrelationsermittlung, in die Bewertung durch die Kunden (Schritt drei) einbezogen werden müssen. Im schlechtesten Fall blieben diese Begeisterungsfaktoren sonst aufgrund nur weniger Korrelationen zu den existierenden Kundenanforderungen unberücksichtigt. Dieser Fall deutet aber auch schon an, daß die quantitativen Ergebnisse einer QFD-Anwendung **immer** einer kritischen Analyse unterzogen werden müssen (siehe Kap. 3.3.4.2, 3.4.2.2 und 3.5).

Das Ergebnis der VoEA ist ein umfassender Überblick über das Produkt aus Entwicklersicht einschließlich deren ausdrücklicher Reaktion auf die Kundenanforderungen als vertikaler Input für das Software-HoQ.

---

1 Vgl. Cohen /Quality Function Deployment/ 72, 132; diese Art der Reduktion ist für die Ebene der Kundenanforderungen vergleichbar mit einer Beschränkung auf die wichtigsten Basisfunktionen im Pre-Planning, siehe Kap. 3.2 und 3.3.1.1.

3.3.4 Schritt 4: Bildung der Software-HoQ-Matrix

Korrelationen zwischen Kundenanforderungen und Produktmerkmalen

Inhalt dieses Schritts ist die Bearbeitung des zentralen Elements des Software-HoQ, der Korrelationsmatrix zwischen Kundenanforderungen und Produktmerkmalen. Deren Beziehungen untereinander werden untersucht, und die daraufhin vergebenen Korrelationswerte werden in Verbindung mit den Anforderungsgewichten und -bedeutungen die Beiträge jedes einzelnen Produktmerkmals zur Kundenzufriedenheit aufzeigen. Dieser Schritt wird in einer Gruppensitzung von Kundenvertretern und QFD-Teammitgliedern durchgeführt, die gemeinsam in allgemeinem Konsens alle hier zu treffenden Entscheidungen tragen **müssen**. Allerdings kann, wie schon mehrfach angedeutet, der Umfang der zu bildenden Korrelationsmatrix schnell den im Pre-Planning veranschlagten Zeitrahmen sprengen. Denn theoretisch entspricht jede einzelne Matrixzelle einer Einzelentscheidung, d. h. beim schon angesprochenen Extremfall von rund 10.000 Eintragungen und durchschnittlich einer viertel Minute Bearbeitungszeit pro Feld[1] führt dies zu einem Aufwand von 2.500 Minuten oder über fünf Tagen für das gesamte QFD-Team zuzüglich Kundenvertreter nur für die Ermittlung der Korrelationswerte, ohne Konsistenzprüfung und Auswertung der Matrixergebnisse. Auch die Darstellung aller Vorgänge auf Pinnwänden zur gemeinschaftlichen Visualisierung in der Gruppensitzung kann an ihre Grenzen stoßen. Ohne adäquate Softwareunterstützung, die idealerweise einen vergrößerten Ausdruck der Korrelationsmatrix über mehrere Seiten leisten kann, besteht bei diesem Extremfall (fast) keine praktikable Chance, die Übersicht zu wahren.

Reduzierung des Aufwands bei Erstellung der Korrelationsmatrix

Im Endeffekt zielen alle in den vorangegangenen Schritten diskutierten Beschränkungen des Umfangs der QFD-Analyse immer auf eine Reduktion der Korrelationsmatrix. Die einzige Möglichkeit zur Aufwandsreduzierung, die zu diesem Zeitpunkt noch existiert, ist eine Aufteilung der beteiligten Personen in mehrere Gruppen, die jeweils Teile der Matrix bearbeiten. Ein praktibles Vorgehen dabei ist, zuerst einige Korrelationswerte gemeinsam im Plenum zu ermitteln, danach ungefähr gleich große Gruppen mit bezüglich des Anteils der Entwickler und Kundenvertreter „ähnlicher" Besetzung zu bilden,

---

1 In der Literatur werden auch bis zu drei Minuten durchschnittlich genannt, vgl. Cohen /Quality Function Deployment/ 244.

die dann möglichst im gleichen Raum arbeiten, um entstehende Unklarheiten durch kurze Rücksprache im gesamten Team direkt ausräumen zu können. In den meisten Fällen sollte die Bildung zweier Gruppen ausreichen, nicht zuletzt damit diese nicht zu klein werden und eine Person dominant „ihre" Korrelationen durchsetzen kann, denn die Gemeinsamkeit der Bewertung in allgemeinem Einverständnis hat nach wie vor höchste Priorität. Zu diesem Zweck sollten auch regelmäßig während der Sitzung einige Beurteilungen der Gruppen gegenseitig ausgetauscht werden und vor allem am Ende die Mitglieder eines Teams die entstandenen Matrixteile aller anderen begutachten. Das Review der Matrixstruktur (Konsistenzanalyse) kann ohnehin nur gemeinsam durch alle Beteiligten erfolgen.

3.3.4.1 Ermittlung der Korrelationswerte zwischen Kundenanforderungen und Produktmerkmalen

Aufgabe:
Untersuchung der Auswirkungen unterschiedlicher Erfüllungsgrade jedes einzelnen Produktmerkmals auf die Kundenzufriedenheit bezüglich jeder einzelnen Kundenanforderung; Quantifizierung dieser Auswirkungen in Form von Korrelationswerten.

Auswirkungen der Produktmerkmale auf die Kundenzufriedenheit analysieren

Um die potentiellen Produktmerkmale für die weitere Entwicklung zu priorisieren, müssen die Auswirkungen der unterschiedlichen Erfüllungsgrade jedes einzelnen Produktmerkmals auf die Kundenzufriedenheit bezüglich jeder einzelnen Kundenanforderung untersucht und in Form von Korrelationswerten quantifiziert werden. Der Fokus liegt also explizit auf der Identifizierung derjenigen Produktmerkmale, die den größten positiven Einfluß auf die Kundenzufriedenheit haben, die betrachtete **Wirkungsrichtung** ist **Produktmerkmale zu Kundenanforderungen**. Deswegen und weil zuerst die potentiellen Erfüllungsgrade der Produktmerkmale festgelegt werden müssen, bietet sich ein spaltenweises Abarbeiten der Korrelationsmatrix anhand folgender Frage an: „Welche Wirkung hat die *höhere* Erfüllung des Produktmerkmals X auf die Erreichung der Kundenanforderung Y?". Dabei ist die „Wirkung" einer komfortableren, umfangreicheren oder anspruchsvolleren Umsetzung des Merkmals X im Softwareprodukt genau im Sinne einer höheren Kundenzufriedenheit bezüglich des in Anforderung Y spezifizierten Kundennutzens zu verstehen. Obwohl den funktionalen Produktmerkmalen im allgemeinen nur schwer quantifizierbare Zielgrößen zugeordnet werden können, sind sie doch i. d. R. immer in der angesprochenen Weise graduell erfüllbar. Für den Texteditor läßt sich beispielsweise für das Produktmerkmal „Rechtschreibprüfung" eine nur auf Kommando abrufbare, kontextunabhängige Prüfung in einer einzigen Landessprache ohne spezielle Begriffe von einer ständig aktiven, kontextsensitiven Kontrolle, womöglich in mehreren Sprachen einschließlich umfangreicher Fachtermini, in mehreren Stufen abgrenzen. Die Eckpunkte könnten im übertragenen Sinne als „rudimentäres Basismodell" und „außerordentliche deLuxe-Version" beschrieben werden. Selbst bei elementaren Basisfaktoren des Produkts, wie beim Texteditor z. B. das Öffnen von Dokumenten in Form von Dateien, existieren für ihre Verwirklichung i. d. R. mehrere Variationsmöglichkeiten,[1] obwohl grundsätzlich diese Produktmerkmale als Ursprünge hoher Unzufriedenheit immer berücksichtigt werden müssen.

Zeilenweises versus spaltenweises Vorgehen

Das einzige Argument, welches für ein zeilenweises Vorgehen spricht, ist, daß zuerst die Korrelationen der wichtigsten bzw. bedeutsamsten Anforderungen berücksichtigt werden können und so, ohne gravierende Verfälschung des endgültigen Ergebnisses, die Korrelationsermittlung bei Zeitknappheit vor dessen vollständiger Beendigung abgebrochen werden kann. Dies wird allerdings erkauft durch einen tendenziell langsameren Ablauf in der Sitzung, da immer wieder nacheinander auf die Erfüllungsgrade verschiedener Produktmerkmale zurückgegriffen werden muß. Eine bei Bedarf frühzeitige Beschränkung der Anforderungsmenge (siehe Kap. 3.3.2.5) und ein spaltenweises Vorgehen bei der Korrelationsermittlung ist die bessere Alternative. Nachdem einige der Produktmerkmale abgearbeitet sind, wird sich das Vorgehen zudem in der Weise beschleunigen, als daß nach der Festlegung der Erfüllungsgrade i. d. R. nicht mehr jede Matrixzelle einzeln durchgegangen wird, sondern direkt nur die potentiell korrelierenden Kundenanforderungen betrachtet werden. Bei auftretenden Unklarheiten zu der Bedeutung einzelner Merkmale oder Anfor-

1 Z. B. nur ein oder direkt mehrere Dokumente auf einmal zu öffnen, Auswahl aus allen abgelegten Dokumenten oder nur direkte Eingabe des Dokumentnamens möglich etc.

derungen kann dabei außerdem auf deren Erläuterungskommentare zurückgegriffen werden.

Korrelationsermittlung erfordert gemeinsames Einverständnis

Die Korrelationsermittlung muß im gemeinsamen Einverständnis aller Beteiligten erfolgen, denn nur dann ist sichergestellt, daß die Ergebnisse dieses Schrittes in Form von priorisierten Produktmerkmalen auch wirklich allgemein akzeptiert und nicht vollkommen zerredet werden. Zudem existiert auch in dem Charakter der Korrelationen selber eine Ursache für diese geforderte Gemeinschaftlichkeit, denn sie spiegeln die Wirkung von Produktmerkmalen auf die Gesamtzufriedenheit *über alle Kundengruppen* wider und nicht speziell für eine Auswahl der Kunden. Der Grund dafür, daß nicht separate Werte für die Zufriedenheit jeder einzelnen Kundengruppe erhoben werden, liegt insbesondere darin, daß am Ende doch nur ein Produkt entwickelt werden soll, das alle Kunden angemessen befriedigt.[1] Gerade durch die gemeinsame Diskussion in diesem Schritt wird die Verbindung zwischen der VoC und der VoE aufgebaut, eine gemeinsame Sicht auf das Produkt geschaffen und in Form quantitativer Werte auf eine solide Grundlage gestellt. Deswegen sollen die Korrelationen auch grundsätzlicher Natur sein, unabhängig vom aktuellen IST-Zustand des Produkts (falls es schon existiert), von den Gewichtungen bzw. Zufriedenheitswerten der Kunden und auch von anderen Beziehungen innerhalb der Matrix. Den absoluten Werten der Unterstützungsgrade sind dabei keine Grenzen gesetzt, Bedingung ist nur, daß sie, wie auch schon im ursprünglichen QFD-Ansatz, mindestens vier Bewertungsstufen, bestehend aus keiner, schwacher, mäßiger und starker Beziehung, umfassen.[2] Allgemein üblich ist, diesen Korrelationsgraden die Werte 0, 1, 3 und 9 zuzuordnen, wobei insbesondere zwischen den 3er und 9er Beziehungen durchaus Zwischenstufen, etwa 5 und 7, denkbar sind, allerdings nur, wenn auch wirklich in einer so feinen Einteilung gut begründet unterschieden werden kann. Denn eigentlich ist eine Priorisierung der Produktmerk-

---

1 Unter dieser Aussage ist allerdings nicht zu verstehen, daß alle Kundengruppen in gleichem Maße hoch zufriedengestellt werden, denn dies ist i. a. unrealistisch und auch deswegen wurden die Kundengruppen im Pre-Planning untereinander priorisiert (siehe Kap. 3.2).

2 Vgl. Akao /Quality Deployment/ 61, 87; Mitsufuji, Uchida /Qualitätstabellen/ 59, 62

male und damit der weiteren Entwicklung auch durch die vierstufige Bewertungsskala und dabei insbesondere die am stärksten in die Priorisierung eingehenden 3er und 9er Korrelationen möglich. Die Vergabe von 1er Werten hat nur geringe Auswirkungen auf das Ergebnis der nachfolgenden Priorisierungsrechnung und sollte deswegen zwar nicht ganz unterbleiben (denn auch diese können sich zu größeren Werten aufsummieren), aber möglichst zu keinen langwierigen Diskussionen führen.

Tab. 3-13: Mögliche Korrelationswerte[1]

Wirkung der höheren Erfüllung eines Produktmerkmals auf die Kundenzufriedenheit bezüglich einer Kundenanforderung	Punkte	Symbol
(Extrem) starke	9	●
Sehr starke	7	◕
Starke	5	◑
Mittlere/mäßige („abgeleitete Zusammenhänge“)	3	◔
Schwache/mögliche („es kommt darauf an...“)	1	○
Keine/neutrale	0	
Potentiell negative	?	*

Beispiel Texteditor

Für den Texteditor korreliert z. B. die Kundenanforderung, ein möglichst von Schreibfehlern freies Dokument erstellen zu können, offensichtlich stark mit dem Produktmerkmal der Rechtschreibprüfung und noch mäßig mit der Bereitstellung einer automatischen Silbentrennung, denn diese kann Fehler in

1 In Anlehnung an Zultner /Software Quality Deployment/ 140; die hier angedeuteten Symbole, von manchen Moderatoren aus Gründen der Visualisierung den absoluten Zahlenwerten vorgezogen, entsprechen nicht den originalen, vor allem in Japan weiterhin üblichen Zeichen ⊙ (stark), O (mittel) und Δ (schwach), welche auch nicht direkt zu Zahlenwerten gekoppelt waren.

diesem Bereich verhindern, es besteht jedoch keine Beziehung (im Sinne der Erhöhung der Kundenzufriedenheit) zur Möglichkeit, bereits erstellte Dokumente in Form von Dateien zu öffnen.[1]

Behandlung negativer Korrelationen

Die Behandlung möglicher negativer Korrelationen ist generell schwierig und nicht eindeutig geklärt. In vielen QFD-Anwendungen wird deren Existenz in keiner der Korrelationsmatrizen berücksichtigt, Konflikte werden nur im „Dach" des klassischen HoQ zwischen Qualitätsmerkmalen behandelt.[2] Das ist durchaus plausibel unter der Annahme, daß eine höhere und damit positivere Erfüllung eines Qualitätsmerkmals sich nie negativ auf eine Kundenanforderung auswirken kann. Allerdings zeigt im Gegensatz dazu die Existenz von negativen Beziehungen zwischen Qualitätsmerkmalen, daß es auch negative Korrelationen zwischen Qualitätsmerkmalen und Kundenanforderungen geben kann. Denn wenn die höhere Verwirklichung eines Qualitätsmerkmals X negative Auswirkungen auf die Erfüllung eines anderen Qualitätsmerkmals Y hat, dann können von diesem negativen Einfluß auch die Kundenanforderungen mit positiven Korrelationen zu Qualitätsmerkmal Y betroffen sein. Aus diesem Grund gibt es auch andere Ansätze, welche obigen Widerspruch in Form von negativen Korrelationen in der Matrix auflösen.[3] Aufgrund der geforderten Implementationsunabhängigkeit der Produktcharakteristika ist deren Existenz bei QFD in der Softwareproduktplanung, ähnlich wie die der Korrelationen im „Dach" der HoQ, eher selten, allerdings im Einzelfall möglich. Generell sollten aber negative Korrelationen durch die Auswahl von detaillierteren Produktcharakteristika mit engerem Wirkungskreis vermieden werden, denn sie machen die Auswertung und Analyse der Priorisierungsmatrizen nur schwieriger und komplizierter.[4]

---

1 Höchstens durch die Möglichkeit, daß bei der Erstellung von neuen Dokumenten auf bereits erstellte fehlerlose Dokumente zurückgegriffen werden kann.

2 Vgl. z. B. King /Konkurrenz/ 111ff.

3 Vgl. Hauser, Clausing /House of Quality/ 67

4 Vgl. Cohen /Quality Function Deployment/ 147f.; vereinfacht könnten in der Priorisierungsrechnung zwei Spaltensummen gebildet werden, eine mit den echten und eine mit den absoluten, also nur positiven Werten. Die Differenz beider Summen

Auch müssen, wenn sich im nachhinein herausstellt, daß der negative Einfluß eines Merkmals auf einige Kundenanforderungen nicht ignoriert werden kann, dann doch andere Produktcharakteristika ohne diese starken nachteiligen Wirkungen gefunden werden.

Aufwand richtig einschätzen

Die Ermittlung der Korrelationen ist eine der Aktivitäten im QFD-Ablauf, die in ihrer Komplexität oft unterschätzt werden, denn oberflächlich betrachtet, muß nur untersucht werden, ob die beiden gegenübergestellten Informationen irgendetwas miteinander zu tun haben. Die Gefahr bei einer derart freien Bearbeitung der Matrixfelder ist allerdings, daß der Bezug zur Kundenzufriedenheit verloren gehen kann und nicht explizit der Wirkungsrichtung von der Erfüllung der Produktmerkmale zur Erreichung der Kundenanforderungen gefolgt wird. Letztgenanntes deutet auch auf eine im Detaillierungsgrad schlechte Abgrenzung der Produktmerkmale von den Kundenanforderungen hin und hat gegebenenfalls Änderungen in deren Verteilungen zur Folge. Wichtig ist die ausdrückliche Orientierung an oben genannter Frage unter ständigem Bezug auf die Kundenzufriedenheit.

3.3.4.2 Review der Matrixstruktur und Ermittlung der Produktmerkmalswichtigkeit

Aufgabe:
Prüfung der vorläufigen Korrelationsmatrix auf fehlerhafte Eintragungen und dabei Sicherstellung einer ausreichenden Abdeckung jeder einzelnen Kundenanforderung durch die Produktmerkmale; Durchführung der Priorisierungsrechnung; Erzeugung eines Commitment auf das zu entwickelnde Produkt unter allen Beteiligten.

Ergebnisse überprüfen

Die entstandene Matrixstruktur sollte aufgrund des großen Einflusses, den die Korrelationsstärken auf das Ergebnis dieses Schrittes, die priorisierten Produktmerkmale, und damit auf die gesamte weitere Produktentwicklung haben, einer detaillierten Analyse unterzogen werden. Ansonsten besteht die Gefahr, daß die ermittelten quantitativen Daten nicht als Leitlinie für die weiteren Entwicklungsentscheidungen akzeptiert wer-

---

spiegelt das Ausmaß des negativen Einflusses des Merkmals auf die Anforderungen wider.

den. Alle Beteiligten gemeinsam untersuchen im Rahmen einer Konsistenzanalyse die festgelegten Korrelationsstärken (einschließlich bisher leerer Matrixfelder ohne Korrelationen) und kontrollieren vor allem die ausreichende Abdeckung jeder einzelnen Kundenanforderung durch die Produktmerkmale. Mehrere verschiedene Matrixdegenerierungen können dabei unterschieden werden, bei deren Auflösung aber nur Produktmerkmale in Frage gestellt werden. Tab. 3-14 zeigt eine detaillierte Fallunterscheidung in Form einer Checkliste:[1]

Tab. 3-14: Checkliste zur Analyse der Software-HoQ Korrelationsmatrix

Nr.	Art der Matrixdegeneration	Gegenmaßnahmen
1	Leere bzw. im Verhältnis zu ihrer Bewertung zu schwache Zeilen	Produktmerkmale zur Abdeckung dieser Kundenanforderung entwickeln
2	Im Verhältnis zu ihrer Bewertung überproportional starke Zeilen	Kundenanforderung ggf. präzisieren, in Baum-/Hierarchiediagramm detaillieren
3	Leere Spalten	Produktmerkmal überflüssig oder Kundenanforderungen vergessen!
4	Gleiche Spalten	Produktmerkmale spiegeln u. U. unterschiedliche Erfüllungsgrade eines Produktmerkmals wider
5	Starke Spalten mit vielen Korrelationen	Produktmerkmal präzisieren, ggf. in Baum-/Hierarchiediagramm detaillieren
6	Viele schwache Beziehungen bzw. weniger als 15 % Korrelationen	Produktmerkmale ggf. klarer und eindeutiger formulieren
7	(Fast) Diagonalmatrix mit vielen starken (1:1-)Beziehungen	Produktmerkmale und Kundenanforderungen auf Übereinstimmung mit den Definitionen prüfen

1 Vgl. Bicknell, Bicknell /QFD/ 83ff.; King /Konkurrenz/ 352ff.; Nakui /Comprehensive QFD/ 143ff.

Niemals Kundenanforderungen anzweifeln

Die Kundenanforderungen werden grundsätzlich nie angezweifelt und bleiben in ihren Formulierungen unantastbar, es sei denn sie werden zur genaueren Erläuterung präzisiert (Fall 2, u. U. 7). Das Vorgehen beim Matrixreview beruht dabei zum überwiegenden Teil auf einer gemeinschaftlichen Suche nach Zeilen (Spalten) mit nur wenigen bzw. mit sehr vielen oder exakt gleichen Beziehungen. Zur Kontrolle der adäquaten Umsetzung der Kundenanforderungen in Produktmerkmale können zudem einfache Zeilensummen der Korrelationswerte je Anforderung gebildet und deren prozentuale Verteilung mit der ihrer Gesamtgewichte bzw. -bedeutungen verglichen werden (Fälle 1 und 2).[1] Im Idealfall sollte annähernd Proportionalität gegeben sein, denn es wird, mit Blick auf den noch zu betrachtenden Aufwand und die gemäß den Kundenbewertungen zu erwartende Honorierung der Umsetzung der Produktmerkmale, eine ausgewogene Erfüllung der Anforderungen im Sinne ihrer Bedeutung für den Kunden angestrebt. Das größte Problem und sicherste Zeichen, daß bei den vorangegangenen Aktivitäten zur Ermittlung der Kundenanforderungen und Produktmerkmale Fehler in deren Abgrenzung voneinander gemacht wurden, ist die Existenz einer („fast") Diagonalmatrix mit vielen starken 1:1-Beziehungen (Fall 7). In diesem Fall müssen sowohl die Kundenanforderungen als auch die Produktmerkmale genauestens im Sinne der Definitionen analysiert und in einer Gegenüberstellung ihre Detaillierungsniveaus abgeglichen werden (siehe dazu auch Kap. 3.3.1.2). Der Aufwand für solche Rücksprünge zu früheren Schritten kann immens groß werden. So muß u. U. die gesamte Bewertung der Anforderungen durch die Kunden wiederholt werden, denn oftmals liegt die Ursache für diese Matrixstruktur in der fehlerhaften Aufnahme und zu starken Detaillierung der VoC.

Ergebnisse sollten verbindlich sein

Schon vor dem reinen Rechenschritt zur Ermittlung der Produktmerkmalswichtigkeit muß sich in diesem Abschnitt unter den Beteiligten eine Verpflichtung („commitment") gegenüber dem zu entwickelnden Produkt und seinen Merkmalen etablieren. Denn nur wenn die gemeinsam erhobenen Informationen wirklich als begründet und sorgfältig ermittelt angesehen werden, läßt sich ausschließen, daß für einzelne Beteiligte „unangenehme" Ergebnisse von diesen im nachhinein nicht auf das vermeintlich ungenaue und oberflächliche Vorgehen bei

1 Vgl. Zultner /Quality Function Deployment/ 310f.

der Bestimmung der Korrelationsstärken oder den anderen Aktivitäten zurückgeführt werden. Der Erfolg oder Mißerfolg des gesamten QFD-Projekts hängt also stark von den Ansichten und individuellen Einschätzungen der QFD-Teammitglieder und Kundenrepräsentanten zur Genauigkeit und Gründlichkeit des gesamten Vorgehens ab.[1] Das bedeutet nicht, daß sämtliche Bewertungen innerhalb einer QFD-Anwendung „perfekt" bis ins letzte Detail durchdacht werden müssen, damit die ermittelten Kennzahlen bzw. Priorisierungswerte überhaupt eine Aussagekraft besitzen. Nicht nur der hohe Aufwand zur Erreichung dieser vermeintlichen Exaktheit steht dem entgegen, sondern wie bereits betont ist gerade für den Einsatz von QFD in der Produktplanung dessen Fähigkeit zur Priorisierung und Fokussierung auf die Erfüllung der für die Kunden wichtigsten Anforderungen von herausragender Bedeutung. Die Berechnungen und Zahlenwerte sind dabei bloß Hilfsmittel und bilden die Basis für die zu treffenden Entwicklungsentscheidungen, ihre absoluten Werte, z. B. in Form der wirklich hundertprozentig exakten Reihenfolge der priorisierten Produktmerkmale, spielen nur eine untergeordnete Rolle. Bei der hier betonten Gründlichkeit des Vorgehens geht es nur um die in den Augen aller Beteiligten korrekte Abbildung der Beziehungen unter den erhobenen Informationen, damit sie die Ergebnisse der QFD-Analyse auch akzeptieren und sich im weiteren Vorgehen von diesen leiten lassen. Trotzdem gilt natürlich gerade für QFD im Sinne eines Planungs- und Analyseinstrumentes das Prinzip des „garbage in, garbage out", auch aus der gewissenhaftesten und genauesten Untersuchung von unzureichenden Eingangsinformationen kann kein herausragendes Produkt erwachsen.

Ermittlung der Produktmerkmalswichtigkeit

Nachdem die Korrelationsmatrix mit allen erkannten Beziehungen fertiggestellt ist, wird die Priorisierungsrechnung gemäß der schon angegebenen allgemeinen Formeln (siehe Kap. 2.3.2) unter Rückgriff auf das Gesamtgewicht und die Gesamtbedeutung der einzelnen Anforderungen durchgeführt. Die Resultate sind die relativen **Produktmerkmalswichtigkeiten** über alle Kundengruppen, welche die insgesamt für die Kunden und deren Zufriedenheit wichtigsten aus allen poten-

---

1 Auch deswegen bietet es sich bei Erfolgskontrollen von QFD-Projekten an, explizit nach den subjektiven Auffassungen der Beteiligten zu fragen, siehe Kap. 4.3.

tiellen Produktmerkmalen hervorheben. Sie zeigen, in Verbindung mit den zugehörigen Werten der Kundenanforderungen, den Beitrag auf, den die höhere Erfüllung eines einzelnen Produktmerkmals allgemein zur Erhöhung der Kundenzufriedenheit leistet. Bei Weiterentwicklungen ist dabei insbesondere auf die Wichtigkeit bezüglich der Gesamtbedeutung der Anforderungen zu achten, denn sie bietet durch die explizite Einbeziehung der Kundenzufriedenheitswerte ein realistischeres Bild der Produktsituation und eine bessere Grundlage für Entwicklungsentscheidungen (siehe Kap. 3.3.2.3).

Analyse des Software-HoQ

Dieser allgemeinen Priorisierung ist allerdings nicht einfach ungefragt zu folgen. Als grober allgemeiner Konsistenzcheck gilt, daß Merkmalen, die auf jeden Fall im Produkt vorhanden sein müssen, zumindest nach Wichtigkeit bezüglich Gesamtgewicht eine hohe Bedeutung zukommen muß. Wenn dies nicht der Fall ist, sind bei der Korrelationsermittlung oder früher bei der Bewertung der Kundenanforderungen, eventuell sogar bereits bei der Abgrenzung des Produkts im Pre-Planning, Fehler gemacht worden. Für den Texteditor repräsentieren beispielsweise das Öffnen und Speichern von Dokumenten in Dateien solche „Muß"-Merkmale. Zusätzlich sollte eine kundengruppenspezifische Auswertung vorgenommen werden, um Merkmale zu finden und auch gegebenenfalls in der weiteren Entwicklung zu berücksichtigen, die für einen kleineren Kundenkreis sehr wichtig sind und deren angemessene Umsetzung für diese das entscheidende Kriterium für oder gegen den Kauf bzw. die Nutzung des Produkts ist. Die Produktmerkmalswichtigkeiten sollten dabei zur besseren Übersichtlichkeit wie auch zuvor die Bewertungen der Kundenanforderungen innerhalb von Pareto-Diagrammen aufkumuliert und auf diese Weise graphisch visualisiert werden. Die Kundenanforderungen und deren Bewertungen können selbst auch im Einzelfall - bei Unklarheiten in den Interpretationen der Ergebnisse - in die Entscheidung zur Fokussierung auf die bezüglich der Kundenzufriedenheit bedeutsamsten Produktmerkmale einbezogen werden.

Ergebnisse im Software-HoQ festhalten

Das Software-HoQ (Abb. 3-4) ist damit bis auf die Bewertungen der Produktmerkmale (Schritt sieben) vollständig ausgefüllt. Als umfassender Überblick über den derzeitigen Stand der Produktplanung bietet es eine kompakte Darstellung (fast) aller bis zu diesem Zeitpunkt erhobenen Informationen.

Abb. 3-4:
Das Software-HoQ (ohne die klassische Planungsmatrix und die Bewertungen der Produktmerkmale)

	Integration in Textverarbeitung	Übernahme von Anschriften	Einfache Serienbrieferstellung	Selektion von Adressen	Abfrage mit Filter	Kategorisierung	Manuelle Selektion	Reportfunktion	Erstellung Adreßetiketten	Erstellung beliebiger Listen	...	Kundenanforderungsgewicht	Assistent	Direktor	...	Gesamtgewicht	Kundenzufriedenheit	Assistent	Direktor	...	Gesamtzufriedenheit	Anforderungsbedeutung	Assistent	Direktor	...	Gesamtbedeutung
Schriftverkehr führen																										
Briefe schreiben		9	9		3	1	3		3				0,2	0,2	0,3	0,2		4,0	4,0	3,0	2,7		12,5	13,0	14,9	20,5
Faxe schreiben		9	9		3	1	3		1				0,2	0,2	0,0	0,1		4,0	3,0	3,0	2,4		12,5	13,0	0,0	8,8
E-Mails schreiben		9	3		3	1	3						0,1	0,1	0,1	0,0		2,0	2,0	1,0	1,7		12,5	6,5	17,9	3,3
Adressen verwalten																										
Leichte Adreßeingabe						1	1						0,2	0,1	0,2	0,2		3,0	3,0	2,0	2,0		12,5	8,7	17,9	11,6
Schnelle Personeninfo					1	3							0,2	0,1	0,1	0,1		1,0	1,0	1,0	1,2		37,5	26,1	9,0	27,0
Listen erstellen																										
Telefonliste erstellen		3	1		1		3			9			0,0	0,0	0,1	0,1		2,0	1,0	1,0	1,7		0,0	0,0	17,9	3,9
Geburtstagsliste erstellen			1		1		3			9			0,0	0,0	0,0	0,0		3,0	3,0	1,0	2,4		0,0	0,0	0,0	3,9
Komfort																										
viele Daten bearbeiten			3		3	3	1		3	1			0,1	0,1	0,1	0,1		4,0	4,0	2,0	2,9		3,1	6,5	4,5	4,6
sichere Daten													0,1	0,2	0,2	0,1		4,0	3,0	3,0	2,8		6,3	17,4	9,0	9,1
schnell erlernbar													0,1	0,1	0,1	0,1		4,0	3,0	2,0	2,8		3,1	8,7	9,0	4,5
...																										
Gesamtgewicht																										
Absolute Wichtigkeit		2,95	2,88		1,39	1,14	1,47		0,9	0,8																
Relative Wichtigkeit		25,6	25		12	9,88	12,8		7,5	7,3																
Bedeutung																										
Absolute Bedeutung		304	294		146	139	137		84	75																
Relative Bedeutung		25,8	25		12,4	11,8	11,6		7,1	6,3																

Präzisierung der Produktmerkmale

Die priorisierten Produktmerkmale müssen nun im siebten Schritt des QFD-Ablaufs zu detaillierten Vorgaben für die weitere Entwicklung präzisiert werden. Bevor dies in Kap. 3.5.1 beschrieben wird, werden im nachfolgenden Kapitel 3.4 die Schritte fünf und sechs zur Erstellung des klassischen HoQ behandelt. Es ist sinnvoll, auf alle unmittelbar vor der abschließenden Aufgabe der Erstellung einer Anforderungsspezifikation (Schritt zehn) liegenden Aktivitäten, die Bewertung der Produktcharakteristika und die design-points analysis, an einer Stelle zentral einzugehen (Kap. 3.5), da sie alle die Setzung von konkreten Entwicklungsvorgaben beinhalten. Zudem werden diese Tätigkeiten i. d. R. in *einer* moderierten internen Gruppensitzung des QFD-Teams durchgeführt und dementsprechend innerhalb der praktischen Anleitungen in der Materialsammlung auch zusammenhängend dargestellt (Teil D). Oftmals wird die Erstellung des klassischen HoQ auch vor Schritt sieben oder sogar parallel zu den letzten beiden Bildungschritten des Software-HoQ erfolgen. Wir orientieren uns also mit unserer Darstellungsabfolge an der innerhalb eines konkreten QFD-Projekts am häufigsten anzutreffenden zeitlichen Abfolge der Schritte.

3.4 Die Erstellung des klassischen HoQ

Erstellung des klassischen HoQ ähnelt der des Software-HoQ

Wie schon in Kap. 3.1 betont, durchläuft die Mehrzahl aller QFD-Matrizen auch innerhalb der komplexesten Matrixsequenz im wesentlichen die gleichen Bildungschritte. Zumindest einer der beiden Informationstypen, die gegenübergestellt werden, ist dabei i. d. R. schon im Detail erhoben und priorisiert. Diese Aussage gilt beispielsweise für das klassische HoQ, das die Ergebnisse der Schritte eins und zwei im QFD-Ablauf zur Softwareproduktplanung in Form der bewerteten Kundenanforderungen als Input in den Zeilen übernimmt. Mögliche QFD-Matrizen im Anschluß an die Produktplanung im Sinne eines deployments bauen dann auf die priorisierten Produktcharakteristika auf und stellen sie wiederum detaillierteren Daten gegenüber.

Erhebung von Qualitätsmerkmalen

Aus diesem Grund müssen zur Erstellung des klassischen HoQ „nur" die Qualitätsmerkmale neu erhoben (Schritt fünf) und durch Bildung einer Korrelationsmatrix mit den Kundenanforderungen (Schritt sechs) priorisiert werden. Und selbst diese beiden Schritte besitzen starke Ähnlichkeit mit den entsprechenden Schritten bei der Bildung des Software-HoQ (Schritte drei und vier), so daß ein Großteil der in Kap. 3.3 beschriebenen Aktivitäten und getroffenen Aussagen auch hier gilt. Im folgenden wird deswegen vorrangig auf die Unterschiede zu dem dort beschriebenen Vorgehen eingegangen. Die Anleitung zur Erstellung des klassischen HoQ in der Materialsammlung Teil C umfaßt dagegen auch bereits an anderer Stelle geschilderte Aspekte und ist damit vollständig.

Kundenpräsenz weniger entscheidend

Der erste Unterschied ist, daß die Anwesenheit der Kundenrepräsentanten bei der Erstellung des klassischen HoQ nicht so bedeutend ist. Denn da es hier vorrangig um die interne Kontrolle der Erfüllung der Kundenanforderungen durch Qualitätsmerkmale geht und die Etablierung einer Verpflichtung („commitment") unter allen Beteiligten auf das zu erstellende Produkt in der Softwareentwicklung hauptsächlich durch die Bildung und Analyse des Software-HoQ geleistet wird, ist die Teilnahme der Kunden zwar wünschenswert, aber nicht zwingend. Trotzdem können die Kundenvertreter den Entwicklern bei Rückfragen zum Verständnis der Kundenanforderungen zur Verfügung stehen und deren Arbeit dabei sogar ein wenig in ihrem Sinne „überwachen". Denn die Ergebnisse der beiden Schritte in Form von strukturierten bzw. priorisierten Qualitätsmerkmalen sind über die Ableitung konkreter Entwicklungsvorgaben (siehe Kap. 3.5) wesentliche Bestandteile der Anforderungsspezifikation, und diese ist zumindest bei Individualsoftwareentwicklung auf jeden Fall von den Kunden zu prüfen.

3.4.1 Schritt 5: Erhebung von Qualitätsmerkmalen

Funktionale versus nicht-funktionale Merkmale

Der herausragende Unterschied und das wirklich „Neue" dieses und des nachfolgenden Schritts liegt in der Art der nun betrachteten Informationen begründet. Die Erfüllung von Produktmerkmalen kann gemäß ihres funktionalen Charakters i. d. R. nicht direkt gemessen werden. Dagegen ist die Meßbarkeit und damit direkte Quantifizierung möglichst während der Entwicklung und vor Auslieferung die essentielle Forderung an jedes Qualitätsmerkmal. Sie sollen über die Korrelationswerte im klassischen HoQ die Umsetzung der Kundenanforderungen im gesamten Entwicklungprozeß kontrollieren und durch ihre Priorisierung gleichzeitig Entwicklungsziele vorgeben. Diese Eigenschaften führen, wie im folgenden deutlich werden wird, sowohl zu einem *(theoretisch)* weniger aufwendigen als auch zu einem *(praktisch)* schwierigeren, mühsameren Vorgehen im Vergleich zur Erstellung des Software-HoQ.

3.4.1.1 Identifikation von Qualitätsmerkmalen

Aufgabe:
Identifikation möglichst mehrerer Qualitätsmerkmale für jede Kundenanforderung zur quantitativen (meßbaren) Überprüfung der Anforderungserfüllung während der Entwicklung und vor der Auslieferung des Produkts.

Operationalisierung der Kundenanforderungen

Die erste Aktivität bei der Erhebung der Qualitätsmerkmale ist *nicht*, wie in den korrespondierenden Schritten eins und drei die Durchführung eines Brainstorming mittels Kartenfrage zum möglichst freien und ungezwungenen Zusammentragen von Ideen. Aufgrund der unmittelbaren Kontrollfunktion der Kundenanforderungen kann das QFD-Team stattdessen diese sukzessive durchgehen und gemeinschaftlich überlegen, anhand welcher Kriterien deren Erfüllung während der Entwicklung sichergestellt werden kann. Dies bedeutet nicht, daß zu jeder Kundenanforderung nur ein Qualitätsmerkmal gefunden werden sollte, denn mit jedem weiteren Maß steigt im nachhinein die Verläßlichkeit der Überprüfung der Kundenanforderungen. Wichtig dabei ist nur, daß das Entwicklungsteam die Umsetzung dieser Kriterien bewußt beeinflussen und vor der Auslieferung des Produkts kontrollieren kann. Die Implementationsunabhänigkeit der Merkmale sollte gewahrt sein, damit (auch im Konkurrenzvergleich) kein verzerrtes Bild im Sinne der Bevorteilung schon spezieller Lösungen entsteht.

Idealerweise werden zu diesem Zeitpunkt auch direkt die Erläuterungskommentare mit konkreten Angaben zur Art und Weise der Überprüfung der Merkmale sowie deren mögliche Ausprägungen notiert. Wegen dieses mehr analytischen Vorgehens macht eine Klassifizierung der Aussagen gemäß einer der VoET ähnlichen Tabelle wenig Sinn; bei gegebenenfalls neu entdeckten Kundenanforderungen oder Produktmerkmalen werden diese formlos dokumentiert. Die Identifikation der Qualitätsmerkmale entspricht also in größerem Maße als die Ermittlung der VoE einer bloßen Übersetzung der Kundenanforderungen in meßbare Größen, auch weil sich potentielle Begeisterungsfaktoren auf dieser Ebene i. d. R. nur in positiveren (Ziel-)Erfüllungsgraden der Qualitätsmerkmale (siehe Kap. 3.5.2), nicht aber in grundlegend neuen niederschlagen.

Schwierigkeiten beim klassischen HoQ

Theoretisch beinhaltet dieser Schritt also eine Teilaktivität weniger als die VoEA (Schritt drei) und ist bereits damit vordergründig mit weniger Aufwand verbunden. Das Problem in der Softwareentwicklung liegt allerdings, wie schon mehrmals betont, in der Eigenschaft der Meßbarkeit der Qualitätsmerkmale.[1] Bei der *praktischen* Anwendung von QFD in der Softwareproduktplanung ist es sehr schwer, für jede Kundenanforderung adäquate Qualitätsmerkmale zu finden, deren quantitative Überprüfung auch wirklich die Erfüllung einiger Kundenanforderungen zweifelsfrei nachweisen kann. Letzteres, als ein Ziel bei der Bildung des klassischen HoQ, spiegelt sich im weiteren Vorgehen in der Existenz von hohen Korrelationsgraden (3, 9) in der Matrix wider. Für den Texteditor resultiert beispielsweise die Kundenanforderung, einmal erstellte Dokumente wieder zu verwenden, unmittelbar in den Produktmerkmalen zum Speichern und Öffnen von Dokumenten in Form von Dateien. Aber welche Kriterien können die Berücksichtigung dieser Anforderung quantitativ sicherstellen? Auch die Forderung nach einer direkten Beeinflussung der Erfüllung der Qualitätsmerkmale im Sinne eines Drehschalters, der nach oben und unten stufenlos eingestellt werden kann,[2] macht Schwierigkeiten. So ist z. B. die Überprüfung des Wunsches, möglichst von Schreibfehlern freie Dokumente zu erzeugen,

1 Vgl. Yoshizawa, Togari, Kuribayashi /QFD/ 304; siehe Kap. 2.4.1

2 Vgl. Cohen /Quality Function Deployment/ 128, 140

eigentlich erst bei Anwendung des Produkts im Feldversuch sicher möglich, vorher kann nur die Anzahl der von dem Softwareprodukt erkannten „typischen" Fehler bestimmt werden.[1] Selbst die Aussagekraft offensichtlicher Qualitätsmerkmale kann begrenzt sein. Für die Forderung nach umfangreichen Ausgestaltungsmöglichkeiten des Ausdrucks kann direkt die Anzahl der Druckoptionen gemessen werden. Ob mit einer hohen Anzahl aber auch die Kundenanforderung *gut* erfüllt wurde, ist zwar wahrscheinlich, aber bei weitem nicht sicher.

Qualitätsmodelle können helfen

Diesen Schwierigkeiten stehen allerdings einige universell anwendbare Qualitätsmerkmale gegenüber, wie beispielsweise die Zeit oder die Anzahl von Kommandoschritten, welche zu einer speziellen Aufgabenerfüllung vom Softwareprodukt benötigt werden. Oft existieren in den Unternehmungen bereits Erfahrungswerte über allgemeine Qualitätsmerkmale, wie z. B. Effizienz, Benutzerfreundlichkeit etc., die bei früheren Entwicklungsprojekten durch (mehr oder weniger) geeignete Maße quantifiziert oder sogar zu entsprechenden Zielgrößen konkretisiert wurden. Auch allgemeine Systematiken in Form von (standardisierten) Qualtitätsmodellen,[2] die i. a. auf nahezu jede Art von Software anwendbar sind, können zumindest als grober Rahmen für die Identifikation von Qualitätsmerkmalen dienen. Allerdings liefern auch diese Modelle keine Patentrezepte und ersparen dem QFD-Team nicht ihre individuelle Anpassung bzw. Übertragung auf die projektspezifischen Belange, d. h. auf die konkreten Kundenanforderungen.

3.4.1.2 Strukturierung von Qualitätsmerkmalen

Aufgabe:
Untersuchung der Qualitätsmerkmale auf Abhängigkeiten, Ähnlichkeiten und bisher nicht genannte Merkmale.

Systematisierung der Qualitätsmerkmale

Eine Gruppierung gemäß Affinitäts- und Baum- bzw. Hierarchiediagramm ist aus den gleichen Gründen wie bei den Pro-

1 Die Fehlertypen müßten noch weiter detailliert werden in z. B. Rechtschreibfehler, Fehler bei der Groß- und Kleinschreibung, Fehler bei der Trennung von Wörtern, Fehler bei der Kommasetzung etc.

2 Siehe zur Diskussion verschiedener Qualitätsmodelle Eul /Geschäftsfeldmodelle/

duktmerkmalen sinnvoll. Primär soll die Menge der Qualitätsmerkmale für die nachfolgende Korrelationsermittlung übersichtlicher gestaltet, systematisiert werden, ggf. werden dabei auch noch bisher nicht genannte Merkmale gefunden und ergänzt. Die Richtigkeit der Gruppenzuordnung ist dabei nicht so entscheidend, da die Hierarchie nicht (wie bei den Kundenanforderungen) zur Bewertung der Qualitätsmerkmale herangezogen wird und auch eine Beschränkung ihrer Menge bzw. eine Analyse auf Gruppenebene nicht angebracht ist. Der Grund dafür ist, daß die Qualitätsmerkmale stark an die Kundenanforderungen gebunden sind, und wenn diese berücksichtigt werden sollen, müssen zwangsläufig auch die zugehörigen meßbaren Kriterien Beachtung finden. Eine Reduktion der Größe der Korrelationsmatrix des klassischen HoQ kann also nur durch eine begründete Auswahl der Kundenanforderungen erfolgen.

Komplexität der Erhebung von Qualitätsmerkmalen

Auch diese Aktivität ist tendenziell einfacher durchzuführen als bei den Produktmerkmalen, da zum einen oben genannte Qualitätsmodelle eine Orientierungshilfe bieten können und zum anderen durch das Vorgehen der 1:1-Übersetzung schon die Gruppierung der Kundenanforderungen eine Struktur vorgeben kann. Ebenso werden wegen der weniger kreativen als analytischen Tätigkeiten i. a. eher selten solche Qualitätsmerkmale erhoben, die neue Kundenanforderungen implizieren und somit kann auch deren (nochmalige) explizite abschließende Gegenüberstellung entfallen. Nur unwesentliche Unterschiede in der Anzahl von Kundenanforderungen und Qualitätsmerkmalen sind ebenfalls nicht ungewöhnlich und i. d. R. kein Anlaß für weitere Analysen zu diesem Zeitpunkt. Ergebnis des gesamten Schritt fünf sind damit die strukturierten und durch Erläuterungskommentare dokumentierten Qualitätsmerkmale als vertikaler Input des klassischen HoQ.

3.4.2 Schritt 6: Die Bildung der klassischen HoQ-Matrix

Korrelationen zwischen Kundenanforderungen und Qualitätsmerkmalen

Wie der korrespondierende vierte Schritt im QFD-Ablauf befaßt sich dieser Schritt mit dem hervorstechendsten Bestandteil jedes HoQ, der Korrelationsmatrix, die im Fall des klassischen HoQ Kundenanforderungen und Qualitätsmerkmale gegenüberstellt. Die zu Anfang von Kap. 3.3.4 zur Bildung des Software-HoQ getroffenen Aussagen zum Umfang der Korrelationsmatrix, zur notwendigen Softwareunterstützung und zur Möglichkeit, die beteiligten Personen (QFD-Teammitglieder ggf. zuzüglich der Kundenvertreter) in mehrere Gruppen aufzuteilen, die jeweils Teile der Matrix bearbeiten, gelten analog. Wie im vorherigen Schritt kann allerdings auch bei der Bildung der klassischen HoQ-Matrix von der geforderten Meßbarkeit der Qualitätsmerkmale profitiert werden.

3.4.2.1 Ermittlung der Korrelationswerte zwischen Kundenanforderungen und Qualitätsmerkmalen

Aufgabe:
Untersuchung der Auswirkungen unterschiedlicher Erfüllungsgrade jedes einzelnen Qualitätsmerkmals auf die Kundenzufriedenheit bezüglich jeder einzelnen Kundenanforderung; Quantifizierung dieser Auswirkungen in Form von Korrelationswerten.

Wirkung der Qualitätsmerkmale auf die Kundenzufriedenheit

Die Ermittlung der Korrelationen, d. h. der Wirkung einer höheren Erfüllung eines jeden Qualitätsmerkmals auf die Kundenzufriedenheit bezüglich jeder einzelnen Anforderung, ist i. a. weniger aufwendig als bei den Produktmerkmalen. Denn wegen der sozusagen „natürlich" gegebenen Erfüllungsgrade der Qualitätsmerkmale müssen diesen nicht erst quantifizierbare Zielgrößen zugeordnet werden, sondern die Korrelationsmatrix kann direkt anhand einer zur Bildung der Software-HoQ-Matrix analogen Fragestellung bevorzugt spaltenweise (siehe Kap. 3.3.4.1) aufgebaut werden. Dabei ist wiederum der ständige Bezug zur Kundenzufriedenheit entscheidend. Probleme mit der zu betrachtenden Wirkungsrichtung von der Erfüllung der Qualitätsmerkmale zur Erreichung der Kundenanforderungen sind selten, die Quantifizierbarkeit grenzt diese beiden Informationstypen i. d. R. ausreichend voneinander ab. Die möglichen Korrelationswerte und die Behandlung von negativen Beziehungen entsprechen denen des Software-HoQ, wobei letztere allerdings aufgrund der potentiell existierenden Konflikte von Qualitätsmerkmalen untereinander (siehe Kap. 3.5) häufiger vorkommen können.

Strukturierung erleichtert Arbeit

Falls die Strukturierung der Qualitätsmerkmale in Anlehnung an die Gruppierung der Kundenanforderungen vorgenommen wurde, erleichtert sicherlich auch dies die Korrelationsermittlung, erhöht aber gleichzeitig die Gefahr, daß nur auf der Diagonalen nach Beziehungen gesucht wird und die restlichen Matrixteile unberücksichtigt bleiben. Schon das Vorgehen bei der Erhebung der Qualitätsmerkmale als bloße Reaktion auf die Kundenanforderungen legt die Vermutung nahe, daß sich die Existenz von starken Korrelationen im Sinne einer Diagonalmatrix auf die offensichtlichen 1:1-Beziehungen beschränkt und die restlichen Matrixfelder höchstens mit für die Priorisierung unbedeutenden Werten gefüllt sind. Dies ist nicht auszuschließen, wie auch an vielen veröffentlichten Beispielen deutlich wird,[1] jedoch nicht die Regel. Bereits wenige starke Korrelationen außerhalb der ursprünglich erdachten Beziehungen reichen als Fokussierung auf die höhere Erfüllung der damit priorisierten Qualitätsmerkmale aus und rechtfertigen die Bildung der Korrelationsmatrix, zusätzlich zu der in ihr ausgedrückten Kontrollfunktion der Qualitätsmerkmale.

3.4.2.2 Review der Matrixstruktur und Ermittlung der Qualitätsmerkmalswichtigkeit

Aufgabe:
Prüfung der vorläufigen Korrelationsmatrix auf fehlerhafte Eintragungen; Sicherstellung einer ausreichenden Abdeckung jeder einzelnen Kundenanforderung durch die Qualitätsmerkmale; Durchführung der Priorisierungsrechnung.

Ergebnisse überprüfen

Trotz der angesprochenen Schwierigkeiten bei der Identifikation von Qualitätsmerkmalen (siehe Kap. 3.4.1.1) soll zum Abschluß der Erstellung des klassischen HoQ eine solide und verläßliche Abdeckung der Kundenanforderungen durch mehrere, möglichst hoch korrelierende Qualitätsmerkmale sichergestellt werden. Die universelle und vollständige Checkliste möglicher Matrixdegenerationen aus Kap. 3.3.4.2 kann deswegen für die Konsistenzanalyse der klassischen HoQ-Matrix auf zwei Fälle reduziert werden, alle anderen spielen eine nur untergeordnete Rolle.

---

1 Vgl. Cohen /Quality Function Deployment/ 2. Umschlagseite; Grady /Software Metrics/ 35; Pfeifer /Qualitätsmanagement/ 39; Saxby, Streckfuss /Produktplanung/ 17; Zultner /Blitz QFD/ 29

Tab. 3-15: Checkliste zur Analyse der klassichen HoQ Korrelationsmatrix

Nr.	Art der Matrixdegeneration	Gegenmaßnahmen
1	Leere bzw. Zeilen mit nur schwachen Korrelationswerten	Qualitätsmerkmale zur Abdeckung dieser Kundenanforderung identifizieren
2	Viele schwache bzw. wenige starke Beziehungen	Qualitätsmerkmale klarer/ eindeutiger formulieren oder zusätzlich erheben

Interpretation der Matrix

Die einzigen, für die weitere Entwicklung wirklich mit negativen Folgen behafteten Begebenheiten, sind die von leeren oder schwachen Zeilen bzw. generell von vielen schwachen oder wenigen starken Beziehungen (und diese vielleicht nur zu weniger wichtigen Anforderungen), also die Existenz einer insgesamt schwach besetzten Korrelationsmatrix. In diesen Fällen sollte nochmals versucht werden, die erhobenen Qualitätsmerkmale zu präzisieren bzw. bisher unerkannte neu zu identifizieren. Das Negative ist nämlich, daß dann die Erfüllung der Kundenanforderungen nicht angemessen quantitativ überprüft werden kann und darauf aufbauend auch keine wirklich bedeutenden Entwicklungsvorgaben abgeleitet werden können. Der im nachhinein hoch priorisierte Teil der Qualitätsmerkmale wäre aufgrund der schwachen Basis (den Korrelationen) auf der er beruht nur unzureichend zu diesen Aufgaben geeignet. Diese Situation kann in der Softwareproduktplanung wegen der *praktisch* schwierigen Erhebung von Qualitätsmerkmalen durchaus häufig auftreten. Diese mangelnde Aussicht auf Erfolg sollte allerdings nicht entmutigen und von Anfang an die Projektverantwortlichen von der Erstellung des klassischen HoQ abhalten. Das Software-HoQ ist sicher die bedeutendere und leichter zu erstellende Qualitätstabelle, doch kann mit relativ geringem Aufwand durch das klassische HoQ die große Chance auf eine meßbare und damit überprüfbare, sozusagen auf hard facts beruhende und zudem noch kundenorientierte Softwareentwicklung wahrgenommen werden. Es ist kaum zu rechtfertigen, sich diese Chance entgehen zu lassen.

Errechnung der Qualitätsmerkmalswichtigkeiten

Den Abschluß dieses Schritts bildet die Errechnung der **Qualitätsmerkmalswichtigkeiten** über alle Kundengruppen und kundengruppenspezifisch mittels der bereits mehrfach verwendeten allgemeinen Formeln (siehe Kap. 2.3.2) unter Rückgriff auf die Bewertungen der Kundenanforderungen (Gewicht und Bedeutung). Zur detaillierten Analyse und besseren Übersichtlichkeit sollten diese, zusätzlich zu der kompakten Darstellung im klassischen HoQ, wie die Produktmerkmalswichtigkeiten in Pareto-Diagrammen graphisch visualisiert werden.

Für das Adreßdatenbankbeispiel könnte das klassiche HoQ ähnlich der Tab. 3-16 aussehen.

Tab. 3-16: Klassisches HoQ (Auszug) für die Adreßdatenbank

	Bedienungsschritte	Erlernbarkeit	Antwortzeit	Verfügbarkeit	Datenschutz	Datenintegrität	Datenrecovery	...	Kundenanforderungsgewicht	Gesamtgewicht	Kundenzufriedenheit	Gesamtzufriedenheit	Anforderungsbedeutung	Gesamtbedeutung	Klassische Planungsmatrix	Konkurrenz	Ziel-Gesamtzufriedenheit	Verbesserungsverhältnis	Rangfolge
Schriftverkehr führen																			
Briefe schreiben	3	3	9	1						0,10		2,00		20,89		1	4	1,40	2
Faxe schreiben	3	3	9	1						0,09		2,43		8,78		2	4	1,65	5
E-Mails schreiben	3	3	9	1						0,04		1,73		3,79		2	3	1,73	10
Adressen verwalten																			
Leichte Adreßeingabe	9	9	9	3	3	9	9			0,21		2,03		12,12		4	4	1,97	3
Schnelle Personeninfo	9	9	9	9		1				0,13		1,24		27,23		5	4	3,23	1
Listen erstellen																			
Telefonliste erstellen	3	3	1	1						0,05		1,72		4,43		2	3	1,74	8
Geburtstagsliste erstellen	3	3	1	1						0,04		2,36		3,89		2	3	1,28	9
Komfort																			
große Datenmengen bearbeiten	1	3	9	9		9	9			0,08		2,87		4,76		3	4	1,39	7
sichere Daten		3		9	3	9	9			0,11		2,78		9,32		1	4	1,44	4
schnell erlernbar	9	9	1	3						0,08		2,75		4,79		4	4	1,45	6
...																			
Gesamtgewicht																			
Absolute Wichtigkeit	4,95	5,46	6,68	4,14	0,96	3,73	3,6												
Relative Wichtigkeit	16,78	18,48	22,63	14,03	3,25	12,63	12,19												
Bedeutung																			
Absolute Bedeutung	527,33	564,82	711,24	464,3	64,31	263,03	235,8												
Relative Bedeutung	18,63	19,95	25,12	16,4	2,27	9,29	8,33												
Quantitative Beurteilung																			
Produkt jetzt	4	24	2	362	3	5	5												
Konkurrenz	3	22	3	360	1	2	3												
Zielwert	< 3	< 20	< 2	< 360	3	< 4	< 3												
Meßgröße	Schritte pro Aktion	Lernzeit in Stunden	Sekunden pro Transaktion	Tage im Jahr	Anzahl Benutzergruppen	Anzahl inkonsistente Eintragun	Anzahl verlorengegangene Sätze												
Schwierigkeitsgrad	4	1	2	5	3	2	3												
Rang	3	2	1	4	7	5	6												

Ermittlung der bedeutsamsten Qualitätsmerkmale

Ergebnis der Erstellung des klassischen HoQ sind die zur Erhöhung der Kundenzufriedenheit bedeutsamsten Qualitätsmerkmale. Da u. U. nicht zu allen wichtigen Kundenanforderungen auch hoch korrelierende Qualitätsmerkmale identifiziert werden konnten, ist es möglich, daß unter den als bedeutendsten priorisierten Merkmalen genau die fehlen, welche zumindest mäßig bzw. in einem mittleren Niveau (Korrelationswert drei) die Erfüllung dieser wichtigen bzw. bedeutenden Anforderungen überwachen können. Somit müssen also insbeondere schwach besetzte Korrelationsmatrizen auf diesen Aspekt hin untersucht werden und ggf. die Menge der Qualitätsmerkmale, die in die Qualitätsmerkmalstabelle übernommen wird, noch um die zu wichtigen bzw. bedeutenden Kundenanforderungen am höchsten korrelierenden Merkmale ergänzt werden. Bedeutende Qualitätsmerkmale, deren negativer Einfluß auf einzelne Kundenanforderungen nicht ignoriert werden kann und die auch nicht durch andere (oft detaillierte) Merkmale ersetzt werden können, deuten bereits an dieser Stelle auf Konflikte im Dach des klassischen HoQ hin, die bei der Setzung von Entwicklungsvorgaben in Schritt acht gesondert berücksichtigt werden müssen.

Software-HoQ und klassisches HoQ ergänzen sich

Der Versuch, mit den Qualitätsmerkmalen im klassischen HoQ schon zu Beginn der Produktentwicklung die Überprüfung der Anforderungserfüllung während der Entwicklung auf eine objektive, d. h. quantitativ meßbare, Stufe zu heben, ist natürlich kein Ersatz für die im Software-HoQ priorisierten funktionalen Charakteristika, sondern explizit in Ergänzung zu diesen zu verstehen. Beide zusammen werden in den nachfolgenden Schritten zu konkreten Vorgaben präzisiert, an denen sich die weitere Entwicklung und primär die Erstellung der Anforderungsspezifikation orientieren können.

3.5 Ableitung von Entwicklungsvorgaben

Präzisierung der Produkt- und Qualitätsmerkmale

Die in den Schritten vier und sechs ausgewählten, in bezug auf die zur Erhöhung der Kundenzufriedenheit bedeutsamsten Produkt- und Qualitätsmerkmale müssen für die weitere Entwicklung, also zuvorderst für die Erstellung der Anforderungsspezifikation, zu konkreten Entwicklungsvorgaben präzisiert werden. Allein die Kenntnis, daß die hohe Erfüllung bestimmter Produktcharakteristika einen großen positiven Einfluß auf die Kundenzufriedenheit hat, reicht als Orientierung für deren Umsetzung in der weiteren Entwicklung nicht aus. Sie müssen auf Basis ihrer potentiellen Erfüllungsgrade zu Zielwerten konkretisiert werden. Ohne diese sind die vorangegangenen Priorisierungen so gut wie nutzlos.

Prämisse der Implementationsunabhängigkeit der Produktcharakteristika wird aufgehoben

An dieser Stelle im Planungsprozeß wird die Verbindung zu der Art und Weise, wie etwas im Produkt umgesetzt werden soll, aufgebaut, hier wird zum ersten Mal von der Bedingung der Implementationsunabhängigkeit der Produktcharakteristika zugunsten der Setzung von realistischen, aber durchaus herausfordernden Zielen *graduell* abgewichen. Jetzt können auch mögliche Abhängigkeiten und darunter vor allem Konflikte zwischen den beiden Arten von Produktcharakteristika eine Rolle spielen. Somit müssen bei vollständiger Befolgung des QFD-Ablaufs der Softwareproduktplanung die beiden abschließenden Schritte zur Bildung der beiden HoQ (Schritte sieben und acht) idealerweise parallel unter Beachtung aller möglicher Interdependenzen bzw. zumindest in regem Austausch ihrer Ergebnisse stattfinden. Eine pragmatische Möglichkeit zur Umsetzung dieser Anforderung ist, die Bewertungen der Produkt- und Qualitätsmerkmale, obwohl inhaltlich stark verwandt, zuerst im wesentlichen unabhängig voneinander durchzuführen (Kap. 3.5.1 und 3.5.2) und in einem abschließenden Konsolidierungsschritt die gesetzten Entwicklungsvorgaben untereinander abzugleichen. Letzteres kann sinnvoll in einer Erweiterung der ursprünglichen design-point analysis bei der Gegenüberstellung von Produkt- und Qualitätsmerkmalen (Kap. 3.5.3) erfolgen.

3.5.1 Schritt 7: Bewertung der Produktmerkmale

Aufgabe:
Bewertung der in bezug zur Erhöhung der Kundenzufriedenheit bedeutsamsten Produktmerkmale hinsichtlich Konkurrenz, aktueller und angestrebter Erfüllung sowie Schwierigkeitsgrad der Erreichung dieser Zielwerte.

Konkurrenzanalyse und aktuelles Erfüllungsniveau

Die jeweiligen Merkmalswichtigkeiten geben allein noch keine hinreichende Hilfestellung zur Festlegung von Zielwerten für die Produktcharakteristika. So muß generell bei Produkten, die am Markt konkurrieren, eine **Konkurrenzanalyse** zum Vergleich mit den wichtigsten Wettbewerbern erfolgen und als Bezugsgröße dafür das **aktuelle Niveau der Erfüllung** jedes Merkmals durch das eigene Produkt (Produkt-Jetzt) bestimmt werden. Diese dem Produktbenchmarking zuzurechnenden Aktivitäten können innerhalb einer moderierten Gruppensitzung des QFD-Teams *vereinfacht* von den Entwicklern durchgeführt werden. Für die Produktmerkmale werden die konkreten Werte auf einer Nominalskala von 1 (Merkmal nicht erfüllt) bis 5 (Merkmal vollständig erfüllt) in den Stufen der bereits erkannten Erfüllungsgrade erhoben. Um dabei fundierte und zuverlässige Aussagen insbesondere zu den Konkurrenzprodukten treffen zu können, sollte auf u. U. aufwendige Einzelproduktanalysen und Vergleichsstudien o. ä. zurückgegriffen werden. Dennoch spiegeln die Bewertungen i. d. R. die subjektive Einschätzung der Konkurrenz durch die Entwickler wider, auch da die Erfüllungsgrade für die funktionalen Produktcharakteristika meist nicht quantitativ meßbar überprüft werden können.

Vergleich der Kunden- und Entwicklereinschätzungen

Falls im Rahmen der QFD-Anwendung auch eine Wettbewerbsanalyse aus Kundensicht durchgeführt wurde, können jetzt über die starken Korrelationsgrade innerhalb der Software-HoQ-Matrix die Einschätzungen der Kunden zu den Anforderungen mit denen der Entwickler zu den Charakteristika verglichen werden. Gravierende Unterschiede in der Positionierung des eigenen Produkts relativ zur Konkurrenz deuten darauflin, daß die Entwickler die eigene Leistung überschätzen und/oder daß dem Marketing es bisher nicht gelungen ist, diese verkannten Stärken der Software beim Kunden in angemessener Weise herauszustellen.

Analyse von Schwierigkeitsgraden und Planung von Zielwerten

Auf Grundlage des aktuellen eigenen Erfüllungsgrades und dem der Konkurrenzprodukte sowie der Produktmerkmalswichtigkeiten, muß nun das angestrebte Niveau der Erfüllung jedes Produktmerkmals und der **Schwierigkeitsgrad** zur Erreichung dieser Zielwerte festgelegt werden. Letzteres erfolgt auf einer Nominalskala von 1 (sehr leicht; nicht zwangsläufig mit „kein Aufwand" gleichzusetzen) bis 5 (sehr schwer) und ist ein Versuch der Entwickler, auf Basis ihrer Erfahrungen den benötigten Arbeitsaufwand (Kosten) für die Umsetzung eines Produktmerkmals unter Berücksichtigung der technischen Randbedingungen abzuschätzen. Die Vergabe der **Zielwerte** sollte differenziert unter Abwägung aller zur Verfügung stehenden Informationen erfolgen, und vor allem in dem Wissen, daß es i. d. R. unrealistisch ist, bei jedem Merkmal die höchste Stufe der Erfüllung zu erreichen. Besonders bei den Produktmerkmalen, die aufgrund bereits hoher aktueller Ausprägungswerte durch die Konkurrenz als Basisfaktoren, also als für die Kunden (fast) selbstverständliche K.-O.-Kriterien, einzustufen sind, darf allerdings die Zielsetzung nicht zu vorsichtig ausfallen, da gerade hier das Potential an Kunden*un*zufriedenheit sehr groß ist. Auch die Setzung von sehr optimistischen Zielen für mögliche Begeisterungsfaktoren sollte wohl überlegt sein, denn die Chance auf hohe Kundenzufriedenheit wird u. U. erkauft durch im Verhältnis zu anderen Produktmerkmalen große Aufwendungen zur Erreichung dieser extremen Erfüllungsniveaus. Eine selektive Auswahl von höher als die Konkurrenz zu erfüllenden Begeisterungsfaktoren ist auch im Hinblick auf die i. d. R. knappen Ressourcen sinnvoller. Das angestrebte Niveau der Umsetzung eines Merkmals muß auch nicht zwangsläufig höher sein als das aktuelle. Wenn das eigene Produkt im Vergleich zur Konkurrenz bisher exzellent abschneidet und Verbesserungen nur unter hohem Aufwand möglich wären, reicht es u. U. das bisherige Niveau zu halten. Die Zielwerte können also auch explizit sicherstellen, daß der bisherige Produktstandard nicht unterschritten wird. Bei umfangreichen Weiterentwicklungen, z. B. Portierungen von Softwareprodukten auf andere Plattformen, können diese technischen Zwänge sogar dazu führen, daß bisher existierende, aber in den Augen der Kunden nicht besonders wichtige Funktionalität zunächst unberücksichtigt bleibt, um sie dann in später folgenden Weiterentwicklungen womöglich wieder aufzugreifen. Demzufolge folgt auch aus einem Zielwert, der kleiner oder gleich der jetzigen Erfüllung ist, nicht zwangsläufig ein Schwierigkeitsgrad von 1, es kann durchaus sein, daß zur Aufrechterhaltung des bisherigen Erfüllungsniveaus auch mehr als nur geringer Arbeitsaufwand benötigt wird.

Visualisierung mit Wichtigkeit-Schwierigkeitsgrad-Portfolio

Um die erhobenen Daten in Beziehung zueinander zu setzen, kann zum einen ein Wichtigkeit-Schwierigkeitsgrad-Portfolio erstellt werden, wobei die Wichtigkeit bezüglich Gesamtgewicht bzw. -bedeutung auf der Abszisse und der Schwierigkeitsgrad auf der Ordinate abgetragen werden. Entwicklungsvorgaben, die dann im Quadrant „links oben" positioniert sind, kommt eine erhöhte Bedeutung zu, da sie wichtig und (relativ) „leicht" umzusetzen sind, wohingegen entgegengesetzt liegenden Produktmerkmalen in der weiteren Entwicklung weniger Aufmerksamkeit geschenkt werden muß. Zum anderen lassen sich für die Merkmale mit höherem angestrebten als aktuellen Erfüllungsgrad (Standardfall) Zielwert, Produkt-Jetzt-Wert und Schwierigkeitsgrad noch in einer weiteren Kennzahl aggregieren. Um die Merkmale höher zu gewichten, welche die größte relative Verbesserung im Verhältnis zur Schwierigkeit der Erreichung dieser Verbesserung anstreben, werden die Wichtigkeiten bezüglich des Gesamtgewichts bzw. bei Weiterentwicklungen bezüglich der Gesamtbedeutung zu modifizierten Produktmerkmalswichtigkeiten transformiert.

Für jedes Produktmerkmal X mit Zielwert (X) > Produkt-Jetzt (X) gilt dann:[1]

$$\text{Modifizierte Wichtigkeit (X)} = \frac{\text{Wichtigkeit (X)} * \frac{\text{Zielwert (X)}}{\text{Produkt-Jetzt (X)}}}{\text{Schwierigkeitsgrad (X)}}$$

(einschließlich der Normalisierung dieser absoluten Werte zu Prozentzahlen).

Kennzahl der modifizeirten Wichtigkeit

Vor allem Merkmale mit leicht zu erreichenden Zielwerten (Schwierigkeitsgrad klein) und bisher nur sehr geringer Erfüllung (Produkt-Jetzt klein) rücken gegenüber den Merkmalen mit nur potentiell marginalen Verbesserungen in den Vordergrund.

In der Produktmerkmalstabelle können alle zu den Produktmerkmalen erhobenen quantitativen Daten kompakt dargestellt werden. Sie ist dabei unterteilt in einen Bereich mit Merkmalen, deren Zielwert größer als ihr aktueller Erfüllungsgrad ist und die demzufolge nach ihrer modifizierten Wichtigkeit sortiert werden können, sowie in einen zweiten Bereich für alle restlichen Merkmale.

1 Das Ergebnis der Division des Zielwerts durch den Produkt-Jetzt-Wert spiegelt das Verbesserungsverhältnis wider.

Tab. 3-17: Die Produktmerkmalstabelle

	Wichtigkeit bzgl. Gesamtgewicht	Absolut	Relativ (in %)	Wichtigkeit bzgl. Gesamtbedeutung	Absolut	Relativ (in %)	Quantitative Beurteilung	Produkt-Jetzt	Konkurrenz	Zielwert	Schwierigkeitsgrad	Modifizierte Wichtigkeit (in %)	Rangfolge
Merkmale mit Zielwert > Produkt-Jetzt													
Produktmerkmal 3.1													1
Produktmerkmal 1.2													2
Produktmerkmal 2.2													3
Produktmerkmal 1.3													4
...													
Merkmale mit Zielwert <= Produkt-Jetzt													
Produktmerkmal 2.1													
Produktmerkmal 1.4													
...													

Inhalt der Entwicklungsvorgaben

Die konkreten Entwicklungsvorgaben umfassen dann im Endeffekt alle die Produktmerkmale, an deren Umsetzung in der weiteren Entwicklung ausdrücklich gearbeitet werden muß. Durch die modifizierte Wichtigkeit sind sie priorisiert bezüglich ihres Beitrags zur Erhöhung der Kundenzufriedenheit im Verhältnis zu dem potentiellen Aufwand, den die Erreichung ihrer angestrebten Verbesserung verlangt. Ihre detaillierte Beschreibung in Form von konkret angestrebten Erfüllungsgraden und den Randbedingungen ihrer Realisierung im Produkt dient dabei explizit als Grundlage für die zu erstellende Anforderungsspezifikation. Auf diese Weise werden fest umrissene Entwicklungziele fixiert, die im fertigen Produkt überprüft werden können und in Verbindung mit den Korrelationen in der Software-HoQ-Matrix eine Grundlage für die nachträgliche Bewertung der Erfüllung jeder einzelnen Kundenanforderung schaffen.

3.5.2 Schritt 8: Bewertung der Qualitätsmerkmale

Aufgabe:
Bewertung der in bezug zur Erhöhung der Kundenzufriedenheit bedeutsamsten Qualitätsmerkmale hinsichtlich Konkurrenz, aktueller und angestrebter Erfüllung sowie Schwierigkeitsgrad der Erreichung dieser Zielwerte unter Berücksichtigung potentieller Abhängigkeiten der Qualitätsmerkmale untereinander.

Objektive Bewertung der Qualitätsmerkmale

Das Vorgehen zur Bewertung der Qualitätsmerkmale ist im Grundsatz das gleiche wie das zur Bewertung der Produktmerkmale, der überwiegende Teil der im vorigen Kapitel getroffenen Aussagen gilt demzufolge auch hier. Tendenziell von Vorteil ist, daß die Beurteilung der Qualitätsmerkmale durch die „natürlich" gegebenen Skalen ihrer Erfüllungsgrade transparenter und aussagekräftiger wird. Das bedeutet allerdings nicht, daß sie weniger aufwendig ist, sondern nur, daß sie vermeintlich objektiver (insbesondere im Vergleich zur Konkurrenz) erfolgen kann.

Korrelationen zwischen Qualitätsmerkmalen

Bei der Festlegung von Zielwerten und der Schwierigkeitsgrade ihrer Erreichung ist jetzt auch auf die Betrachtung von Korrelationen der Qualitätsmerkmale untereinander und darunter insbesondere auf potentielle Konflikte bei der gleichzeitigen Erreichung zweier Kriterien zu achten. Oftmals werden sich die in (fast) allen Fällen gegebenen Bedingungen an die Zuverlässigkeit, die Effizienz und die Benutzungsfreundlichkeit der Software negativ beeinflussen. So ist die oftmalige Beeinträchtigung der Softwareeffizienz in Form des Antwortzeitverhaltens durch die Gewährleistung einer komfortablen Benutzung oder einer hohen Ausfallsicherheit des Produkts schon fast als klassisch zu bezeichnen. Die genannten Wirkungen der höheren Erfüllung eines Qualitätsmerkmals auf die Erfüllungsgrade von anderen werden in fünf Bewertungsstufen von „*stark* positiver Einfluß" (++) über „kein Einfluß" bis zu „*stark* negativer Einfluß" (--) jeweils mit der Richtungsangabe der Beeinflussungsbeziehung (→ oder ↔) im „Dach" des klassischen HoQ eingetragen. Kandidaten für die hier betrachteten Abhängigkeiten sind vor allem Qualitätsmerkmale mit (insbesondere negativen) Korrelationen zu den selben Kundenanforderungen in der klassischen HoQ-Matrix, da diese potentiell ähnliche (bzw. entgegengesetzte) Wirkungen besitzen. Sowohl negative als auch positive Beziehungen zwischen Qualitätsmerkmalen können deren Zielwerte und Schwierigkeitsgrade ihrer Erreichung stark beeinflussen. So kann z. B. ein sehr hoher Zielwert eines Qualitätsmerkmals bei vielen negativen Beziehungen genauso nach unten korrigiert werden, wie die Beurteilung des Aufwands zur Erreichung eines bestimmten Zielwerts bei vielen positiven Beziehungen. Auch können überaus herausfordernd gesetzte Ziele als mögliche Begeisterungsfaktoren aufgrund identifizierter Synergien zu der Erfüllung anderer Qualitätsmerkmale gerechtfertigt werden. Zuvorderst sollten die Zielwerte aber immer die angemessene Umsetzung der durch sie (über die starken Korrelationen im klassischen HoQ) kontrollierten Kundenanforderungen sicherstellen.

Die Qualitätsmerkmalstabelle

Im Gegensatz zu der Bewertung der Produktmerkmale ist die der Qualitätsmerkmale also erst durch die explizite Berücksichtigung ihrer Beziehungen untereinander hinreichend gefestigt. Zur Analyse und graphischen Visualisierung können wiederum Wichtigkeit-Schwierigkeitsgrad-Portfolios erstellt werden. Die Verdichtung der erhobenen Daten in einer Kennzahl ähnlich der modifizierten Produktmerkmalswichtigkeiten setzt aber die Transformation aller individuellen Bewertungsskalen in eine vereinfachte Nominalskala voraus, ein i. d. R. unnötig hoher Aufwand mit geringem zusätzlichen Erkenntnisgewinn. Ergebnis dieses Schrittes ist dann analog zur Produktmerkmalstabelle die (bis auf die modifizierte Wichtigkeit) gleich aufgebaute **Qualitätsmerkmalstabelle**. Die bezüglich ihres Beitrags zur Erhöhung der Kundenzufriedenheit bedeutsamsten Qualitätsmerkmale sind in Form ihrer angestrebten Erfüllung und der Schwierigkeit ihrer Erreichung zu Entwicklungsvorgaben präzisiert. Mit den konkreten Angaben zur Art und Weise ihrer Überprüfung und möglichen Sicherstellung erweitern sie die Menge der konkreten Entwicklungsziele um eine quantitativ meßbare Komponente.

3.5.3 Schritt 9: Die design-points analysis

> **Aufgabe:**
> Aufzeigen der Beziehungen zwischen den Produktcharakteristika; ggf. Anpassung der Entwicklungvorgaben und Verdichtung zu design-points.

Abgleich der Entwicklungsvorgaben

Die in den Schritten sieben und acht aus den Produktcharakteristika abgeleiteten Entwicklungsvorgaben werden in einem abschließenden Konsolidierungsschritt untereinander abgeglichen, denn beide priorisierten Informationstypen müssen in der weiteren Entwicklung zusammen berücksichtigt werden. Zu diesem Zweck werden sie einander innerhalb einer weiteren Matrix gegenübergestellt. Da sowohl Produktmerkmale (Zeilen) als auch Qualitätsmerkmale (Spalten) bereits erhoben und priorisiert sind, müssen „nur" die gewünschten Beziehungen quantifiziert und ausgewertet werden. An dieser Stelle im Planungsprozeß werden in einer Erweiterung der originalen design-point analysis (siehe Kap. 2.4.2) zwei Arten dieser Beziehungen gebildet.

Analyse der Wechselwirkungen

Zum einen werden, um die gegebenenfalls vorhandenen Wechselwirkungen bei der Umsetzung der Produktcharakteristika zu erkennen, die Auswirkungen der höheren Erfüllung eines Produktmerkmals auf die Umsetzung jedes einzelnen Qualitätsmerkmals (und umgekehrt) untersucht und auf einer Skala von -9 (stark negativ) bis +9 (stark positiv) quantifiziert. Diese Gegenüberstellung soll potentielle Synergien bzw. Konflikte aufdecken, die bei der Festlegung der Entwicklungsvorgaben berücksichtigt werden müssen. So steht beispielsweise in vielen Fällen die Softwareeffizienz, in Form eines geringen Antwortzeitverhaltens bestimmter Abfragen auf einen Datenbestand, als Qualitätsmerkmal solchen Produktmerkmalen entgegen, die besonders umfangreiche Funktionalität innerhalb der möglichen Abfrageoptionen sicherstellen sollen. Je nach Wichtigkeit der beteiligten Produktcharakteristika müssen dann ihre Zielwerte und/oder Schwierigkeitsgrade entsprechend angepaßt werden. Eine stark negative Korrelation eines Produktmerkmals zu einem gemäß seiner Wichtigkeit hoch bedeutsamen Qualitätsmerkmal kann zur Folge haben, daß der Zielwert dieses Produktmerkmals niedriger eingestuft wird als ursprünglich vorgesehen. Umgekehrt können stark positive Beziehungswerte die Verringerung von Schwierigkeitsgraden oder die Setzung herausfordernder Ziele nach sich ziehen, da durch die sich ergänzenden Zielsetzungen Kapazitäten frei werden. Erst nach Betrachtung dieser Abhängigkeiten stehen die Vorgaben für die weitere Entwicklung wirklich fest.

Ableitung von design-points

Zur expliziten Verknüpfung der Vorgaben für die Produktmerkmale mit denen für die Qualitätsmerkmale, also sozusagen zur Etablierung „zweidimensionaler" Zielwerte, können in der gleichen Matrix noch Korrelationswerte (nur positive; 0, 1, 3, 9) im Sinne der Bedeutung der einzelnen Qualitätsmerkmale für die höhere Erfüllung jedes Produktmerkmals eingetragen werden.

Tab. 3-18: design-point analysis für die Adreßdatenbank

	Bedienungsschritte	Erlernbarkeit	Antwortzeit	Verfügbarkeit	Datenschutz	Datenintegrität	Datenrecovery	...
Integration in Textverarbeitung								
Übernahme von Anschriften	9	1	3	1	3		1	
einfache Serienbrieferstellung	9	9	3	1		1		
Selektion von Adressen								
Abfrage mit Filter	9	3	3	3	3	1	1	
Kategorisierung	3	1	1	3	3		1	
manuelle Selektion	9	3			1			
Reportfunktion								
Erstellung Adreßetiketten	3	3	3	3				
Erstellung beliebiger Listen	3	3	3	3				
...								

Aus den starken Korrelationen lassen sich dann sogenannte **design-points** mit typischerweise folgender Aussage ableiten: „Bei der Umsetzung des Produktmerkmals X ist vor allem auf die höhere Erfüllung des Qualitätsmerkmals Y zu achten." Selbst eine (allerdings wenig aussagekräftige) Quantifizierung dieser gleichzeitigen Erfüllung von Produkt- und Qualitätsmerkmalen kann durch Multiplikation der zugehörigen Wichtigkeiten mit den Korrelationswerten für jedes Matrixfeld gemäß sogenannter „cross-priorities" erfolgen. Die design-points runden damit das Bild der Informationen ab, die in die nachfolgende Erstellung der Anforderungsspezifikation eingehen.

3.6 Erstellung der Anforderungsspezifikation

Umfang und Inhalt einer Anforderungsspezifikation, die im Rahmen von QFD erstellt wird, sind zum einen von den Ergebnissen des Pre-Planning und zum anderen von der Art und Weise der Integration von QFD in das Vorgehensmodell der Unternehmung (siehe Kap. 3.7) abhängig. Wir verstehen in diesem Buch die Anforderungsspezifikation als die Zusammenstellung *aller* Leistungsanforderungen an das Softwaresystem,

d. h. als Abschluß der Phase Requirements Engineering. Diese Anforderungen werden in der Praxis i. d. R. in Form von Lasten- bzw. Pflichtenheften dokumentiert.

Lasten- und Pflichtenheft als Anforderungsspezifikation

Während nach der VDI/VDE-Richtlinie Nr. 3694 im **Lastenheft** beschrieben wird, was das System leisten sollte („Wunschkatalog"), wird im **Pflichtenheft** dann festgelegt, was das System tatsächlich leisten muß. Das Pflichtenheft ist nach DIN 69901 eine „ausführliche Beschreibung der Leistungen, die erforderlich sind oder gefordert werden, damit die Ziele des Projekts erreicht werden".[1] Das Pflichtenheft beschreibt zum einen, welche Aufgaben und Arbeitsabläufe das DV-Anwendungssystem übernehmen soll (fachlicher Entwurf) und enthält zum anderen Angaben darüber, wie das DV-Anwendungssystem realisiert werden soll (DV-technischer Entwurf).

Aufgabenverteilung bei der Erstellung von Lasten- und Pflichtenheft

Bei Individualsoftware liegt die Verantwortung für die Erstellung des Lastenhefts üblicherweise beim Auftraggeber bzw. bei der Fachabteilung. Die Erstellung des Pflichtenhefts erfolgt dann primär durch die DV-Abteilung. Diese oftmals starre Aufgabenteilung führt in der Praxis immer wieder zu Situationen, in denen das Lastenheft sehr detaillierte Vorgaben enthält, die dem Auftragnehmer kaum Spielraum lassen. Das gilt insbesondere dann, wenn das Lastenheft nicht nur Anforderungen, sondern auch Lösungen im Sinne von Produktcharakteristika enthält. Die Ausführungen zu QFD haben gezeigt, daß eine für beide Seiten hilfreiche Anforderungsspezifikation nur gemeinsam zwischen Kunden und Entwicklern erstellt werden kann. Denn bei Vorgabe eines detaillierten Lastenhefts, das auch bereits Lösungen enthält, beschränkt sich der Einsatz von QFD im günstigsten Fall auf die Rolle eines Qualtiätssicherungsinstruments, mit dem systematisch Zielwerte abgeleitet und später überprüft werden. Wesentlich effektiver ist aber eine eng verzahnte Zusammenarbeit zwischen Auftraggeber und Auftragnehmer bei der Erstellung der Anforderungsspezifikation, also der Entwicklung des Lasten- bzw. Pflichtenhefts. Ein Lastenheft sollte ausschließlich aus Kundenanforderungen bestehen. Ein solches Lastenheft kann dann die Basis für Ausschreibungen und Verhandlungen oder der Auswahl von Standardsoftware sein. Spätestens bei der Erstellung des Pflichtenhefts ist eine sehr viel intensivere Zusammenarbeit

1 Vgl. im folgenden Stahlknecht /Wirtschaftsinformatik/ 270-274

zwischen Auftraggeber und Auftragnehmer gefordert als dies in der Praxis der Fall ist. Idealerweise sollte der Auftragnehmer bereits bei der Erstellung des Lastenhefts hinzugezogen werden.

Verwendung der QFD-Ergebnisse im Lasten- und Pflichtenheft

Die QFD-Resultate bilden eine gute Grundlage für die Erstellung des Lasten- bzw. Pflichtenhefts. Grob gesagt, dienen die ersten QFD-Ergebnisse (insbesondere im Rahmen der VoCA) der Erstellung des Lastenhefts, während die späteren QFD-Ergebnisse (nach Priorisierung und Bewertung der Produktcharakteristika) eher dem Pflichtenheft zuzuordnen sind.

QFD und fachlicher Entwurf

Insbesondere die VoCT und die Kundenanforderungstabelle stellen wichtige QFD-Ergebnisse dar, die als Bestandteil des ersten Teil eines Pflichtenhefts fungieren können. Über die Geschäftsprozeßanalyse im Rahmen des Pre-Planning und der Analyse der Kundenbedürfnisse während der VoCA sind die wesentlichen Anforderungen festgelegt und priorisiert. Gegebenenfalls müssen wichtige oder komplizierte Bereiche z. B. mit Hilfe der Erläuterungsspalte der VoCT in Fließtext umgewandelt werden, damit sie beispielsweise als Vertragsbestandteil dienen können.

QFD und DV-technischer Entwurf

Über die VoEA sowie die anschließenden Korrelationsanalyse und Bewertung der Produkt- bzw. Qualitätsmerkmale ergeben sich Eckpunkte für den DV-technischen Entwurf, also den zweiten Teil des Pflichtenhefts. Diese Angaben sind zu ergänzen um Beschreibung von Daten- und Ablaufstrukturen, Masken, Prototypen, Hard- und Softwareumgebung, Einführungs- und Schulungskonzepte etc. Diese Ergänzung kann mit QFD oder mit Hilfe der traditionellen Software Engineering Techniken erfolgen (siehe Kap. 3.7).

QFD-Ergebnisse als Vertragsbestandteil

In jedem Falle empfiehlt es sich bei Auftragsfertigung, die QFD-Ergebnisse als verbindlich für Auftraggeber und Auftragnehmer zu erklären und die wichtigsten QFD-Dokumente als festen Bestandteil des Pflichtenhefts zu vereinbaren. Nur über die Integration von QFD in den routinemäßigen Softwareentwicklungsprozeß kann QFD seine volle Effektivität erzielen und somit auch zur Effizienz der Entwicklung beitragen.

3.7 Integration von QFD in Software Engineering Vorgehensmodelle

Verwendung der QFD-Ergebnisse

Die QFD-Ergebnisse können auf vielfältige Weise im Softwareentwicklungsprozeß Verwendung finden. In erster Linie dienen sie während der Analyse- und Designphase als Grundlage für Produktentscheidungen. Die Produktmerkmalstabelle ist dabei die Basis für die methodische Entscheidung über die Realisierung bzw. Ausgestaltung von Produktmerkmalen.

QFD für Alternativen- und Konzeptvergleiche

Aber nicht nur die Merkmale eines einzelnen Produkts, sondern auch die Merkmale konkurrierender Produkte oder die Merkmale alternativer Lösungen (z. B. organisatorische) können mit Hilfe der QFD-Technik im Rahmen des Alternativen- oder Konzeptvergleichs gegenübergestellt werden. Werden z. B. die entwickelten Produktmerkmale mit Produktmerkmalen von Standardsoftware verglichen, so können die QFD-Ergebnisse auch für eine „Make or Buy"-Entscheidung verwendet werden. Auch die Buy-Entscheidung selbst läßt sich über den Vergleich der verschiedenen Standardlösungen mit Hilfe von QFD fällen. Das klassische HoQ liefert mit den bewerteten Kundenanforderungen und den operationalisierten Qualitätsmerkmalen die Grundlage für eine Art Nutzwertanalyse: Hierzu müssen die für das jeweilige Standardprodukt erreichten Zielwerte normalisiert werden (z. B. auf einer Skala der Erfüllungsgrade von 1 bis 5). Durch Multiplikation des Erfüllungsgrades mit dem Gesamtgewicht des jeweiligen Qualitätsmerkmals ergibt sich für jedes Qualitätsmerkmal ein Nutzwert. Durch Aufsummieren über alle Qualitätsmerkmale erhält man einen Nutzwert für das gesamte Produkt. Dieser Nutzwert kann für verschiedene Produkte verglichen und ggf. mit dem Preis ins Verhältnis gesetzt werden. Darüber hinaus bildet das klassische HoQ eine hervorragende Ausschreibungsunterlage (mit den Zielwerten als Abnahmekriterien), falls die Realisierung des Projekts an Externe vergeben wird.

QFD für Softwaremanagement

QFD liefert außerdem wertvolle Daten für das Qualitäts- und Projektmanagement: Die Zielwerte aus der Produkt- bzw. Qualitätsmerkmalstabelle bilden die Basis für Testpläne, Checklisten und Abnahmeprüfungen. Die beiden HoQ-Matrizen bieten ebenso wie die design-point analysis einen hervorragenden Ausgangspunkt für die Fokussierung der Ressourcen im Projektmanagement auf die aus Kundensicht wichtigsten Dinge.

Integration von QFD in das traditionelle Software Engineering

Da in den meisten Unternehmungen die Softwareentwicklung nach einem Vorgehensmodell abgewickelt wird, das QFD noch nicht berücksichtigt, stellt sich die Frage, wie QFD in das traditionelle Software Engineering eingebunden werden kann. Theoretisch läßt sich QFD als Ersatz für konventionelle Vorgehensmodelle verwenden, wenn die hier dargestellte Vorgehensweise analog zum Fertigungs-QFD bis zur Prozeßplanung weiterführt wird. Dies erscheint aber bezogen auf Software weder realistisch noch sinnvoll. In der Praxis haben sich verschiedene Varianten herauskristallisiert, nach denen QFD in existierende Vorgehensmodelle integriert werden kann.

QFD in Analyse und Design

Bei einigen Unternehmungen ist QFD Bestandteil der Entwicklung in Analyse und Design. So dienen die QFD-Dokumente wie im vorangegangenen Kapitel beschrieben z. B. als Ergänzung bzw. Ersatz für Pflichten-/Lastenhefte oder/und Requirements Dokumente. In anderen Fällen werden sie darüber hinaus als Hilfestellung für die Entwicklung von Daten-, Funktions- und Objektmodellen genutzt. Zur Ableitung und Verfeinerung der Produktmerkmale eignet sich in hervorragender Weise das Prototyping.

QFD im Projektmanagement

Eine andere Funktion innerhalb von Vorgehensmodellen hat QFD in vielen amerikanischen Firmen. Hier wird QFD innerhalb des Projektmanagements zur Fokussierung auf das Wesentliche verwendet. So läßt sich beispielsweise auf der Basis der wichtigsten Produktmerkmale bei sehr großen Projekten der zu entwickelnden Ausschnitt für das Prototyping auswählen. Entscheidungen über Intensität von Tests, die Zusammenstellung von Projektteams sowie die Verteilung anderer Ressourcen können ebenfalls durch die Ergebnisse der QFD-Matrizen unterstützt werden.

QFD im Qualitätsmanagement

Die wichtigste Funktion dürfte QFD allerdings im Rahmen des Qualitätsmanagements zukommen. Die QFD-Planungswerte stellen die Grundlage für den Qualitäts- bzw. Testplan dar, während die Istwerte als Input für die Qualitätskontrolle fungieren. Auf diese Weise erhält man hervorragende Daten für die Testplanung, die Erstellung von Checklisten und Unterlagen zur Abnahmeprüfung. Existierende Qualitätsmodelle in der Unternehmung können zum einen die Basis für die Qualitätsmerkmale in der klassischen HoQ-Matrix sein und zum anderen über QFD kundenorientiert erweitert und gepflegt werden.

Wiederverwendung von QFD-Ergebnissen

Nicht nur Qualitätsmerkmale, sondern auch die Kundenanforderungen selbst und die Produktmerkmale sollten systematisch gesammelt und archiviert werden. Auf diese Weise lassen sich Erfahrungswerte für künftige Projekte wiederverwenden, da z. B. Anforderungen und korrelierende Qualitäts- und Produktmerkmale (etwa Benutzbarkeit, Zuverlässigkeit etc.) in vielen Projekten immer wiederkehren werden.

Die beiden nachfolgenden Tabellen zeigen überblicksartig, welche QFD-Ergebnisse in welchen Phasen traditioneller Vorgehensmodelle bzw. phasenübergreifend Verwendung finden können. Es wird deutlich, daß QFD sich zum einen sehr gut in solche Modelle integrieren läßt, aber zum anderen auch traditionelle Software Engineering Techniken, wie das Prototyping, eine sinnvolle Ergänzung der QFD-Methode darstellen.

Tab. 3-19:
QFD und Software Engineering Aktivitäten - phasenspezifische Aktivitäten

Software Engineering Aktivität \ QFD-Ergebnis	Software HoQ-Matrix	Klassische HoQ-Matrix	design point analysis	Weitere QFD-Charts
Analyse	• Kundenanforderungstabelle → Requirements Document, Lastenheft • Produktmerkmalstabelle → Pflichten-/ Lastenheft • Prototyping → Produktmerkmale	• Kundenanforderungstabelle → Requierements Document • Qualitätsmerkmalstabelle → Pflichten-/ Lastenheft • Qualitätsmodell → Qualitätsmerkmale		• Variantenvergleich Kundenanforderungen gegen Produkt und Standard → Make or Buy • Variantenvergleich Standardsoftware-Produktmerkmale gegen Kundenanforderungen → Standardsoftwareauswahl
Design	• Matrix Entities / Prozesse gegen Produktmerkmale → Abgrenzung des Systems (auch: Software- versus organisatorische Lösungen) • Produktmerkmale → Entities, Prozesse, Objekte		• Matrix → kritische Designeinheiten • Produkt- und Qualitätsmerkmale → High Level Design (Module)	• Variantenvergleich Produktmerkmale gegen verschiedene Designs → Methodenauswahl

Tab. 3-20: QFD und Software Engineering Aktivitäten - phasenübergreifende Aktivitäten

Software Engineering Aktivität / QFD-Ergebnis	Software HoQ-Matrix	Klassische HoQ-Matrix	design point analysis	Weitere QFD-Charts
Qualitätsmanagement	• Zielwerte von Kundenanforderungs- und Produktmerkmalstabelle → Qualitätsplanung • Istwerte von Kundenanforderungs- und Produktmerkmalstabelle → Qualitätskontrolle	• Zielwerte von Kundenanforderungs- und Qualitätsmerkmalstabelle → Qualitätsplannung • Istwerte von Kundenanforderungs- und Qualitätsmerkmalstabelle → Qualitätskontrolle	• kritische Designeinheiten → Fokussierung der Qualitätssicherungsmaßnahmen	
Projektmanagement	• Bedeutung Produktmerkmale → Verteilung der Ressourcen • Bedeutung Produktmerkmale → Auswahl Systemteile für Prototyp	• Bedeutung Qualitätsmerkmale → Verteilung der Ressourcen • Bedeutung Qualitätsmerkmale → Auswahl Ziele Prototyp	• kritische Designeinheiten → Zusammenstellung des Teams • kritische Designeinheiten → Fokussierung des Aufwands	• Cost Deployment (Target Costing) → Produktpreise und Prozeßkosten
Dokumentation	QFD-Matrizen und QFD-Dokumente → Dokumentation von Analyse, Design, Qualitäts- und Projektmanagement			

4 Vorgehensmodell zur Durchführung eines QFD-Pilotprojekts

QFD-Beurteilung verlangt methodisches Vorgehen

Eine fundierte Entscheidung über die Einführung einer Methode wie QFD läßt sich nur mit Hilfe der Durchführung eines oder mehrerer Pilotprojekte treffen. Wie die Erfahrungen aus der Einführung anderer Verbesserungsmaßnahmen (z. B. Einführung von CASE oder Objektorientierung) in der Softwareentwicklung zeigen, werden bereits zu diesen Zeitpunkt die Weichen für den Erfolg oder Mißerfolg der Verbesserungsmaßnahme gestellt. Es fehlt allerdings oft nicht nur an einer methodischen Vorgehensweise bei der Einführung von QFD, sondern auch an methodisch erhobenen Bewertungsmaßstäben für die Frage, ob ein QFD-Pilotprojekt erfolgreich war oder nicht. In der Praxis führen diese Schwierigkeiten häufig dazu, daß die Entscheidung für oder gegen QFD nicht auf der Basis von Fakten, sondern „aus dem Bauch heraus" oder gar willkürlich erfolgt. Eine Methode zur erfolgreichen Einführung von QFD beinhaltet daher auch eine Komponente zur Messung des Erfolgs eines QFD-Pilotprojekts.

In der Materialsammlung dieses Buches finden Sie konkrete Interviewleitfäden und Formulare, mit deren Hilfe die Einführung von QFD unter Einbeziehung einer solchen Erfolgsmessung vorgenommen werden kann.

4.1 Festlegung von Zielen und erwartetem Nutzen von QFD

Wenn die Ziele für ein Pilotprojekt nicht formuliert werden, dann wird man sich zum Projektende auch kaum darüber einigen, ob und in welchem Ausmaß die Ziele erreicht wurden. Daher formuliert Gilb das „principle of fuzzy targets": „Projects without clear goals will not achieve their goals clearly."[1]

Erwarteten Nutzen und Ergebnisse festlegen

Die Zielformulierung sollte deshalb so konkret wie möglich sein und sich speziell auf das ausgewählte Pilotprojekt beziehen. Die Ziele drücken gleichzeitig den erwarteten **Nutzen** der Projektbeteiligten aus. Daneben sollten auch die erwarteten **Er-**

1 Gilb /Principles/

gebnisse des Pilotprojekts als die meßbaren Folgen der Verwirklichung einzelner Ziele (z. B. Pflichtenheft, Liste mit wichtigsten Anforderungen etc.) festgelegt werden.

Die verschiedenen Ziele und Ergebnisse sind für die Projektbeteiligten von unterschiedlicher Relevanz, weshalb eine Gewichtung der Ziele und erwarteten Ergebnisse für das QFD-Pilotprojekt zu ermitteln ist. Dabei können die gleichen Verfahren wie bei der Gewichtung von Kundenanforderungen (siehe Kap. 3.3.2.1) angewendet werden.

4.2 Auswahl eines Pilotprojekts

Um zu verhindern, daß die Einführung von QFD an methodenunabhängigen, spezifischen Gegebenheiten des Projekts scheitert, sollte das Pilotprojekt sorgfältig ausgewählt werden. Hierfür haben sich in der Praxis einige Kriterien bewährt, mit deren Hilfe ermittelt werden kann, ob ein Projekt „QFD-Pilot fähig" ist. Neben den in Kap. 3.2 dargelegten Kriterien kommen solche hinzu, die speziell bei einem Pilotprojekt von Bedeutung sind und später beim produktiven Einsatz von QFD kaum noch eine Rolle spielen. Je mehr Fragen der Checkliste mit „ja" beantwortet werden, desto sinnvoller ist der Einsatz als QFD-Pilotprojekt. Die mit 💣 gekennzeichneten Kriterien sind unabdingbare Voraussetzungen für die Pilotprojekteignung:[1]

Checkliste für QFD-fähiges Pilotprojekt

- Anforderungen an die Unternehmung
  - Ist Qualitätsmanagement eingeführt (z. B. ISO 9000, Total Quality Management)?
  - Ist Projektmanagement eingeführt (z. B. Vorgehensmodelle, Projektpläne)?
  - 💣 Sind die Mitarbeiter teamfähig?
  - 💣 Steht das Management hinter dem QFD-Einsatz?
  - Sind Methoden (Requirements Engineering, Aufwandschätzung etc.) eingeführt?

1 In Anlehnung an Streckfuss /Checkliste/ 4

- Anforderungen an das Projekt
  - Hat das Projekt genau den „richtigen Umfang", d. h. ist es zwar klein und wenig bedeutend, aber dennoch nicht trivial zu entwickeln?
  - Ist das Projekt bei Erfolg ein gutes internes Sprungbrett für weitere QFD-Anwendungen (z. B. wegen der großen Zahl interner Benutzer)?
  - Ist das Projekt bei Mißerfolg, „kein entscheidender Beinbruch" hinsichtlich verschwendeter Ressourcen oder auch weiterer QFD-Anwendungen?

4.3 Festlegung von Erfolgskriterien

Um am Projektende den Erfolg von QFD unvoreingenommen beurteilen zu können, werden möglichst objektive Kriterien benötigt. Ein Problem bei der Erfolgsbeurteilung ist die Tatsache, daß zum Abschluß eines QFD-Pilotprojekts das Produkt zwar geplant, aber noch nicht fertiggestellt ist. Daher sind objektive Maße wie Produktivität, Fehlerfreiheit oder Kundenzufriedenheit nur bedingt zu erheben. Außerdem spielen für den Erfolg von Methoden auch noch Faktoren eine Rolle, die von den genannten Maßen nicht erfaßt werden. Hierzu zählen z. B. die Motivation der Entwickler oder die Verbesserung der Arbeitsatmosphäre zwischen Entwicklern und Kunden bzw. Marketing etc. Solche „weichen Faktoren" sind aber für den Erfolg von Verbesserungsmaßnahmen von fundamentaler Bedeutung.[1]

Objektive und subjektive Erfolgskriterien festlegen

Es ist daher notwendig, neben objektiven Maßen auch subjektive Kriterien mit in die Bewertung einfließen zu lassen. Dies geschieht am besten durch die Durchführung und Auswertung strukturierter Interviews. Zur wirksamen Beurteilung der Wirkungen von QFD ist es wichtig,

- *alle* Projektbeteiligten zu befragen, da Erfolg oder Mißerfolg aus den verschiedenen Sichten der Personen (Kunde, Entwickler, Qualitätsmanagement, Marketing etc.) unterschiedlich beurteilt werden kann,
- die Befragungen *vor und nach* der Durchführung des Pilotprojekts vorzunehmen, da nicht nur die absoluten Meinun-

1 Mellis, Herzwurm, Stelzer /TQM/ 209 ff.

gen bzw. Fakten, sondern insbesondere die durch QFD verursachten Veränderungen für die QFD-Erfolgsbeurteilung maßgeblich sind.

Erfolgsfaktoren von QFD-Pilotprojekten

Als wichtigstes Erfolgskriterium fungieren selbstverständlich die zu Anfang ermittelten Ziele und erwarteten Ergebnisse des Pilotprojekts. Darüber hinaus existieren allerdings noch eine Reihe weiterer Faktoren, die den Erfolg eines QFD-Pilotprojekts beeinflussen:

Einstellungen

- Einstellungen gegenüber Personen und gegenüber QFD als besondere Erfolgsfaktoren für QFD:

  QFD verbessert die Kommunikation zwischen den Projektbeteiligten und führt dazu, daß die Beteiligten mehr Verständnis für die Bedürfnisse und Probleme des Anderen aufbringen. Im Rahmen der Erfolgsmessung sollten daher Einstellungen und Vorurteile gegenüber Kollegen bzw. Kunden oder Entwicklern vor dem Pilotprojekt abgefragt und anschließend überprüft werden, ob QFD eine Veränderung dieser Einstellungen bewirkt hat. Solche Fragen lauten z. B.: „Welcher Beitrag ist von den einzelnen Teammitgliedern in Ausübung ihrer Funktion für das Projekt zu erwarten?" oder „Welche Teammitglieder werden Probleme bereiten?" (nicht als Person, sondern als Rolle bzw. Funktion).

  Die Erfahrung in anderen Bereichen der Softwareentwicklung wie etwa der CASE-Einführung zeigt, daß Projekte oft als Mißerfolg eingestuft wurden, nicht wegen der unzureichenden Methode, sondern weil die Erwartungen viel zu hoch angesetzt wurden. Ferner sind evtl. vorhandene unbegründete Ängste gegenüber den Neuerungen, die mit der Einführung der Verbesserung verbunden sind, zu beachten. Die QFD-Projektbeteiligten sollten daher nach positiven und negativen Voreinstellungen gegenüber QFD bzw. den erwarteten Problemen und Verbesserungen durch die Anwendung von QFD befragt werden.

Persönlicher Nutzen

- Persönliche Erfolgskriterien für die QFD-Beurteilung

  Die Projektbeteiligten haben individuelle Bedürfnisse, die sich auf die Anforderungen an eine Methode wie QFD auswirken. Die QFD-Projektbeteiligten sollten daher nach ihren persönlichen Erfolgskriterien befragt werden: „Woran werden Sie persönlich festmachen, ob sich der QFD-Einsatz im Pilotprojekt gelohnt hat oder nicht?" Erfahrungen zeigen, daß die Antworten sich zum Teil erheblich von den in der Literatur üblicherweise genannten Nutzenaspekten von QFD unterscheiden.

Interne und externe Kundenzufriedenheit

- QFD-Erfolgsmessung als Kundenzufriedenheitsmessung

  Im Sinne des Prinzips der internen Kundenorientierung kann man QFD unter dem Aspekt des internen Kunden-Lieferanten-Verhältnisses betrachten. Das QFD-Team ist der Lieferant für verschiedene Kunden. Solche Kunden sind z. B. die Softwareentwickler, das Qualitätsmanagement, der Projekt- bzw. Produktverantwortliche, aber auch der Kunde der mit QFD geplanten bzw. entwickelten Software. Die QFD-Erfolgsmessung ähnelt nach dieser Sicht einer Kundenzufriedenheitsmessung. Die Bewertungsmerkmale hierzu können beispielsweise mit Hilfe der Methode der kritischen Ereignisse ermittelt werden: Alle Projektbeteiligten werden nach jeweils maximal fünf positiven und negativen Erlebnissen während der Entwicklung des Vorgängers des Softwareproduktes (oder eines vergleichbaren) befragt. Die Aussagen werden getrennt nach Kunden und Entwicklern kategorisiert und zu Bewertungsmerkmalen zusammengefaßt. Die zuvor gewichteten Bewertungsmerkmale sollten dann einmal für das Vergleichsprodukt und dessen Entwicklungsprozeß und einmal für das mit QFD geplante Produkt bewertet werden.

Vergleich der Planungsergebnisse mit und ohne QFD

- Vergleich der Planungsergebnisse mit und ohne QFD

  Der Einsatz von QFD ist nur gerechtfertigt, dadurch hinsichtlich Effektivität oder Effizienz bessere Ergebnisse erzielt werden. Die Projektbeteiligten sollten daher vor dem QFD-Pilotprojekt eine „konventionelle" Planung des Produkts (Kundenanforderungen und -zufriedenheit, Produktmerkmale und -bedeutung) vornehmen lassen und die Ergebnisse mit den QFD-Daten vergleichen. Außerdem sollte die Meinung der Projektbeteiligten abgefragt werden, z. B. in der Form: „Worin bestehen die wesentlichen Unterschiede bezüglich Aufwand und Ergebnis bei der Produktplanung nach dem bisherigen Vorgehen und der Anwendung von QFD?".

Ein vollständiger Leitfaden zur QFD-Erfolgsmessung am Beispiel des SAP R/3-Terminkalenders befindet sich in der Materialsammlung (Teil E) dieses Buchs.

4.4 Durchführung und Bewertung des Pilotprojekts

Die Durchführung des Pilotprojekts erfolgt analog zur Durchführung eines „richtigen" QFD-Projekts (siehe Kap. 3). Dabei ist darauf zu achten, daß die Personen, die abschließend über die Zukunft von QFD entscheiden, auch tatsächlich am Prozeß beteiligt sind oder/und über die Ergebnisse informiert werden.

Befragungsergebnisse vermitteln Bild über Erfolg oder Mißerfolg des Pilotprojekts

Durch den Vergleich der Befragungsergebnisse vor und nach dem Pilotprojekt läßt sich ziemlich rasch ermitteln, ob die Ziele erreicht wurden, sich Einstellungen geändert haben, Erwartungen erfüllt wurden und die Projektbeteiligten zufrieden sind. Am Ende sollten die Personen abschließend nach ihrer Meinung und ihrem Gesamteindruck von QFD befragt werden. Die Ergebnisse sollten aufbereitet und den Projektbeteiligten, aber auch Entscheidungsträgern und Interessenten präsentiert werden.

Methodische Erfolgsmessung bringt objektive Entscheidungsgrundlage

Der beschriebene Ansatz zur QFD-Erfolgsmessung schafft zwar keinen wissenschaftlichen Beweis für den Erfolg oder Mißerfolg eines Pilotprojekts. Er stellt aber einen wesentlichen Fortschritt gegenüber der oftmals „gefühlsmäßigen" Erfolgsbeurteilung dar. Es wird eine solide Basis für weitere Entscheidungen (Ablehnung oder Einführung von QFD, Durchführung eines weiteren Pilotprojekts etc.) geschaffen.

4.5 Einführung von QFD in die Unternehmung

QFD in Vorgehensmodell integrieren und schulen

Ist auf der der Grundlage eines Pilotprojekts die Entscheidung für den Einsatz von QFD getroffen, so erfolgt die Einführung von QFD analog zur Einführung anderer neuer Methoden in die Unternehmung. Zunächst sollten mit der Methode in überschaubaren Projekten Erfahrungen gesammelt werden. Hierfür eignen sich am besten motivierte, freiwillige Mitarbeiter, die sich kennen und schon einmal miteinander gearbeitet haben. Anschließend muß QFD in das Vorgehensmodell eingebunden werden (siehe hierzu Kap. 3.6), und es sind entsprechende Schulungsmaßnahmen durchzuführen.

Auch die zu erwartenden Widerstände unterscheiden sich kaum von denen anderer Methodeneinführungen in der Unternehmung. Es wird immer Mitarbeiter geben, die sich offen oder verdeckt gegen jede Art von Veränderung zur Wehr setzen. In Unternehmungen, bei denen das Vorgehensmodell nur auf dem Papier existiert, aber nicht gelebt wird, kann auch der QFD-Einsatz wenig bewirken. Eine besondere Schwierigkeit bei der QFD-Einführung stellt die interdisziplinäre Teamarbeit dar. Wenn die Bereitschaft bei Management und Mitarbeitern fehlt, Abteilungsbarrieren zu überwinden und Teamfähigkeit zu erlernen, wird der QFD-Einsatz scheitern.

Widerständen gegen QFD durch Information und Beteiligung begegnen

Es ist daher wichtig, alle Beteiligten vom QFD-Einsatz zu überzeugen, beispielsweise durch die begleitende Erfolgsmessung. Information schon zu Beginn der Erprobungsphase stellt die wichtigste Waffe gegen jede Art von Widerstand dar. Die Betroffenen sollten zu Beteiligten gemacht und frühzeitig - z. B. bei der Anpassung von QFD an die Unternehmungsbedürfnisse - eingebunden werden.

5 Praxisbeispiel: Planung des SAP R/3-Terminkalenders mit QFD

Rahmenbedingungen des Projekts

„Understanding the QFD matrices is not the same as doing QFD."[1] Diesem Grundsatz folgend, ist die Darstellung einer QFD-Anwendung in der Softwareproduktplanung gemäß dem in Kap. 3 beschriebenen QFD-Ablauf und der in Kap. 4 beschriebenen Erfolgsmessung Gegenstand dieses Kapitels. Dabei handelt es sich um ein QFD-Pilotprojekt des deutschen Softwarehauses SAP AG im Rahmen einer Weiterentwicklung des in ihr Standardanwendungssystem R/3 integrierten Softwareprodukts zur Pflege von persönlichen Terminkalendern. Das Projekt beinhaltete neben der konkreten Planung dieses R/3-Terminkalenders auch explizit die Schaffung einer Beurteilungsgrundlage für den Einsatz von QFD in weiteren Projekten bei der SAP AG. Die Durchführung des Projekts und die Moderation der Gruppensitzungen erfolgte durch zwei der Autoren. Als Hilfsmittel zur Durchführung der Berechnungen und zur Darstellung der Ergebnisse wurde als QFD-Software das Programm QFD-Capture der International TechneGroup Incorporated (ITI) in der Version 2.2.1wg und als Tabellenkalkulationsprogramm Microsoft Excel 5.0 benutzt.

5.1 Auswahl des Projekts

Weiterentwicklung des SAP R/3 Terminkalenders als Pilotprojekt

Der Kalender wurde aus mehreren Gründen als Pilotprojekt gewählt: Zum einen hatte er genau den „richtigen Umfang", d. h. zwar klein und gut abgrenzbar, aber dennoch nicht trivial zu entwickeln. Zum anderen zeichnet er sich durch eine große Anzahl interner Kunden aus, deren Zufriedenheit für den Nutzen des Kalenders von extremer Bedeutung war. Somit bot er ein ausgezeichnetes Sprungbrett für andere QFD-Anwendungen.

5.2 Ablauf und Ergebnisse der Projektschritte

Die Ergebnisse des Pre-Planning

Im einleitenden Interview mit den Projektverantwortlichen zur Planung des QFD-Einsatzes (**Schritt null**) stellten sich bei der Festlegung der Ziele und der erwarteten Ergebnisse einige Be-

---

1 Cohen /Quality Function Deployment/ 209

sonderheiten des Projekts heraus, die als Rahmenbedingungen das Vorgehen stark beeinflußten:

Ziele des Projekts

- Die Weiterentwicklung des Terminkalenders war zum Zeitpunkt des QFD-Einsatzes schon relativ weit fortgeschritten. Dadurch bestand ein wesentliches Ziel der QFD-Anwendung in einem Review der bisherigen, konventionellen Planung des Terminkalenders.
- Alle Projektbeteiligten (darunter vorrangig die Entwickler) litten unter einem fortwährend großen Zeitdruck. Die Eigenschaft von QFD zur Fokussierung der beschränkten Entwicklungsressourcen auf die Erfüllung der wichtigsten Kundenanforderungen hatte deswegen höchste Priorität. Zudem wurden die Vor- und Nachbereitungen der einzelnen Gruppensitzungen voll und ganz von den Moderatoren durchgeführt.
- Es bestanden keine Ambitionen, mit dem Terminkalender in den direkten Wettbewerb mit professionellen Anbietern in diesem Bereich zu treten, das Produkt wird nur integriert in R/3 verkauft. Ein Vergleich mit Konkurrenzprodukten war deshalb unnötig.
- Vorrangige Motivation zur Weiterentwicklung und entscheidend für den Nutzen des Terminkalenders war dessen Akzeptanz bei den internen Kunden. Daher wurden auch nur diese und ihre Anforderungen in die QFD-Analyse einbezogen.

Erwartete Ergebnisse des Projekts

Für den Terminkalender wurden bezüglich des QFD-Einsatzes im Pilotprojekt besonders zwei Zielsetzungen verfolgt: Review des bisherigen Terminkalenders und Fokussierung der Entwicklungsressourcen auf das Wesentliche. Diese Projektziele wurden durch konkrete erwartete Ergebnisse (z. B. „die in Relation zu den Kundenforderungen wichtigsten implementationsunabhängigen Produktmerkmale als Wegweiser und Schwerpunkte der weiteren Entwicklung") präzisiert. Darüber hinaus wurden verschiedene Unterziele (z. B. „Unterschiede zum 'konventionellen' Vorgehen und bisherige Probleme aufzeigen") definiert und priorisiert.

Als konkrete *Ergebnisse* des QFD-Projekts wurden die aus Kundensicht wichtigsten Anforderungen, eine Beurteilung der Kundenzufriedenheit, die in Relation zu den Kundenanforderungen bedeutsamsten implementationsunabhängigen Produktmerkmale und detaillierte Vorgaben für die nächsten Entwicklungsphasen genannt. Gegenstand und Inhalt der QFD-Analyse wurden abgegrenzt durch die der Weiterentwicklung zugrundeliegende Version 3.0b des Terminkalenders und dessen Kernaufgabe, die gegenseitige Pflege von Terminen durch verschiedene Personen an unterschiedlichen Orten zu ermöglichen.

Der QFD-Ablauf zur Softwareproduktplanung wurde aufgrund dieser Angaben auf die Bildung des Software-HoQ (**Schritte eins bis vier, sieben**) ohne die klassische Planungsmatrix und ohne die Berücksichtigung von Konkurrenzvergleichen beschränkt. Somit mußte also das in Abb. 5-1 kompakt dargestellte, vereinfachte Software-HoQ bearbeitet werden.

Abb. 5-1:
Das Software-HoQ für die Weiterentwicklung des Terminkalenders

	Produktmerkmale ...	...	...	...	...	...	Kundenanforderungsgewicht	Kundenzufriedenheit	Kundenanforderungsbedeutung
Kundenanforderungen ...									
...									
...									
...									
Wichtigkeit bzgl. Gesamtgewicht									
Wichtigkeit bzgl. Gesamtbedeutung									
Kalender-Jetzt									
Zielwert									
Schwierigkeitsgrad									
Modifizierte Wichtigkeit									

Zusammensetzung des QFD-Teams

Die insgesamt vier Gruppensitzungen wurden auf zweieinhalb Wochen verteilt, wobei die Dauer der VoCA auf vier Stunden, die Dauer aller anderen Schritte (außer der in Heimarbeit zu erledigenden Bewertung) auf drei Stunden geschätzt wurde. Ein vierköpfiges QFD-Team bestehend aus dem Projektleiter der Weiterentwicklung des Terminkalenders, dem Initiator des QFD-Vorhabens und zwei Mitgliedern des Entwicklungsteams wurde gebildet. Der Projektleiter sowie ein Entwickler nahmen darüber hinaus die Rolle des Kundenkenners wahr, da sie die Entwicklungsanträge und Problemmeldungen der internen Kunden direkt erhalten.

Kunden des Kalenders

Die große Zahl interner Kunden (insgesamt über 6.000) wurde in einer offenen Diskussion in mehrere Kundentypen gemäß ihrer generellen Funktion (Entwickler, Vertriebsleute, Hotline-Angestellte etc.) innerhalb der SAP AG geclustert. Als Schlüsselkunden wurden darunter die Entwickler, die internen Berater und die Mitarbeiter in den Sekretariaten identifiziert. In allgemeinem Konsens wurde eine Gleichgewichtung der drei erkannten Kundengruppen beschlossen, denn obwohl die Sekretariatsmitarbeiter tendenziell am meisten mit der Software arbeiten, sind sie von der Bereitschaft der Entwickler und Berater zur Pflege ihrer Kalender abhängig. Die Kundengruppengewichte betrugen also jeweils 33,33 %. Aus jeder der drei Kundengruppen wurde für die mit dem QFD-Team gemeinsam durchzuführenden Gruppensitzungen (**Schritte eins und vier**) je ein Repräsentant bestimmt, welcher auch die Federführung für die Bewertung der Kundenanforderungen innerhalb seiner Kundengruppe in Schritt zwei wahrnehmen sollte.

QFD-Schulung

Vor der Durchführung der eigentlichen Projektschritte nahmen das QFD-Team und die Kundenvertreter an einer halbtägigen Schulung zum QFD-Ablauf teil, bei der auch die angestrebten Ziele und erwarteten Ergebnisse des Projekts für alle verbindlich mitgeteilt wurden. Dabei wurden alle Kunden explizit dazu angehalten, sich bereits vor der ersten Sitzung, der VoCA, ihre Forderungen an den Terminkalender zu überlegen. Analog sollten sich die Kundenkenner mit den bereits existierenden Kundeninformationen, z. B. in Form von Problemmeldungen, auseinandersetzen und sie für die Aufnahme in der VoCA entsprechend aufbereiten.

Voice of the Customer Analysis

Das Vorgehen in der VoCA (**Schritt eins**) entsprach exakt den in Kap. 3.3.1. beschriebenen Aktivitäten. Es wurden insgesamt 60 Kundenanforderungen mit zugehörigen Erläuterungskommentaren erhoben und durch die Bildung eines Affinitätsdiagramms in 13 Gruppen angeordnet. Da bei der Weiterentwicklung des Terminkalenders ausdrücklich die bisherige Anforderungserfüllung durch die derzeitige Version berücksichtigt werden sollte, wurden auch solche Anforderungen erhoben, die für die meisten Kunden selbstverständlich waren und die bereits in irgendeiner Form durch das Produkt erfüllt wurden (z. B. ganz elementar der Wunsch, Termine zu pflegen). Dabei wurden sowohl Kundenaussagen erkannt, die nicht unmittelbar Anforderungen entsprachen (z. B. schon detaillierte Produktmerkmale wie die „Undo"-Funktion), als auch Aussagen, hinter denen sich mehrere Anforderungen verbargen (z. B. „Navigation zwischen den verschiedenen Kalendersichten" beinhaltet vordergründig den Wunsch nach einer „einfachen Navigation zwischen verschiedenen Sichten", aber auch die elementare Forderung nach „verschiedenen Sichten auf Terminen"). Des weiteren wurden bei der Suche nach Überschriften für die einzelnen Gruppen die teilweise unterschiedlichen Detaillierungsniveaus der Anforderungen ausgeglichen (z. B. der Wunsch beim Kunden vor Ort „Offline [zu] arbeiten" als Überschrift von „Offline-Pflege", „Offline Check-In/Check-Out", „Offline-Auswertung" und „Microsoft-Oberfläche").

Bewertung der Kundenanforderungen

Alle 60 Anforderungen wurden im **zweiten Schritt** von den Kunden hinsichtlich Wichtigkeit und Zufriedenheit bewertet. Um diese Bewertungen durch Befragungen mehrerer Kunden je Kundengruppe auf eine breitere Basis zu stellen und damit sich die Kunden in Ruhe über ihre Urteile Gedanken machen konnten, wurde dieser Schritt, unterstützt durch eine mit den Anforderungen vorgefertigte Excel-Tabelle, in Heimarbeit erledigt. Das Vorgehen zur Ermittlung der Anforderungsgewichte entsprach dabei dem in Kap. 3.3.2.1. beschriebenen, bis auf den Unterschied, daß die Gewichte für die Gruppenüberschriften noch in der ersten Sitzung mittels der Vergabe von 100 Punkten von den Vertretern der Kundengruppen ermittelt wurden. Die Vergabe der Zufriedenheitswerte erfolgte wie in Kap. 3.3.2.2. dargestellt, nur auf die Ermittlung der Gesamtzufriedenheit je Anforderung über alle Kunden wurde verzichtet. Für die Weiterentwicklung von höchster Bedeutung war dann die Aggregation der Gewichtungen und der Zufriedenheitswerte zu Anforderungsbedeutungen sowohl für jede Kundengruppe separat als auch über alle Kundengruppen. Alle Bewertungen wurden aufgenommen in die nachfolgend dargestellte Kundenanforderungstabelle, in der die Anforderungen in absteigender Reihenfolge der Gesamtbedeutung geordnet sind.

Tab. 5-1:
Die Kunden-
anforderungstabelle
des Terminkalenders

Kundenanforderungen	Kundenzufriedenheit	Entwickler	Berater	Sekretariat	Kundenanforderungsgewicht	Entwickler (in %)	Berater (in %)	Sekretariat (in %)	Gesamt (in %)	Gesamt Rangfolge	Kundenanforderungsbedeutung	Entwickler (in %)	Berater (in %)	Sekretariat (in %)	Gesamt (in %)	Gesamt Rangfolge
Termine pflegen		4,80	4,00	5,00		7,14	6,00	12,00	8,38	1		3,82	3,12	8,11	5,02	1
Offline Pflege		3,40	1,33			0,76	7,50		2,75	8		0,57	11,74	0,00	4,10	2
Erinnerung an Termine		1,00	1,00			2,60	2,40		1,67	26		6,68	5,00	0,00	3,89	3
Mausbedienung		4,00	4,00	4,00		4,10	2,00	8,00	4,70	3		2,63	1,04	6,76	3,48	4
Zugriff auf Kalender aus anderen Systemen		1,00	2,00			1,56	6,00		2,52	10		4,01	6,25	0,00	3,42	5
Teilnehmer(liste) für Termin anzeigen		1,00	2,00	1,00		0,81	1,00	2,00	1,27	32		2,08	1,04	6,76	3,29	6
Periodisch wiederkehrend Termine eintragen		3,00	1,33	3,00		1,89	3,00	3,00	2,63	9		1,62	4,70	3,38	3,23	7
Aus Mail Termine erzeugen		1,00	1,33	1,00		1,68	1,60	0,50	1,26	37		4,31	2,50	1,69	2,84	8
Andere Leute können Termin pflegen		4,60	4,67	5,00		6,02	5,00	4,00	5,01	2		3,36	2,23	2,70	2,76	9
Verzweigen direkt von Kalender in User-Daten		2,40	1,00	3,00		1,92	2,00	1,50	1,81	19		2,05	4,16	1,69	2,64	10
Eingabefehler vermeiden		2,40	3,00	3,00		2,50	1,00	4,00	2,50	11		2,67	0,69	4,50	2,62	11
Datenaustausch zu Projektmanagement-Tools		1,00	1,67			0,72	4,50		1,74	22		1,85	5,61	0,00	2,49	12
Von anderen Anwendungen anbinden (extern)		1,00	1,67			0,72	4,50		1,74	22		1,85	5,61	0,00	2,49	12
Termine für mehrere Personen bearbeiten		3,80	4,67	5,00		4,90	4,00	3,00	3,97	4		3,31	1,78	2,03	2,37	14
Dominante beim Suchen pflegen / blockieren können		1,00	2,33	1,00		0,88	2,00	0,90	1,26	34		2,26	1,79	3,04	2,36	15
Anwesenheit im System anzeigen		1,00	1,67	1,00		0,92	1,00	1,00	0,97	41		2,36	1,25	3,38	2,33	16
Raumbelegung mit Termin zusammen vergeben		3,00	2,00	1,00		0,67	1,20	1,50	1,12	39		0,57	1,25	5,07	2,30	17
Termine drucken		3,60	3,67	5,00		1,80	1,20	6,00	3,00	6		1,28	0,68	4,05	2,01	18
(Automatische) Rückmeldepflicht bei Gruppenterminen		1,20	1,67	1,00		0,83	0,50	1,00	0,78	44		1,78	0,62	3,38	1,93	19
Einfaches Verschieben von Terminen		3,80	4,33	5,00		1,51	5,00	3,00	3,17	5		1,02	2,40	2,03	1,82	20
Offline Auswertung		3,40	1,33			0,66	3,00		1,22	38		0,50	4,70	0,00	1,73	21
Einfache Navigation zwischen verschiedenen Sichten		4,60	3,33	5,00		3,30	1,00	4,00	2,77	7		1,84	0,63	2,70	1,72	22
Mehrere Kalender pflegen		3,80	2,33	5,00		3,08	1,00	3,00	2,36	12		2,08	0,89	2,03	1,67	23
Urlaub / Krankmeldung erzeugen		1,00	1,33	1,00		1,03	0,40	0,50	0,64	51		2,64	0,63	1,69	1,65	24
Gruppentermine finden		4,20	3,00	4,00		1,93	3,00	2,00	2,31	13		1,18	2,08	1,69	1,65	25
Kein Vergessen von Festterminen		1,00	1,00			1,20	0,80		0,67	49		3,08	1,67	0,00	1,58	26
Status für Termine vergeben		1,60	1,67	1,00		1,39	0,20	0,60	0,73	48		2,23	0,25	2,03	1,50	27
Nach freien (Standard-)Terminen suchen		3,60	3,67	4,00		2,20	2,00	2,00	2,07	14		1,57	1,13	1,69	1,46	28
Eingabeunterstützung für Standardwerte		2,80	3,33	5,00		1,10	1,00	4,00	2,03	15		1,01	0,63	2,70	1,45	29
Terminstatus visualisieren		3,60	2,33	4,00		2,64	1,25	1,50	1,80	20		1,88	1,12	1,27	1,42	30
Mehrere Benutzer gleichzeitig anzeigen		2,60	3,00	5,00		1,10	1,50	3,00	1,87	17		1,09	1,04	2,03	1,38	31
Aus Terminkalender Mail verschicken		3,20	1,67	4,00		1,03	1,60	1,50	1,38	31		0,83	1,99	1,27	1,36	32
Kein Vergessen von Planterminen		1,00	1,67			1,20	0,80		0,67	49		3,08	1,00	0,00	1,36	33
Offline Check-Out / Check-In		1,00	1,00			0,34	1,50		0,61	52		0,87	3,12	0,00	1,33	34
Microsoft-Oberfläche		4,20	1,67			0,24	3,00		1,08	40		0,15	3,74	0,00	1,30	35
Termine anderer Benutzer anzeigen		4,20	3,67	5,00		2,81	0,20	3,00	2,00	16		1,72	0,11	2,03	1,29	36
Gruppentermine pflegen		4,20	3,33	4,00		1,72	1,00	2,40	1,71	25		1,05	0,63	2,03	1,23	37
Freie Gestaltung des Ausdrucks		2,60	3,00	4,00		0,90	1,60	2,00	1,50	28		0,89	1,11	1,69	1,23	38
Einbettung (vollständig) in R/3		4,20	4,00	4,00		2,88	0,40	2,00	1,76	21		1,76	0,21	1,69	1,22	39
Dokumentieren von Terminen		1,20	1,33	1,00		0,55	0,20	0,60	0,45	54		1,18	0,31	2,03	1,17	40
Vertretung für Abwesenheit aktivieren		3,40	1,33	1,00		1,39	0,40	0,50	0,76	47		1,05	0,63	1,69	1,12	41
Verschiedene Sichten auf Termine		4,60	3,33	5,00		2,75	1,25	1,50	1,83	18		1,53	0,78	1,01	1,11	42
Anzeige Feiertage		4,40	4,67	5,00		1,65	0,50	3,00	1,72	24		0,96	0,22	2,03	1,07	43
Termine beim Suchen pflegen / blockieren können		3,40	3,00	3,00		0,88	2,00	0,90	1,26	34		0,66	1,39	1,01	1,02	44
Verschiedene Sichten drucken		4,20	3,00	5,00		1,40	1,20	2,00	1,53	27		0,86	0,83	1,35	1,01	45
Erkennen von Terminüberschneidungen		3,40	4,00	5,00		1,21	2,00	1,00	1,40	30		0,91	1,04	0,68	0,88	46
Durchgängige Oberfläche		4,60	4,00	5,00		2,86	0,50	1,00	1,45	29		1,60	0,26	0,68	0,84	47
Parallele Termine pflegen		4,80	4,67	5,00		1,18	0,20	2,40	1,26	34		0,63	0,09	1,62	0,78	48
R/3-Oberfläche		5,00	3,33	5,00		1,39	0,40	2,00	1,26	33		0,71	0,25	1,35	0,77	49
Einfacher Zugriff auf bevorzugte Kalender		1,20	1,67			0,50	0,80		0,43	56		1,07	1,00	0,00	0,69	50
Kalender für beliebige Ressourcen vergeben		1,40	1,00			1,00			0,33	57		1,83	0,00	0,00	0,61	51
Freie Voreinstellung der Namen für andere Kalender		1,00	2,67			0,40	1,00		0,47	53		1,03	0,78	0,00	0,60	52
Sicherheitsabfragen konfigurierbar		1,00	1,67			0,50	0,40		0,30	59		1,28	0,50	0,00	0,59	53
Einfache Auskunft für andere Person		4,60	3,00	5,00		1,12	0,50	1,00	0,87	42		0,63	0,35	0,68	0,55	54
Freie Konfigurierbarkeit der Benutzersichten		4,40	2,67			1,30	1,00		0,77	45		0,76	0,78	0,00	0,51	55
Termine verstecken (privat)		4,80	3,00	5,00		1,05	0,20	1,20	0,82	43		0,56	0,14	0,81	0,50	56
Konfigurierbarkeit der Berechtigung		4,20	3,33			1,90	0,40		0,77	45		1,16	0,25	0,00	0,47	57
Freie Gestaltung der Blöcke		3,00	3,00			1,10	0,20		0,43	55		0,94	0,14	0,00	0,36	58
Kalenderübergreifende Auswertungen ermöglichen		3,20	1,00			1,00			0,33	57		0,80	0,00	0,00	0,27	59
Individuelle Terminarten		3,40	3,00			0,40	0,20		0,20	60		0,30	0,14	0,00	0,15	60

Deutlich erkennbar an den Balkengrafiken ist die unterschiedliche Rangfolge der Anforderungen bezüglich des Gesamtgewichts und der Gesamtbedeutung. „Termine pflegen" ist zwar in beiden Fällen auf Rang eins, doch die Anforderungen „Offline Pflege" (Rang 8 bei Gesamtgewicht) und „Erinnerung an Termine" (Rang 26 bei Gesamtgewicht) folgen bezüglich der Gesamtbedeutung auf den Rängen zwei und drei. Hier schlagen die negativen Zufriedenheitswerte dieser beiden Anforderungen von 2,4 und 1 im Mittel zu Buche und heben ihre Stellung für die Weiterentwicklung. Ähnlich liegen die Fälle bei „Teilnehmer(liste) für Termin eintragen" (von Rang 32 auf 6, mittlere Zufriedenheit 1,3) und „aus Mail Termine erzeugen" (von Rang 37 auf 8, mittlere Zufriedenheit 1,1). Falls es sich bei dem Projekt um eine Neuentwicklung gehandelt hätte, wäre dagegen der Wunsch, daß andere Leute Termine pflegen können, und die Mausbedienung vorrangig zu beachten gewesen (Rang 2 und 3 nach Gesamtgewicht im Gegensatz zu Rang 9 und 4 bezüglich Gesamtbedeutung). Die Kundenanforderungstabelle zeigt auch ein durchaus differenziertes Bild hinsichtlich der Bewertungen der einzelnen Kundengruppen. So ist beispielsweise die Forderung nach „Offline Pflege" nur für die Berater wichtig (Rang 1 bezüglich Anforderungsgewicht und -bedeutung), für die Sekretariatsmitarbeiter spielt sie gar keine Rolle (Anforderungsgewicht = 0) und für die Entwickler nur eine sehr geringe (Rang 49 bezüglich Anforderungsgewicht und Rang 55 nach Anforderungsbedeutung). Wie nachfolgende Abbildung zeigt, kristallisieren sich diese Unterschiede auch bei Aggregation der Gewichtungen und Zufriedenheitswerte für die Anforderungsgruppen heraus.

Abb. 5-2: Ungewichtete mittlere Zufriedenheitswerte und Gewichtung der Anforderungsgruppen nach Kundengruppen

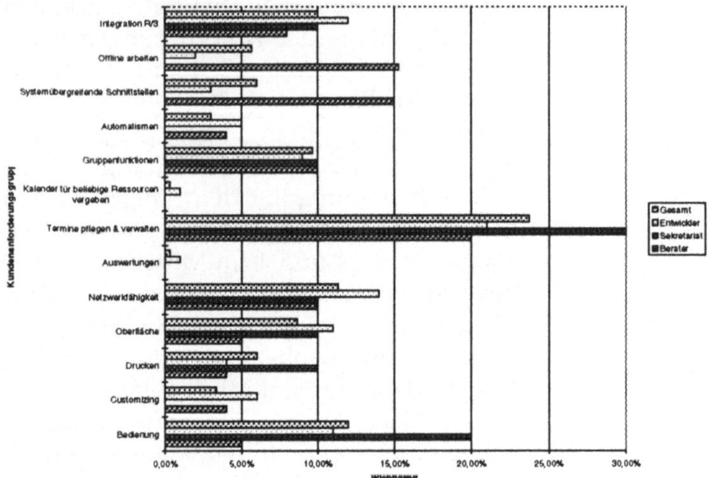

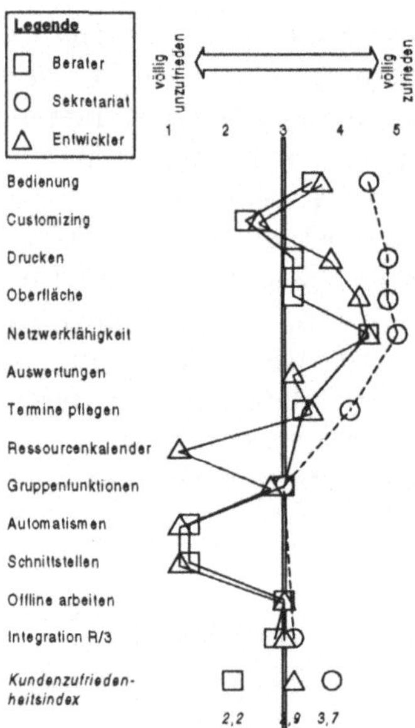

Als Entscheidungsgrundlage für die Weiterentwicklung des Kalenders sind sowohl die Wichtigkeit als auch die Zufriedenheit von Bedeutung. Es macht deshalb Sinn, sich diese Werte für die einzelnen Kundenanforderungen in einer gemeinsamen Darstellung anzusehen. Hierzu wurde die Wichtigkeit und die Zufriedenheit in ein Portfolio eingetragen. Die obere Skalengrenzen der Dimension Wichtigkeit beträgt dabei das zweifache des Mittelwertes der Wichtigkeit der eingetragenen Kundenanforderungen. Hinsichtlich der Dimension Zufriedenheitsgrad wird die untere und obere Skalengrenze entsprechend der Bewertungsmöglichkeiten (1 bis 5) gewählt, so daß sich die Bewertungsmerkmale gleichmäßig horizontal im Portfolio verteilen.

Abb. 5-3: Kundenzufriedenheitsportfolio des Terminkalenders

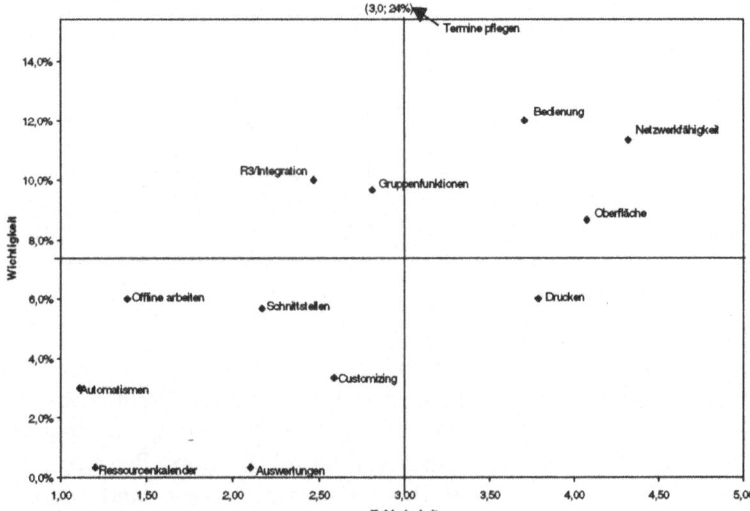

Jeder Bereich beinhaltet eine Handlungsempfehlung zur Verbesserung des Kalenders.

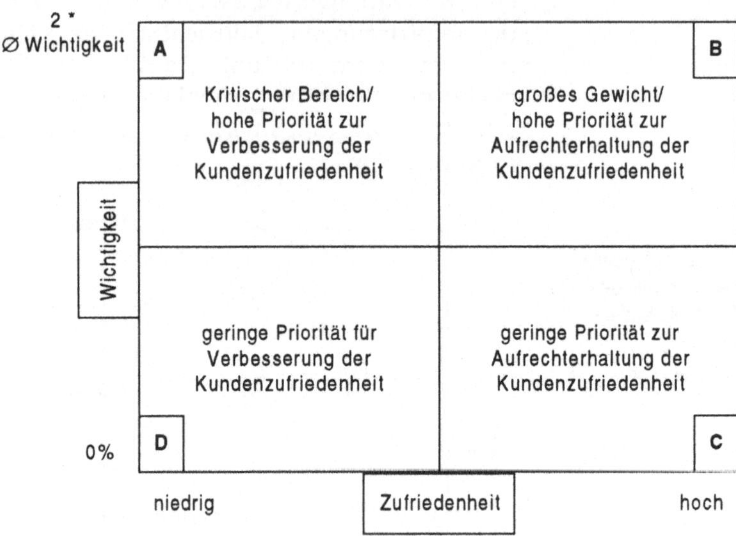

Abb. 5-4: Interpretation eines Kundenzufriedenheitsportfolios

- Bereich A:

  Bewertungsmerkmale, die in diesen Bereich fallen, sind mit hoher Priorität zu behandeln. Sie besitzen für die Kunden eine relativ hohe Bedeutung, haben aber nur eine niedrige Kundenzufriedenheit bewirkt. Hierzu gehört auf jeden Fall die R/3 Integration, aber auch die Gruppenfunktionen sind relativ wichtig und erzeugen eine vergleichsweise geringe Zufriedenheit.
- Bereich B:

  Bewertungsmerkmale, die in diesen Bereich fallen, haben eine hohe Kundenzufriedenheit bewirkt und eine relativ große Bedeutung für die Kunden (z. B. Bedienung und Netzwerkfähigkeit). Die ihnen zugrundeliegenden Produktmerkmale sollten so gepflegt werden, daß sie das hohe Kundenzufriedenheitsniveau halten können.
- Bereich C:

  Bewertungsmerkmale, die in diesen Bereich fallen, haben eine hohe Kundenzufriedenheit bewirkt, sie sind aber für den Kunden von relativ wenig Bedeutung (z. B. Drucken). Die ihnen zugrundeliegenden Produktmerkmale sollten daher nur dann weiterentwickelt werden, wenn alle Anforderungen zu den Bewertungsmerkmalen in Bereich A, B und D erfüllt wurden.

- Bereich D:

  Bewertungsmerkmale, die sich in diesem Bereich befinden, haben zwar keine hohe Kundenzufriedenheit bewirkt, sind aber für die Kunden auch weniger wichtig. Daher sollten die betreffenden Produktmerkmale nur dann verbessert werden, wenn alle Anforderungen zu den Bewertungsmerkmalen in Bereich A erfüllt wurden. Das bedeutet, daß neben der R/3-Integration und den Gruppenfunktionen vor allem die Anforderungen Offline arbeiten und Schnittstellen die wichtigsten Kundenanforderungen sind, die im nächsten Release verbessert werden sollten.

Voice of the Engineer Analysis

Ohne die Kundenvertreter wurde in der zweiten Gruppensitzung die VoEA (**Schritt drei**) gemäß dem in Kap. 3.3.3. dargestellten Vorgehen durchgeführt. Dabei wurden insgesamt 76 Produktmerkmale mit ihren zugehörigen Erläuterungskommentaren erhoben und in einem Affinitätsdiagramm zu 15 Gruppen geordnet. Für das weitere Vorgehen wurden trotz der sehr umfangreichen Korrelationsmatrix von 4.560 (60*76) Matrixfeldern keinerlei Beschränkungen der Kundenanforderungs- bzw. Produktmerkmalsmenge vorgenommen. Dies geschah auch um die Bildung solch umfangreicher Matrizen im Rahmen eines Pilotprojekts zu untersuchen.

Die Matrix im Software-HoQ

Zur Ermittlung der Korrelationswerte (**Schritt vier**) wurde das QFD-Team inklusive der Kundenvertreter in zwei Gruppen geteilt, die dann getrennt jeweils eine Hälfte der auf acht Pinnwänden dargestellten Matrix bearbeiteten. In spaltenweisem Vorgehen wurden insgesamt 515 Korrelationen (Werte $\neq 0$) ermittelt und auf die 4.560 Matrixfelder recht ausgewogen verteilt. Das Review der Matrixstruktur wurde aufgrund des großen Zeitdrucks, unter dem alle Beteiligten litten, von den Moderatoren durchgeführt. Einige Korrelationswerte wurden dabei innerhalb der Konsistenzanalyse geändert, zwei identische Spalten wurden gefunden, also ein Produktmerkmal in zwei verschiedenen Ausprägungen der Erfüllung („Langtext zu Termin (Memofeld)“ und „Anderer Text zu Termin (Dokumente, Anlagen)“ entsprechen niedrigem und höherem Erfüllungsgrad eines Merkmals „Informationen zu Termin ablegen“), und eine Anforderung („Zugriff auf Kalender aus anderen Systemen“) wurde durch die Zeilensummenanalyse, auch nach Ergänzung durch mögliche weitere Korrelationswerte, als für ihre Bedeutung (Rang 5) zu schwach in Produktmerkmale umgesetzt erkannt. Dies war aber aufgrund der hohen Wichtigkeit der mit dieser Anforderung stark korrelierenden Merkmale („Features von R/3" und „Standards von R/3", Rang 1 und 2) und der durch diese Merkmale (fast) vollständigen Erfüllung dieser Anforderung für die nachfolgende Bewertung nicht weiter von Bedeutung.

Abb. 5-5: Ausschnitt aus der Korrelationsmatrix des Kalenders

	Integration R/3	Aktionen anhand von Terminen anstoßen	Oberfläche von R/3	Integration Fabrikkalender	Bedienung	Cut, Copy & Paste	Navigation durch Mausklick auf Objekt	Netzwerkfähigkeit	Kalender für mehrere Personen gleichzeitig öffnen, pflegen	Kalender für mehrere Personen pflegen / öffnen	weltweiter Zugriff	Termine	Langtext zu Termin	Pflegen periodischer Termine	Termine pflegen / bearbeiten	Erinnerung an Festtermine	Gruppentermine	Teilnehmerliste für Gruppentermine anzeigen	Oberfläche	Visualisierung von Terminüberschneidungen	
Bedienung																					
Eingabefehler vermeiden			9			3	9							3	3					9	
einfache Navigation zwischen verschiedenen Sichten			9				9														
Teamarbeit																					
andere Leute können Termin pflegen									9	9	9				9						
Termine für mehrere Personen bearbeiten				1					9	9	9				9						
Termine pflegen & verwalten																					
Termine pflegen			1	3			9						3	7	9					3	3
Einfaches Verschieben von Terminen			1	3		9	3								9						
periodisch wiederkehrend Termine eintragen			1	3		9	3							9	7						
Dokumentieren von Terminen			1										9		3						
Gruppenfunktionen																					
Erkennen von Terminüberschneidungen			1						3	3	3				3					9	
Einfache Auskunft für andere Person				3					3	3	3							9		9	9
Automatismen																					
Erinnerung an Termine		9											3			9					
		3																			

Bewertung der Produktmerkmale

Für die quantitative Beurteilung der Produktmerkmale in der abschließenden vierten Sitzung (**Schritt sieben**) wurden die 38 mit der höchsten Wichtigkeit bezüglich der Gesamtbedeutung ausgewählt,[1] da mit deren adäquater Umsetzung bereits gute 80 % der in bezug auf die Erhöhung der Kundenzufriedenheit wichtigsten Merkmale berücksichtigt werden. Neben diesem Aspekt zeigt nachfolgendes Pareto-Diagramm auch, daß mit der Erfüllung der ersten drei Produktmerkmale schon mehr als

1 Hinzu kam das Merkmal „Teilnehmerliste für Gruppentermine anzeigen" mit relativ hoher Einstufung durch die Sekretariate (Rang 22 gegenüber Rang 41 für alle Kunden).

20 % der gesamten Wichtigkeit bezüglich der Gesamtbedeutung durch die Entwicklung abgedeckt wird. Die drei Merkmale sind die Übernahme von „Features von R/3", die Einhaltung von „Standards von R/3" und „Termine pflegen/bearbeiten" (sehr eng zu fassen), welche mit insgesamt 50 der 60 Anforderungen in Beziehung stehen, davon mit 46 durch mindestens einen Korrelationswert größer oder gleich drei. Dies zeigt den enormen Einfluß dieser Punkte auf die Kundenzufriedenheit mit dem Kalender.

Abb. 5-6: Pareto-Diagramm für die Produktmerkmalswichtigkeit bezüglich der Gesamtbedeutung

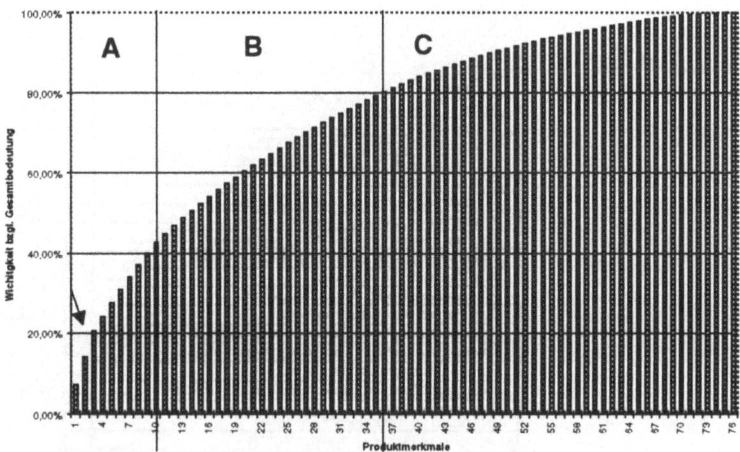

Nachfolgende Produktmerkmalstabelle gibt die Bewertungen der Produktmerkmale einschließlich der modifizierten Wichtigkeit wieder. Auch die signifikanten Unterschiede in der Einordnung (fast) aller Produktmerkmale bezüglich der drei Wichtigkeitswerte sind ersichtlich.

Tab. 5-2:
Die Produktmerkmalstabelle des Terminkalenders

Produktmerkmale	Wichtigkeit bzgl. Gesamtbedeutung	Rangfolge	Wichtigkeit bzgl. Gesamtgewicht	Rangfolge	Quantitative Beurteilung	Kalender-Jetzt	Zielwert	Schwierigkeitsgrad	Verbesserungsverhältnis	Modifizierte Wichtigkeit	Rangfolge
Merkmale mit Zielwert > Kalender-Jetzt											
Teilnehmerliste link in Benutzerdaten		31		35		1	3	1	3,00	12,14	1
Schnittstellen von R/3 zu R/3		22		32		1	5	3	5,00	10,33	2
Aktionen anhand von Terminen anstoßen		5		17		1	3	4	3,00	9,16	3
Pflegen periodischer Termine		21		18		1	3	2	3,00	7,84	4
Status pflegen / verwalten		20		26		1	3	3	3,00	5,34	5
Schnittstellen innerhalb R/3-System		14		27		1	3	4	3,00	4,87	6
Datenkonsistenz bei offline arbeiten		35		34		1	5	5	5,00	4,71	7
Langtext zu Termin		26		21		1	3	3	3,00	4,60	8
Anderen Text zu Termin (Dokumente, Anlagen)		26		21		1	3	3	3,00	4,60	8
Import-/Export (offline)		13		15		1	3	5	3,00	4,09	10
Pflege-Oberfläche für Offline-Arbeit		29		33		1	4	5	4,00	3,68	11
Durchgängige Microsoft Oberfläche bei Offline arbeiten		32		28		1	4	5	4,00	3,61	12
Erinnerung an Festtermine		36		37		1	3	3	3,00	3,57	13
Wiedervorlagezeit von Plan-Standardterminen		37		37		1	3	3	3,00	3,43	14
Wiedervorlagezeit von Plandominanten		37		37		1	3	3	3,00	3,43	14
Termine aus Mail in Kalender übernehmen		33		29		1	3	4	3,00	2,96	16
Teilnehmerliste für Gruppentermine anzeigen		39		36		1	3	3	3,00	2,78	17
Aus Mail Termine erzeugen		33		29		1	3	5	3,00	2,37	18
Standardtermine für Anstoß freigeben		11		24		2	3	5	1,50	1,08	19
Dominanten für Anstoß freigeben		11		24		2	3	5	1,50	1,08	19
Kalender für mehrere Personen gleichzeitig öffnen, pflegen		8		7		3	4	5	1,30	1,07	21
Kalender für mehrere Personen pflegen / öffnen		9		8		3	4	5	1,30	0,98	22
Funktionsauswahl per Mausklick		4		4		4	5	5	1,30	0,93	23
Modularer / Customizbarer Aufbau der Oberfläche		30		19		3	4	3	1,30	0,68	24
Cut, Copy & Paste		25		20		4	5	5	1,30	0,37	25
Erklärung im Kalender als Legende		28		23		4	5	5	1,30	0,33	26
Merkmale mit Zielwert = Kalender-Jetzt											
Features von R/3		1		1		5	5	1	1,00	0,00	0
Oberfläche von R/3		6		6		5	5	1	1,00	0,00	0
Standards von R/3		2		2		5	5	1	1,00	0,00	0
Integration Fabrikkalender		17		11		5	5	1	1,00	0,00	0
Navigation durch Mausklick auf Objekt		7		5		5	5	1	1,00	0,00	0
Schnittstellen zu externen Anwendungen		19		31		3	3	1	1,00	0,00	0
Weltweiter Zugriff		9		8		5	5	1	1,00	0,00	0
Feiertage pflegen		24		16		5	5	1	1,00	0,00	0
Termine pflegen / bearbeiten		3		3		5	5	1	1,00	0,00	0
An markierten Tagen den gleichen Termin einsetzen		15		13		5	5	1	1,00	0,00	0
Berechtigung zum Pflegen		16		10		5	5	1	1,00	0,00	0
Berechtigung zum Sehen		23		12		5	5	1	1,00	0,00	0
Visualisierung von Terminüberschneidungen		18		14		5	5	1	1,00	0,00	0

Analyse der Ergebnisse

Für insgesamt 13 Produktmerkmale stimmten die Kalender-Jetzt-Bewertung und der Zielwert überein, davon bei zwölf Merkmalen mit höchst möglichem Erfüllungsgrad (5), bei „Schnittstellen zu externen Anwendungen" (jeweils 3er Werte) war keine Erweiterung geplant. Diese Merkmale fielen aus dem Rahmen dieser Weiterentwicklung heraus, da für ihre Umsetzung nichts mehr getan werden mußte. Darunter waren auch die drei oben genannten, nach der Wichtigkeit bezüglich Gesamtbedeutung wichtigsten Merkmale. Die Verbesserung des viertbedeutsamsten Merkmals „Funktionsauswahl per

Mausklick" würde eine Änderung des R/3-Standards bedingen (z. B. Markieren mit rechter Maustaste) und hatte deswegen auch nicht oberste Priorität (Rang 23 nach modifizierter Wichtigkeit).

Betrachtet man die zehn nach der Wichtigkeit bezüglich Gesamtbedeutung wichtigsten Merkmale in Verbindung mit dem Schwierigkeitsgrad, ergeben sich weitere konkrete Anhaltspunkte für die Planung des nächsten Release: Die Merkmale „Teilnehmerliste link in Benutzerdaten" und „Pflegen periodischer Termine" sind nicht nur überdurchschnittlich wichtig, sondern gleichzeitig auch noch relativ einfach zu realisieren. Für derartige Analysen bieten sich analog zur Betrachtung von Kundenanforderungswichtigkeit und Kundenzufriedenheit Portfolios an:

Abb. 5-7: Portfolio für die modifizierte Wichtigkeit

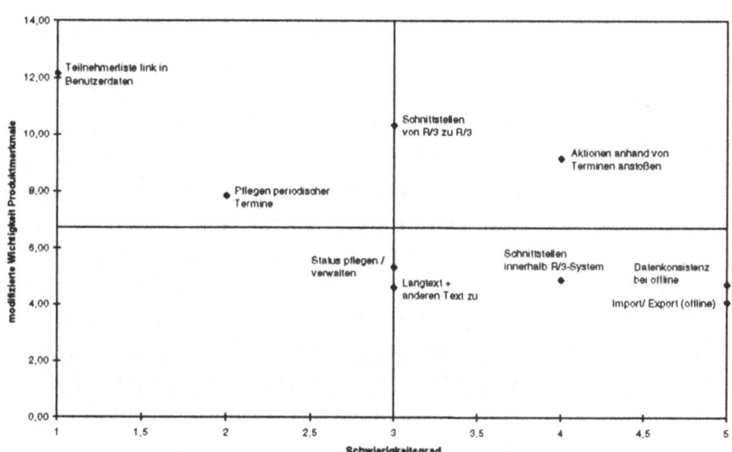

Die beiden nach modifizierter Wichtigkeit vorne stehenden Merkmale sind zwei nach bisheriger Betrachtung relativ unbedeutende, „Teilnehmerliste link in Benutzerdaten" (Rang 31 bzw. 35 nach Gesamtbedeutung bzw. -gewicht) und „Schnittstellen von R/3 zu R/3" (Rang 22 bzw. 32). Beim ersten liegt das zum großen Teil an der möglichen leichten Erfüllung dieses Merkmals (Schwierigkeitsgrad 1), beim zweiten an dem hohen Verbesserungspotential (Verbesserungsverhältnis 5) in Verbindung mit nur moderater Schwierigkeit (Schwierigkeitsgrad 3). Erst an dritter Stelle folgt das nach Gesamtbedeutung fünftwichtigste Merkmal „Aktionen anhand von Terminen anstoßen".

Abb. 5-8: Pareto-Diagramm für die modifizierte Wichtigkeit

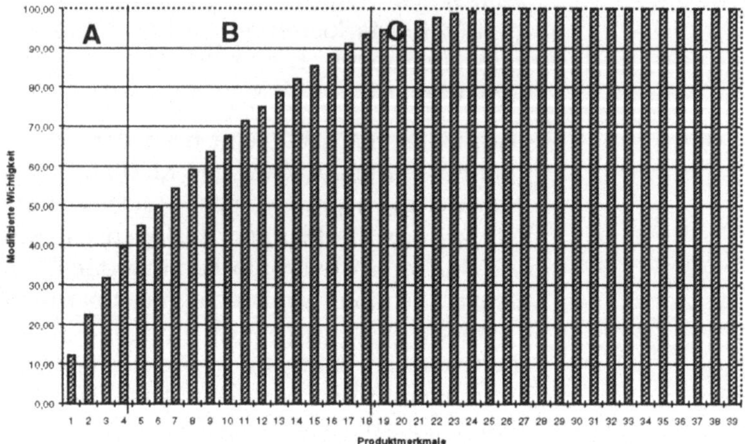

Aus dem Pareto-Diagramm der modifizierten Wichtigkeiten (über alle 39 betrachteten Produktmerkmale dargestellt) ist ersichtlich, daß schon mit der Erfüllung der ersten vier Merkmale nahezu 40 % der bedeutsamsten Punkte erledigt sind und bei Realisierung von knapp der Hälfte der Merkmale (von den ursprünglich betrachteten 76 Merkmalen nur knapp ein Viertel) schon über 90 % der Arbeit getan ist. Unter diesen 18 Merkmalen sind dann noch vier Merkmale („Schnittstellen von R/3 zu R/3" - Rang 3, „Import-/Export (offline)" - Rang 10, „Pflege-Oberfläche für Offline-Arbeit" - Rang 11 und „Durchgängige Microsoft Oberfläche bei Offline arbeiten" - Rang 12), die zum damaligen Stand der Weiterentwicklung bereits in die aktuelle Kalenderversion umgesetzt worden waren. Bei den Merkmalen mit niedrigster Priorität sind entweder nur marginale Verbesserungen möglich (z. B. die Bedienungsfreundlichkeit für „Kalender für mehrere Personen gleichzeitig öffnen, pflegen" verbessern - Rang 21) oder ihre Zielvorgaben sind nur sehr schwer zu erreichen (z. B. drag-and-drop für die „Cut, Copy & Paste"-Funktionen - Rang 25).

Ableitung von Entwicklungsvorgaben

Es blieben damit von den ursprünglich 78 Produktmerkmalen **zehn** übrig, die mit ihren angestrebten Erfüllungsgraden direkt als Vorgaben für die weitere Entwicklung dienten:

Tab. 5-3: Entwicklungsvorgaben für den Terminkalender

Rang	Produktmerkmale/Entwicklungsvorgaben	Kommentare zur Erfüllung der Produktmerkmale
1	Teilnehmerliste link in Benutzerdaten	
3	Aktionen anhand von Terminen anstoßen	Workflow-Einbindung z. B. zum Anstoß von Vertretungen bei Abwesenheit
4	Pflege periodischer Termine	z. B. über Zeitleiste
5	Status pflegen/verwalten	wie z. B. „geplant“, „fest“
6	Schnittstellen innerhalb R/3-System	z. B. zu Verteilerlisten
7	Datenkonsistenz bei offline arbeiten	In Visual Basic zu leisten
8, 9	Langtext, Dokumente, Anlagen zu Terminen	Memofeld etc.
13-15	Erinnerung an Festtermine, Wiedervorlagezeit von Plan-Standardterminen/ -dominanten	Erinnerung z. B. tagesgenau per Mail
16, 18	Termine aus Mail in Kalender übernehmen bzw. aus Mail Termine erzeugen	
17	Teilnehmerliste für Gruppentermine anzeigen	

5.3 Bewertung des Projekts

Bewertung der QFD-Methode

Eine Vielzahl von Erkenntnissen aus dieser QFD-Anwendung in der Softwareproduktplanung ist schon implizit in die Darstellung des Vorgehens in Kap. 3. eingeflossen. So ist es z. B. für die Kunden einfacher, die komplette Anforderungshierarchie für sich alleine zu bewerten, statt auf die von den Kundenvertretern durchgeführte aggregierte Gewichtung der Anforderungsgruppen aus der ersten Sitzung aufzubauen. Alle Gewichtungen können problemlos nach dieser individuellen Bewertung innerhalb der Kundengruppen zusammengefaßt werden. Auch dem Matrixreview sollte generell eine höhere Bedeutung zukommen als bei der Beispielanwendung. Dies nicht, weil die Moderatoren grundsätzlich nicht in der Lage wären, die Konsistenzanalyse angemessen durchzuführen, sondern vielmehr wegen der zu etablierenden Verpflichtung („commitment") unter allen Beteiligten gegenüber dem zu entwickelnden Produkt. Dies gilt vor allem für die Entwickler, welche die Ergebnisse der QFD-Anwendung in der weiteren Entwicklung verwenden sollen. Nur wenn sie sich detailliert mit deren Entstehung befaßt haben werden sie die Ergebnisse auch akzeptieren. Auch das Problem, daß die Entwickler des Kalenders gleichzeitig einer Kundengruppe angehören und dadurch die erhobenen Kundenanforderungen im Detaillierungsgrad schon relativ nahe an den Produktmerkmalen waren, ist bereits in Kap. 3.3.1.2 diskutiert worden. Die entstandene Priorisierung der Produktmerkmale war zwar nach Aussagen der beteiligten Personen als Entwicklungsvorgabe durchaus gut geeignet (und damit auch ein wesentliches Ziel der QFD-Anwendung erreicht). Doch deuten das Verhältnis von 60 Anforderungen zu 76 Produktmerkmalen und die Tatsache, daß nur 11,3 % der Matrixfelder mit Korrelationswerten versehen sind,[1] darauf hin, daß für diese Weiterentwicklung womöglich eine Bewertung der Kundenanforderungen (im Sinne von Produktmerkmalen) ausgereicht hätte.

Aufwandsbewertung

Die konkret entstandenen Aufwendungen (abgesehen vom Interview im Rahmen des Pre-Planning) ergeben sich aus folgender Tabelle:

---

1 15-30 % sind der Regelfall, vgl. Zultner /Blitz QFD/ 28.

Tab. 5-4: Tatsächlicher Aufwand des QFD-Projekts zur Planung des R/3-Terminkalenders

Tätigkeit	Ergebnisse	Aufwand Universität Köln	Aufwand SAP AG	Aufwand gesamt
1. Schritt: VoCA	60 strukturierte und dokumentierte Kundenanforderungen	2,5 Stunden mit 2 Personen	2,5 Stunden mit 7 Personen	22,5 Personenstunden
2. Schritt: Bewertung der Kundenanforderungen	60 bewertete Kundenanforderungen		1 Stunde mit 10 Personen	10 Personenstunden
3. Schritt: VoEA	76 strukturierte und dokumentierte Produktmerkmale	3,5 Stunden mit 2 Personen	3,5 Stunden mit 5 Personen	24,5 Personenstunden
4. Schritt: Bildung der Software-HoQ-Matrix (Schritt 5 - 6 entfiel)	76 priorisierte Produktmerkmale, 515 Korrelationen	1,5 Stunden mit 2 Personen	1,5 Stunden mit 6 Personen	12 Personenstunden
7. Schritt: Bewertung der Produktmerkmale	10 konkrete Entwicklungsvorgaben	0,75 Stunden mit 1 Person	0,75 Stunden mit 5 Personen	4,5 Personenstunden
Vor- und Nachbereitung der Gruppensitzungen		4 * 8 Stunden mit 3 Personen		96 Personenstunden
Summe (Personentag = 7,5 Stunden)		111,75 Personenstunden entspricht 14,9 Personentagen	57,75 Personenstunden entspricht 7,7 Personentagen	169,5 Personenstunden entspricht 22,6 Personentagen

Gegenüber dem veranschlagten Aufwand von vier Stunden für die VoCA und je drei Stunden für die restlichen Gruppensitzungen ergibt sich vor allem hinsichtlich der Ermittlung der

Korrelationswerte im vierten Schritt ein überraschendes Bild. Trotz der immens großen Matrix dauerte dieser Schritt durch die Aufteilung auf zwei Gruppen nur 1,5 Stunden, was durchschnittlich einer Bearbeitung von gut 25 Matrixfeldern in der Minute entspricht. Auch vermeintlich „zu große" Matrizen können also in einer angemessenen Zeit gut bearbeitet werden. Der Gesamtaufwand von 22,6 Personentagen für die Analyse von Kundenanforderungen, die Erhebung von Produktmerkmalen und die Festsetzung konkreter Entwicklungsvorgaben ist nicht als besonders hoch zu bezeichnen. Allerdings ist dabei zu bedenken, daß die Entwicklung des Terminkalenders bereits relativ weit fortgeschritten war und so die QFD-Analyse von dem dabei erlangten Wissen profitieren konnte.

Erfolgskontrolle

Wie schon erwähnt sollten die Ergebnisse des Pilotprojekts als Entscheidungshilfe für den weiteren Einsatz von QFD bei der SAP AG dienen.[1] Eine zweifelsfreie Beurteilung hätte nur anhand von objektiv meßbaren Kriterien, wie einer kürzeren Entwicklungszeit oder einer höheren Kundenzufriedenheit, eines mit QFD geplanten (und dann aufgrund der Vorgaben realisierten) Terminkalenders im Vergleich zu einem konventionell geplanten und realisierten Terminkalender erfolgen können. Allerdings ist ein solches Vorgehen schon allein aus Wirtschaftlichkeitsgründen praktisch unmöglich. Für die Beurteilung von QFD bietet sich, wie für jede andere Technik, die stark auf einer intensiven Teamarbeit aufbaut, ein alternatives Vorgehen anhand von strukturierten Interviews mit *allen* Beteiligten *vor und nach* dem Projekt an. Denn wie schon im Kap. 3.3.4.2 herausgestellt, ist der Erfolg einer QFD-Anwendung in höchstem Maße von den beteiligten Personen und deren subjektiven Beurteilungen der Effizienz und Effektivität des Vorgehens abhängig. Im folgenden werden die beiden Interviewleitfäden[2] zur Erfolgskontrolle, konkret zur Festlegung von Erfolgskriterien vor dem Projekt und zur Ermittlung der Einstellungsveränderung danach, kurz dargestellt, auf mögliche Auswertungen hingewiesen und einige Erkenntnisse aus dem Pilotprojekt genannt. Eine abschließende Bewertung aus Sicht der SAP AG erfolgt nicht.

---

1 Siehe im folgenden auch Herzwurm, Schockert, Mellis /Success of QFD/

2 Siehe Anhang Teil D

Einstellung zu QFD

Beide Interviewleitfäden bestehen aus zwei Teilen, wobei jeweils der erste die Aufnahme von persönlichen Ansichten in bezug zu QFD beinhaltet. Vor und nach einem QFD-Projekt werden alle Projektbeteiligten zuerst nach ihrer Einstellung zu QFD befragt. Dies geschieht zum einen durch direkte Fragen nach Problemen und Verbesserungen in der Projektarbeit durch die Anwendung von QFD, zum anderen durch Konfrontation der Beteiligten mit 18 typischen positiven wie negativen Aussagen über QFD,[1] zu denen sie dann jeweils ihre Zustimmung oder Ablehnung in fünf Stufen angeben. Diese können auch als Zahlenwerte von 1 (völlige Ablehnung) bis 5 (völlige Zustimmung) interpretiert werden, die dann über alle Beteiligten oder auch getrennt nach Kunden und QFD-Team gemittelt einen Zustimmungsgrad zu den Aussagen darstellen. Vor dem QFD-Projekt dient diese Frage auch explizit zu Erhebung der Erwartungen, mit denen die Beteiligten in den QFD-Prozeß gehen. Zudem werden alle Beteiligten vor Projektanfang nach ihrer Einschätzung der Teamzusammensetzung und am Projektende zur Teamarbeit in den Gruppensitzungen gefragt.

Persönliche Erfolgskriterien

Die jeweils zweiten Teile der Interviewleitfäden befassen sich konkret mit der Ermittlung bzw. Überprüfung von individuellen und gemeinschaftlichen Erfolgskriterien für das Projekt. Zum einen werden die Beteiligten vor Projektbeginn nach ihren **persönlichen** Kriterien gefragt, an denen sie den Erfolg oder Mißerfolg des Projekts festmachen, um diese dann im nachhinein auf ihre Erfüllung zu prüfen. Zum anderen werden mittels der (universell einsetzbaren) Methode der kritischen Ereignisse[2] gemeinschaftliche Bewertungsmerkmale ermittelt. Dabei werden alle Beteiligten an der Softwareentwicklung sozusagen als Kunden der eingesetzten Methoden und Techniken interpretiert, in diesem Falle also als Kunden von QFD. Statt allerdings direkt nach deren Anforderungen an eine gute Produktplanungstechnik zu fragen, werden diese über die Aufnahme von positiven und negativen Erlebnissen, welche die

---

1 Vgl. z. B. King /Konkurrenz/ 367ff.; als positive Aussage beispielsweise „Eröffnet Potential für kürzere Entwicklungszeiten", als negative Aussage beispielsweise „Langwieriger, aufwendiger und kostspieliger Ansatz".

2 Vgl. Flanagan /Critical Incident Technique/; Hayes /Customer Satisfaction/ 10ff.

Beteiligten konkret bei der Entwicklung des Produkts hatten, ermittelt. Diese möglichst eindeutig beschriebenen kritischen Ereignisse werden durch ihre Gruppierung in einem der Bildung eines Affinitätsdiagramms[1] ähnlichen Prozeß zu Bewertungsmerkmalen zusammengefaßt. Um die Zufriedenheit der Beteiligten mit der Erfüllung dieser für das QFD-Projekt spezifischen Merkmale festzustellen, werden die einzelnen kritischen Ereignisse zu neutralen Aussagen umformuliert, welche die Bewertungsmerkmale detaillierter beschreiben. Durch die Abfrage der Zustimmungsgrade zu diesen Aussagen im zweiten Interviewleitfaden, einmal für die bisherige Entwicklung ohne QFD und einmal für die Entwicklung mit QFD, und durch die Gewichtung der Bewertungsmerkmale mittels einfacher Punktvergabe, können Zufriedenheitswerte für jedes Merkmal und das Produkt insgesamt[2] ermittelt werden. I. d. R. ist eine Anpassung der Fragen an die jeweilige Sicht der beteiligten Personengruppen bei deren Formulierung genauso notwendig,[3] wie eine getrennte Bewertung der Ergebnisse zumindest nach Kundenvertreter und QFD-Teammitgliedern. Der große Vorteil der Anwendung der Methode der kritischen Ereignisse ist, daß die ermittelten Bewertungsmerkmale wirklich zuverlässig diejenigen sind, die von den Beteiligten auch als solche angesehen werden, denn sie werden ja aus ihren eigenen Aussagen abgeleitet. Folgende Abbildung gibt einen Überblick über die für die Entwicklung des Terminkalenders ermittelten Bewertungsmerkmale (aus Kundensicht formuliert) und zeigt die Zuordnung der neutralen Aussagen zu ihnen.

---

1 Siehe Kap. 2.3.2 und 3.3.1.3

2 Dies entspricht dem Kundenzufriedenheitsindex berechnet als der Mittelwert der gewichteten Bewertungsmerkmale.

3 Eine Trennung nach Kunden- und Entwicklersicht ist auch im Interviewleitfaden in Anhang Teil D berücksichtigt.

Abb. 5-9: Bewertungsmerkmale und ihre erklärenden Aussagen für die Entwicklung des Terminkalenders (aus Kundensicht)

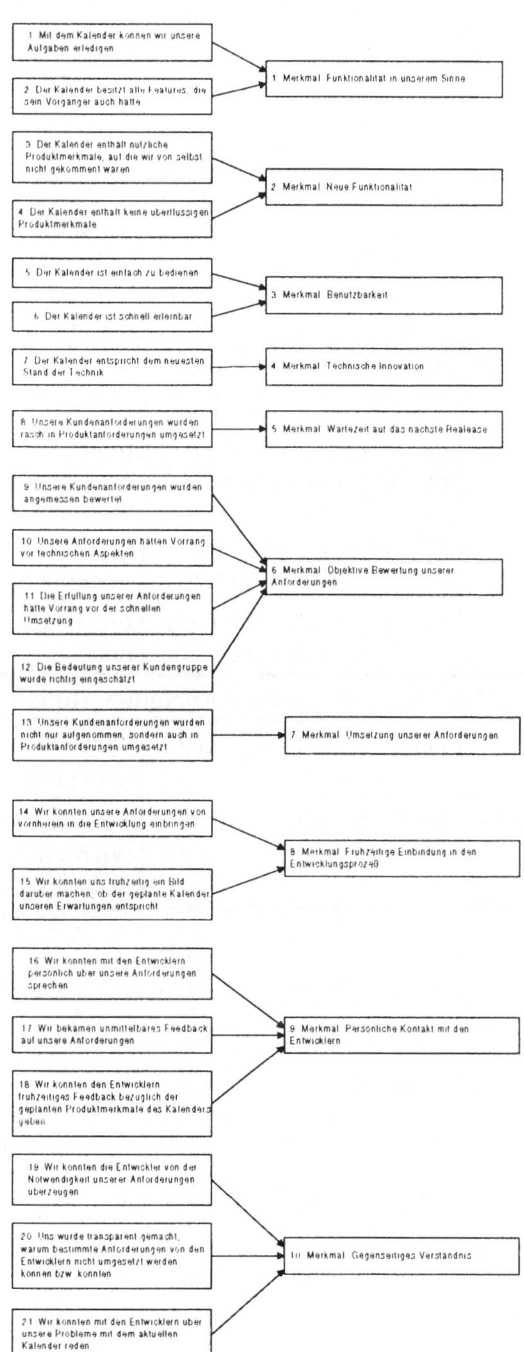

Die Fragen nach der absoluten und relativen (im Vergleich zum konventionellen Vorgehen) Zufriedenheit mit QFD nach Projektabschluß runden den zweiten Interviewleitfaden ab. Folgende Abbildung gibt einen Überblick über die Inhalte der beiden Interviewleitfäden.

Tab. 5-5: Inhalte der beiden Interviewleitfäden zur Erfolgskontrolle

	VORHER: Festlegung von Erfolgskriterien	**NACHHER:** Überprüfung der Erfolgskriterien
Teil 1: Persönliche Ansichten		
1.	Einstellung zu QFD allgemein; erwartete Probleme bei der Projektarbeit; erwartete Verbesserungen gegenüber konventionellen Vorgehen	Einstellung zu QFD allgemein; tatsächliche Probleme bei der Projektarbeit; tatsächliche Verbesserungen gegenüber konventionellen Vorgehen
2.	Einschätzung der Teamzusammensetzung	Einschätzung der Teamarbeit
Teil 2: Erfolgskontrolle vorbereiten/durchführen		
3.	Persönliche Erfolgskriterien ermitteln	Persönliche Erfolgskriterien überprüfen
4.	Kritische Ereignisse erkennen	Bewertungsmerkmale gewichten; Zufriedenheit mit und ohne QFD einschätzen

Als entscheidendes Ergebnis der Erfolgskontrolle für das Pilotprojekt zur Weiterentwicklung des Terminkalenders kann festgehalten werden, daß die gesetzten Ziele nach übereinstimmender Meinung aller Beteiligten erreicht wurden. Dies spiegelte sich auch in dem durchschnittlichen Zustimmungsgrad von 3,7 zur Aussage „Wir haben einen sehr guten Gesamteindruck von QFD" wider. Die Beurteilung der Aussagen, welche die Einstellung der Beteiligten zu QFD wiedergeben, zeigte ebenfalls überwiegend positive Werte, nur eine Verkürzung der Entwicklungszeiten durch QFD wurde sehr skeptisch beurteilt. Dabei äußerten sich tendenziell die Kundenvertreter positiver als die Entwickler, wobei insbesondere die gemeinsame Arbeit in den Gruppensitzungen hervorgehoben wurde. Allerdings trat auch deutlich zu Tage, daß eine nach Kunden und Entwicklern ausgewogene Teamzusammensetzung und die sorgfältige Auswahl der beteiligten Personen entscheidende Faktoren für den Erfolg von QFD sind.

Abb. 5-10: Die Zufriedenheit mit der Entwicklung des Terminkalenders (mit und ohne QFD)

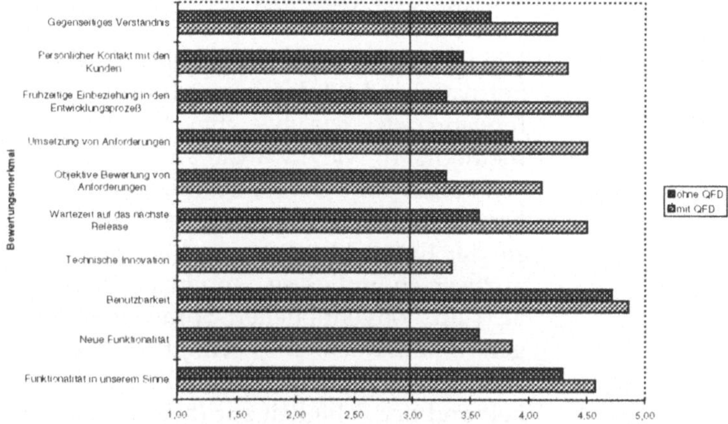

Wie Abb. 5-10 zeigt, waren die Beurteilungen der Bewertungsmerkmale und ihrer zugehörigen Aussagen ebenso ausnahmslos für jedes Merkmal bezüglich der Weiterentwicklung des Terminkalenders mit QFD höher als hinsichtlich der bisherigen Entwicklung ohne QFD. Obwohl bereits der existierende Terminkalender mit einem Kundenzufriedenheitsindex von 3,86 positiv bewertet wurde, ließ sich dieser Wert durch QFD noch auf 4,43 steigern. Allerdings ist das große Problem dieser Gegenüberstellung, daß zum Zeitpunkt der Befragung der Terminkalender mit QFD nur geplant, aber noch nicht realisiert war.

Als wesentliche Erkenntnis herauszustellen ist zudem, daß QFD in einer größeren Anwendung nicht nur nebenbei unter ständigem Zeitdruck aufgrund von anderen Tätigkeiten durchgeführt werden kann. Damit die Beteiligten den Überblick über die komplexen Zusammenhänge der einzelnen Projektschritte untereinander nicht verlieren, müssen sie ausdrücklich in die Auswertungen aller erhobenen Informationen einbezogen werden. Die Moderatoren sollten nur unterstützend und leitend tätig werden, federführend muß das QFD-Team sein. Der Vorteil des methodischen und systematischen Vorgehens kommt erst dann richtig zum Tragen.

6 Erweiterungen und Varianten des QFD-Vorgehensmodells

Stärken von QFD

Die in diesem Buch dargestellte Anwendung von QFD in der Softwareproduktplanung schließt eine Lücke im Entwicklungsprozeß, welche die heute gängigen Entwicklungsmethodiken, wie etwa die strukturierten Methoden, hinterlassen haben: Sie schließt die Lücke zum Kunden. Statt auf konkret formulierte Vorgaben der Kunden zu hoffen, ermöglicht sie der Entwicklung, explizit an den Bedürfnissen der Kunden anzusetzen und diese dann in konkrete Produktcharakteristika, also im konventionellen Sprachgebrauch Produktanforderungen, umzusetzen. Dies erfolgt im wesentlichen mit dem einfachen Mittel einer systematischen Vorgehensweise zur Teamarbeit und der Fähigkeit zur (begründeten) Priorisierung aller die Produktentwicklung betreffenden Informationen. QFD kann allerdings nicht die Erstellung einer kompletten Systemspezifikation als verbindliche Grundlage der weiteren Entwicklung ersetzen, sondern „nur" die Punkte frühzeitig hervorheben, die aus Sicht der Kunden und für die Erhöhung ihrer Zufriedenheit die bedeutendsten sind. In diesem Sinne wird mit dem Einsatz von QFD der Systementwicklungszyklus um eine zusätzliche Komponente erweitert. Praktisch bedeutet das aber nur, daß die bisherigen, oftmals wenig systematisch erfolgenden und oft schlecht abgrenzbaren Tätigkeiten zur Erhebung von Produktanforderungen in einem festen methodischen Rahmen explizit gemacht werden. Der Aufwand dazu, wie auch das Pilotprojekt bei der SAP AG zeigt, ist (wahrscheinlich nicht erheblich, aber doch ein wenig) größer als bei der konventionellen Produktplanung, bietet jedoch die Aussicht auf ein fertiges Produkt, das weniger Nacharbeit verursacht, keine überflüssigen Merkmale enthält und gleichzeitig höhere Kundenzufriedenheit schafft. Damit kann QFD ganz wesentlich die Entwicklungskosten und die Qualität der Produkte (im Sinne der Kunden) positiv beeinflussen, d. h. erheblich zum Wettbewerbserfolg einer softwareentwickelnden Organisation beitragen.

Schwächen von QFD

Nicht zu ignorieren ist allerdings die Tatsache, daß QFD selbst nicht die notwendigen Informationen für die Produktentwicklung beschaffen kann, sondern auf vorhandenen Informationen (insbesondere über die Kunden und deren Bedürfnisse) aufbaut, diese strukturiert und analysiert, um daraus konkrete Vorgaben abzuleiten. In seinem allgemeinen Kern bleibt QFD ein Planungs-, Analyse- und Kommunikationsinstrument. Auch wird es wahrscheinlich nie das einzig wahre, für alle potentiellen Anwendungsfälle in der Softwareentwicklung standardisiert verwendbare QFD-Verfahren geben. Ein solches gibt es selbst in der Fertigungsindustrie trotz des Vier-Phasen-Modells und des Matrix-der-Matrizen-Ansatzes nicht, denn auch diese zeichnen nur einen allgemeinen Vorgehensrahmen auf, der an die jeweilige spezielle Anwendungssituation angepaßt werden muß.[1] Diese QFD innewohnende Flexibilität ist auf der anderen Seite aber ein großer Vorteil, denn dadurch können in das Vorgehen jeweils spezielle, für die Unternehmung oder das Projekt spezifische Besonderheiten aufgenommen werden. Trotz aller anzustrebender methodischer Korrektheit sollten sich das QFD-Team vor einer „Zahlengläubigkeit" hüten. Wichtiger als der Streit um die letzte Nachkommastelle der QFD-Kennzahlen ist eine im Konsens aller Beteiligten durchgeführte sachliche Errabeitung und Interpretation der Ergebnisse.

QFD bietet mehr als die dargestellten Möglichkeiten

Das hier vorgestellte Vorgehensmodell zeigt lediglich einen Teil der Möglichkeiten von QFD auf. Zum einen sind innerhalb der Matrizen noch weitere Analysen möglich - etwa ein detaillierterer Vergleich mit den Wettbewerbern (technisches Benchmarking der Produktmerkmale oder kundenorientiertes Benchmarking der Anforderungserfüllung). Zum anderen ist die Produktplanung mit dem Software-HoQ und dem klassischen HoQ sowie der design-point analysis lediglich der erste Schritt in einem „vollständigen" QFD. Die Ergebnisse können im Rahmen der Komponenten- und Prozeßplanung auch zu Vorgaben an den Prozeß, der Hard- und Softwareumgebung oder an das Marketing führen.[2] Zultner beispielsweise setzt den QFD-Prozeß in seinem Ansatz bis zur Abbildung detaillierter Datenmodellelemente auf einzelne Module fort (siehe Abb. 6-1).

---

1 Vgl. Cohen /Quality Function Deployment/ 310

2 Vgl. Streckfuss /Quality Function Deployment/ 126

Abb. 6-1: Software QFD nach Zultner[1]

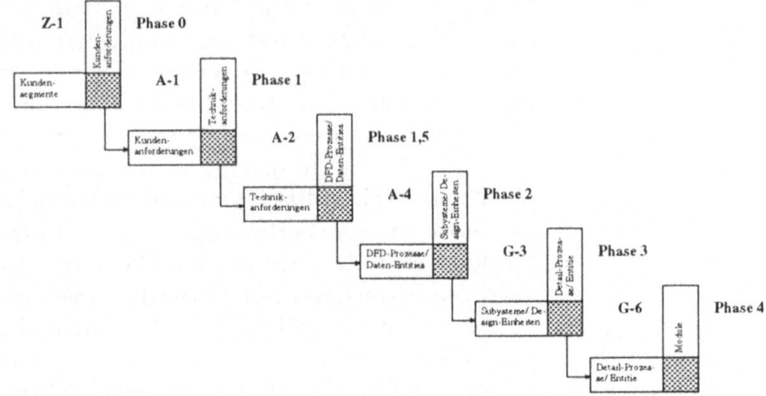

QFD zur Planung des Entwicklungsaufwands

QFD ersetzt zwar keine konventionellen Aufwandschätzverfahren oder Preisermittlungsmethoden, aber es kann zur Analyse der Kosten in Abhängigkeit vom Grad der Erfüllung der Kundenanforderungen eingesetzt werden. Sind z. B. für die Produktcharakteristika die Aufwände ermittelt worden, kann bereits durch ein einfaches Aufsummieren der Aufwendungen für die einzelnen Produktcharakteristika sukzessive der Gesamtaufwand ermittelt werden, bis die „Schmerzgrenze" des Kunden oder der am Markt erzielbare Preis erreicht ist.

QFD und Cost Deployment

Im Rahmen des **Cost Deployment** können zuvor ermittelte Aufwände oder Budgets denKundenanforderungen oder Produktcharakteristika zugeordnet werden. Das Entwicklungsteam kann erkennen, welchen Aufwand es zur Erfüllung einer Kundenanforderung oder zur Realisierung eines Produktmerkmales investiert. Auf diese Weise läßt sich feststellen, ob einer unbedeutenden Kundenanforderung bzw. einem unbedeutenden Produktmerkmal zuviel Aufmerksamkeit gewidmet wird oder ob neue Konzepte (z. B. Redesign) notwendig sind.

Das nachstehende fiktive und unvollständige Beispiel zeigt das Design mit den verschiedenen Komponenten/Modulen des Kalenders sowie die entsprechenden Aufwendungen (in PT = Personentagen) und setzt hierzu die in der VoCA ermittelten Kundenanforderungen in Beziehung. Basis für den Beziehungswert (untere Zahl der Zellen; die Spaltensumme ergibt

1 Zultner /Software Quality Deployment/ 148. Die Bezeichnung der Matrizen ist bezogen auf die Matrix-der-Matrizen von King.

100%) ist der prozentuale Beitrag, den das Modul zur Erfüllung der Kundenanforderung liefert.

Abb. 6-2: Cost Deployment des Kalenders[1]

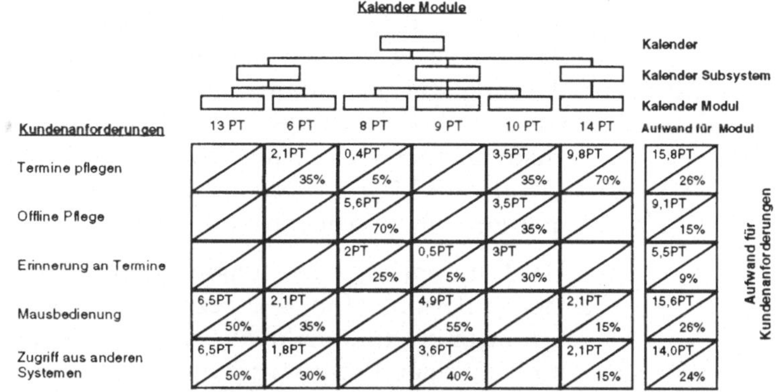

Am Ende der Zeilen läßt sich dann der Aufwand zur Erfüllung der Kundenanforderung und dessen Anteil am Gesamtaufwand ableiten. Der so ermittelte Wert kann mit den Ergebnissen der ersten QFD-Planungsmatrix verglichen werden. Die Gewichte der einzelnen Kundenanforderungen und die ermittelten Aufwandsanteile sollten korrelieren. Sobald der Quotient aus Kundenanforderungsgewicht und Aufwandsanteil größer als 1 wird, läßt sich vermuten, daß der relative Ressourceneinsatz für diese Komponente im Vergleich zu den anderen Komponenten eventuell zu gering ist und somit die untersuchte Produktkomponente aus der Sicht des Kunden „zu einfach" ausfällt.[2]

QFD zur Planung des Testaufwands

Bei komplexer Software ist das Cost Deployment außerdem eine geeignete Methode, um den Testaufwand auf die wesentlichen Produktkomponenten bzw. Module zu konzentrieren. In diesem Fall befänden sich - ausgehend von dem Gesamtbudget, das für Testen zur Verfügung steht - die verschiedenen Testarten am Kopf der QFD-Matrix in Abb. 6-2.

1 In Anlehnung an Cohen /Quality Function Deplyoment/ 330

2 Da im Cost Deplyoment-Beispiel nur 5 Kundenanforderungen selektiert wurden, können die errechneten Zahlen natürlich nicht mit der ersten QFD-Planungsmatrix verglichen werden.

QFD zur Planung des Preises

Der Preis für ein Produkt läßt sich im Rahmen von QFD über die Conjoint-Analyse berücksichtigen.[1] Bei dieser Methode kann der Kunde aus einer Reihe von Produktvarianten die von ihm präferierte auswählen. Ein weiteres Ziel der Conjoint-Analyse ist es, aus den Gesamturteilen des Kunden auf die Bedeutung der Produktmerkmale zu schließen. Nach der Bestimmung der wichtigsten Produktmerkmale und -merkmalsausprägungen mit Hilfe von QFD kann eine sogenannte „Trade-Off-Matrix" zur Priorisierung von Produktmerkmalskombinationen verwendet werden.

Das Grundprinzip der Conjoint-Analyse soll an einem sehr einfachen Beispiel (Tab. 6-1) gezeigt werden. Hier wurden lediglich zwei Produktmerkmale in zwei Ausprägungen kombiniert und zu einer Produktvariante zusammengefaßt: Die Art der Schnittstelle zum Datenaustausch und der dafür in Rechnung zu stellende Aufwand (Preis). Durch Kombination dieser Merkmale ergeben sich vier verschiedene Produktvarianten, die von den Kunden in eine ordinale Rangfolge zu bringen sind.

Tab. 6-1: Conjoint-Analyse: Beispiel (Teil 1)

	Adreß-DB mit vollständiger OLE-Unterstützung	**Adreß-DB mit ASCII-Schnittstelle**
20 Personentage	1	2
30 Personentage	3	4

Neben dieser Rangfolge (Gesamtnutzenwerte für die einzelnen Produktvarianten) können die über statistische Methoden (siehe Abb. 6-3) ggf. softwareunterstützt ermittelten Gewichte der Produktmerkmale aus Kundensicht (Teilnutzenwerte für die einzelnen Produktmerkmale) für das QFD-Team von Interesse sein.

1 Zur Conjoint-Analyse siehe Theuerkauf /Kundennutzenmessung mit Conjoint/ und zur Verbindung von QFD und Conjoint-Analyse siehe Gustafsson /Conjoint Analysis and QFD/

Abb. 6-3: Conjoint-Analyse: Errechnung der Teilnutzenwerte[1]

$$y_k = \sum_{j=1}^{J} \sum_{m=1}^{M_j} \beta_{jm} * x_{jm}$$

geschätzter Nutzenwert einer Ausprägungskombination k

$$\underset{\beta}{Min} \sum_{k=1}^{K} (p_k - y_k)^2$$

Bestimmung der Teilnutzenwerte b_{jm}, so daß Gesamtnutzenwerte y_k und die Rangwerte p_k einander möglichst gut entsprechen

$$w_j = \frac{\underset{m}{Max}\{\beta_{jm}\} - \underset{m}{Min}\{\beta_{jm}\}}{\sum_{j=1}^{J} (\underset{m}{Max}\{\beta_{jm}\} - \underset{m}{Min}\{\beta_{jm}\})}$$

Bestimmung der Gewichtungsfaktoren

mit

y_k geschätzter Gesamtnutzenwert für Kombination k

β_{jm} Teilnutzenwert für Ausprägung m von Merkmal j

x_{jm} 1 wenn bei Kombination k das Merkmal j in der Ausprägung m vorliegt

x_{jm} 0 sonst

J Anzahl der Merkmale

M_j Anzahl der Ausprägungen des Merkmals j

An dieser Stelle wird deutlich, daß die Conjoint-Analyse theoretisch auch zur Ermittlung der Kundenanforderungsgewichte eingesetzt werden kann. Hierbei ist allerdings zu beachten, daß die Anzahl der Produktvarianten und somit auch die Komplexität mit zunehmender Zahl zu berücksichtigender Merkmale (in diesem Falle Kundenanforderungen) ansteigt. Die Conjoint-Analyse kann *sinnvollerweise* nur bis zu einer Zahl von maximal sieben Merkmalen angewendet werden. Sie eignet sich daher lediglich für eine Gewichtung der Kundenanforderungsgruppen auf der obersten Ebene. Für unser Beispiel zeigt Tab. 6-2 das Ergebnis.

Tab. 6-2: Conjoint-Analyse: Beispiel (Teil 2)

	Adreß-DB mit vollständiger OLE-Unterstützung	Adreß-DB mit ASCII-Schnittstelle	Zeilen-mittelwert	b-Preis
20 Personentage	1	2	1,5	-1,0
30 Personentage	3	4	3,5	1,0
Spaltenmittelwert	2	3	2,5	
b-Preis	-0,5	0,5		

Gewicht Aufwand	66,67%
Gewicht Adreß-DB Typ	33,33%

Weitere QFD-Varianten sind möglich

Die Liste der sinnvollen (und weniger sinnvollen) Erweiterungen und Varianten des hier vorgestellten Vorgehensmodells läßt sich nahezu beliebig erweitern. Werden erst einmal die Grundprinzipien der QFD-Methode verstanden und QFD in der Unternehmung beherrscht, dann sollte es keine Schwierigkeiten bereiten, unternehmungs- oder/und produktspezifische

1 Reiner /Kundenzufriedenheit/ 95

Modifikationen vorzunehmen. [1] Allerdings sollte diese Reihenfolge unbedingt eingehalten werden, um kein Scheitern von QFD aufgrund zu komplexer Vorgehensweise bei zu wenig Erfahrung zu riskieren.

QFD und Unternehmungskultur

Ein wichtiges Hindernis, das im Rahmen dieses Buches nur sporadisch behandelt werden konnte, aber in der Praxis immer wieder auftritt, ist ein menschliches: QFD bedeutet für viele Mitarbeiter eine radikale Änderung ihrer Arbeitsweise: Der Kunde steht im Mittelpunkt, die Zusammenarbeit mit Personen aus fremden Abteilungen, denen man früher immer aus dem Weg gegangen ist, wird zur Pflicht, Entscheidungen werden nicht von unantastbaren „Expertenhalbgöttern", sondern vom Team gefällt. QFD bedeutet Veränderungen, und es gibt Menschen, die nichts so sehr hassen, wie das Aufgeben „bewährter" Verhaltensweisen. Die Einführung von QFD ist zugleich immer auch ein Change Management Projekt und der Erfolg von QFD hängt sehr stark von der Unternehmungskultur ab. Die hierbei auftretenden Probleme und die Maßnahmen zu deren Behebung sind überwiegend nicht QFD-spezifisch, weshalb uns an dieser Stelle nur der Hinweis auf die entsprechende Literatur bleibt. [2]

Treten Sie mit den Autoren in Kontakt!

Wir würden uns freuen, wenn wir mit diesem Buch einen kleinen Beitrag dazu geliefert hätten, die Einführung von QFD - zumindest auf der methodischen Seite - zu erleichtern und hoffen auf ein reges Feedback aus der Leserschaft.

---

1 Z. B. Kreativitätsmethoden wie TRIZ (siehe Altshuller /Creativity/) oder Kostenmanagementansätze wie Target Costing (vgl. Benz, Weigand /QFD und Target Costing/)

2 Siehe zu dieser Problematik bezüglich QFD Metzen /Qualitätsfähigkeiten/ und allgemein Mellis, Herzwurm, Stelzer /TQM/

Literaturverzeichnis

Ackermann, Buckland /Digital/

Michelle Ackermann, Bob Buckland: Successful Quality Function Deployment (QFD) Application at Digital Equipment Corporation: Unique Approaches and Applications of QFD to Address Business Needs. In: QFD-Institute (Hrsg.): Transactions from the Fifth Symposium on Quality Function Deployment. Novi, Michigan 1993, S. 79-97

Akao /Approach/

Yoji Akao: Recent Approach in Quality Function Deployment. In: Shigeru Mizuno, Yoji Akao (Hrsg.): QFD, the customer-driven approach to quality planning and deployment. Tokio 1994, S. 309-331

Akao /Development History/

Yoji Akao: Development History of Quality Function Deployment. In: Shigeru Mizuno, Yoji Akao (Hrsg.): QFD, the customer-driven approach to quality planning and deployment. Tokio 1994, S. 339-351

Akao /Einführung/

Yoji Akao: Eine Einführung in Quality Function Deployment (QFD). In: Yoji Akao (Hrsg.): QFD - Quality Function Deployment. Landsberg/Lech 1992, S. 15-34

Akao /History/

Yoji Akao: History of Quality Function Deployment in Japan. In: H. J. Zeller (Hrsg.): The Best on Quality. Targets, Improvements, Systems. Munich - Vienna - New York 1990, S. 184-196

Akao /QFD/

Yoji Akao (Hrsg.): QFD - Quality Function Deployment. Landsberg/Lech 1992

Akao /Quality Deployment/

Yoji Akao: Quality Deployment System Procedures. In: Shigeru Mizuno, Yoji Akao (Hrsg.): QFD, the customer-driven approach to quality planning and deployment. Tokio 1994, S. 50-88

Altshuller /Creativity/

G.S. Altshuller: Creativity as an Exact Science. The Theory of the Solution of Inventive Problems. Luxembourg 1984

Arthur /TQM/

Lowell Jay Arthur: Improving Software Quality: an Insider's Guide to TQM. New York u. a. 1993

ASI /Quality Function Deployment/

ASI (American Supplier Institute): Quality Function Deployment - Excerpts from the Implementation Manual for Three Day QFD Workshop. Version 3.4. In: QFD-Institute (Hrsg.): Transactions from the Second Symposium on Quality Function Deployment. Novi, Michigan 1990, S. 21-85

Bailey /Customer/

Earl L. Bailey: Getting Closer To The Customer. In: The Conference Board Research Bulletin No. 229: Getting Closer To the Customer. New York, 1989, S. 3-7

Benz, Weigand /QFD und Target Costing/

Christoph Benz, Andreas Weigand: Qualität durch marktgerechte Produktentwicklung - der kombinierte Einsatz von QFD und Target Costing zur Sicherung der Wirtschaftlichkeit von Neuentwicklungen. In: W. Hansen, H. H. Jansen, G. F. Kaminske (Hrsg.): Qualitätsmanagement im Unternehmen. Grundlagen, Methoden und Werkzeuge, Praxisbeispiele. Loseblattsammlung Stand Mai 1996.Berlin u. a. 1996, S. 08.08-1 - 08.08.-91

Bergman /QFD in Europe/

Bo Bergman: On the Use of QFD in Europe. In: JUSE (Hrsg.): Proceedings of International Symposium on Quality Function Deployment - QFD Toward Development Management. Tokyo 1995, S. 11-18

Betts /QFD/

MaryAnn Betts: QFD Integrated with Software Engineering. In: QFD-Institute (Hrsg.): Transactions from the Second Symposium on Quality Function Deployment. Novi, Michigan 1990, S. 442-459

Bicknell, Bicknell /QFD/

Barbara A. Bicknell, Kris D. Bicknell: The Road Map to Repeatable Success: Using QFD to Implement Change. Boca Raton u. a. 1995

Bossert /Quality Function Deployment/

James L. Bossert: Quality Function Deployment: a Practitioner's approach. Milwaukee, Wisconsin, 1991

Brunner /Produktplanung/

Franz J. Brunner: Produktplanung mit Quality Function Deployment QFD. In: io Management Zeitschrift. Nr. 6, 1992, S. 42-46

Clausing /Total Quality Development/

Don Clausing: Total Quality Development. A Step-by-Step Guide to World-Class Concurrent Engineering. New York 1994

Cohen /House of Quality/

Lou Cohen: QFD = The House of Quality. In: American Programmer. June 1993, S. 12-19

Cohen /Quality Function Deployment/

Lou Cohen: Quality Function Deployment. How to Make QFD Work for You. Reading, Massachusetts u. a. 1995

Colleti /Hoshin Planning/

Joseph F. Colleti: QFD and Hoshin Planning: A Look at the Synergies. In: QFD-Institute (Hrsg.): Transactions from the Seventh Symposium on Quality Function Deployment. Novi, Michigan 1995, S. 217-225

Conti /Building total quality/

Tito Conti: Building total quality: a guide for management. London u. a. 1993

Curtius, Ertürk /QFD-Einsatz/

Berthold Curtius, Ümit Ertürk: QFD-Einsatz in Deutschland. In: QZ - Qualität und Zuverlässigkeit. Nr. 4, 1994, S. 394-402

Dika /Overview/

Robert J. Dika: Overview of Quality Function Deployment. In: QFD-Institute (Hrsg.): Transactions from the Second Symposium on Quality Function Deployment. Novi, Michigan 1990, S. 1-19

Droege & Comp. /Triebfeder Kunde/

Droege & Comp. (Hrsg.): Triebfeder Kunde. Ergebnisse und Interpretationen der Studie "...näher und besser am Kunden arbeiten...". Düsseldorf 1995

Eul /Geschäftsfeldmodelle/

Marcus Eul: Qualitätsmanagementsystem für Geschäftsfeldmodelle: Projekttechniken als Instrumente zur Qualitätsplanung und -lenkung. Wiesbaden 1996

Eureka, Ryan /Customer-driven company/

William E. Eureka, Nancy E. Ryan: The Customer-Driven Company: Managerial Perspective on Quality Function Deployment. Dearborn, Michigan 1994

Eversheim, Wengler, Ogrodowski /Qualitätsprobleme/

Walter Eversheim, Michael M. Wengler, Udo Ogrodowski: Qualitätsprobleme wie von selbst gelöst!? In: QZ - Qualität und Zuverlässigkeit. Nr. 9, 1995, S. 1050-1056

Feix /Moderationsmethoden/

Nereu Feix: Moderationsmethoden und Synaplan. 2. Aufl., Mannheim 1992

Flanagan /Critical Incident Technique/

J. C. Flanagan: The Critical Incident Technique. In: Psychological Bulletin. Nr. 51, 1954, S. 327-358

Gause, Weinberg /Requirements/

Donald C. Gause, Gerald M. Weinberg: Software Requirements. Anforderungen erkennen, verstehen und erfüllen. München - Wien 1989

Gilb /Principles/

Tom Gilb: Principles of Software Engineering Management, Reading 1987

Grady /Software Metrics/

Robert B. Grady: Practical Software Metrics for project management and process improvement. Englewood Cliffs, New Jersey 1992

Griffin /Evaluating development processes/

Abbie J. Griffin: Evaluating development processes: QFD as an example. Cambridge 1991

Guinta, Praizler /QFD/

Lawrence R. Guinta, Nancy C. Praizler: The QFD Book: the Team Approach to Solving Problems and Satisfying Customers through Quality Function Deployment. New York 1993

Gustafsson /Conjoint Analysis and QFD/

Anders Gustafsson: Customer Focused Product Development by Conjoint Analysis and QFD. Linköping Studies in Science and Technology. Dissertation No. 418. Linköping 1996

Haag /Field study/

Stephen Eugene Haag: A field study of the use of quality function deployment (QFD) as applied to software development. Diss. Arlington 1992

Haist, Fromm /Qualität/

Fritz Haist, Hansjörg Fromm: Qualität im Unternehmen. Prinzipien - Methoden - Techniken. München - Wien 1991

Hales /Concurrent Engineering/

Robert F. Hales: Quality Function Deployment in Concurrent Engineering. In: QFD-Institute (Hrsg.): Transactions from the Sixth Symposium on Quality Function Deployment. Novi, Michigan 1994, S. 35-42

Hauser, Clausing /House of Quality/

John R. Hauser, Don Clausing: The House of Quality. In: Harvard Business Review. May-June 1988, S.63-73

Havener /Quality/

Clifton L. Havener: Improving the Quality of Quality. In: Quality Progress. November 1993, S. 41-44

Hayes /Customer Satisfaction/

Bob E. Hayes: Measuring Customer Satisfaction: Development and Use of Questionnaires. Milwaukee, Wisconsin 1992

Herzwurm, Mellis, Stelzer /QFD/

Georg Herzwurm, Werner Mellis, Dirk Stelzer: QFD unterstützt Software Design. In: QZ - Qualität und Zuverlässigkeit. Nr. 3, 1995 , S. 304-308

Herzwurm, Schockert, Mellis /Success of QFD/

Georg Herzwurm, Sixten Schockert, Werner Mellis: Determining the Success of a QFD project - exemplified by a pilot scheme carried out in cooperation with the German software company SAP AG. In: QFD-Institute (Hrsg.): Transactions from the Eighth Symposium on Quality Function Deployment and International Symposium on QFD '96. Novi, Michigan 1996, S. 131-150

Hierholzer /Kundenorientierung/

Andreas Hierholzer: Benchmarking der Kundenorientierung von Softwareprozessen. Köln 1996

Homburg, Rudolph /Kunden/

Christian Homburg, Bettina Rudolph: Wie zufrieden sind ihre Kunden tatsächlich? In: Harvard Business Manager. Nr. 1, 1995, S. 43-50

Ishikawa /Guide/

Kaoru Ishikawa: Guide to Quality Control. 2. Aufl., White Plains, New York 1986

Ishikawa /Total Quality Control/

Kaoru Ishikawa: What is Total Quality Control? The Japanese Way. Englewood Cliffs 1985

Juran /Design/

Joseph M. Juran: Juran on Quality by Design. The New Steps for Planning Quality into Goods and Services. New York u.a. 1992

Juran /Quality Function/

Joseph M. Juran: The Quality Function. In: Joseph M. Juran, Frank M. Gryna (Hrsg.): Juran's Quality Control Handbook. 4. Aufl., New York u. a. 1988

Kano u. a. /Quality/

Noriaki Kano, Nobuhiko Seraku, Fumio Takahashi, Shinichi Tsuji: Attractive Quality and Must-Be Quality. In: Hinshitsu (Quality). Nr. 2, 1984, S. 39-48

Kihara /Software Requirements/

Takami Kihara: Decomposing Software Requirements by Using QFD and QMIII. A Thesis for the degree of Master of science, October 1992, Thayer School of Engineering Dartmouth College Hanover, NH 03755.

King /Designs/

Bob King: Better Designs in Half the Time. Methuen, Massachusetts 1987

King /Konkurrenz/

Bob King: Doppelt so schnell wie die Konkurrenz. 2. Auflage, St. Gallen 1994

König /Erfahrungen/

Volker König: Aus Erfahrungen lernen - Ansätze für erfolgreiche QFD's. In: gfmt (Hrsg.): Tagungsunterlagen zum 1. QFD Symposium 1993. München 1993, S. 123-148

Kogure, Akao /Quality Function Deployment/

Masao Kogure, Yoji Akao: Quality Function Deployment and CWQC in Japan - A Strategy for assuring that quality is built into new products. In: Quality Progress, October 1983, S. 25-29

Lamia /QFD/

Walter M. Lamia: Integrating QFD with Object-Oriented Software Design Methodologies. In: QFD-Institute (Hrsg.): Transactions from the Seventh Symposium on Quality Function Deployment. Novi, Michigan 1995, S. 417-434

Liston /TQM/

Barbara Liston: TQM and Software Engineering: A Personal Perspective. In: QFD-Institute (Hrsg.): Transactions from the Fourth Symposium on Quality Function Deployment. Novi, Michigan 1992, S. 343-359

Maddux, Amos, Wyskida /Strategic Planning Tool/

Gary A. Maddux, Richard W. Amos, Alan R. Wyskida: Organizations Can Apply Quality Function Deployment As Strategic Planning Tool. In: Industrial Engineering. September 1991, S. 33-37

Mazur /Voice of the Customer Table/

Glenn H. Mazur: Voice of the Customer Table: A Tutorial. In: QFD-Institute (Hrsg.): Transactions from the Fourth Symposium on Quality Function Deployment. Novi, Michigan 1992, S. 105-111

McDonald /Product Development/

Mark P. McDonald: Quality Function Deployment: Introducing Product Development into the Systems Development Process. In: QFD-Institute (Hrsg.): Transactions from the Seventh Symposium on Quality Function Deployment. Novi, Michigan 1995, S. 435-447

McLaurin, Bell /Customer Service/

Donald L. McLaurin, Shareen Bell: Making Customer Service more than just a slogan. In: Quality Progress. November 1993, S. 35-39

Meffert /Marketingforschung/

Heribert Meffert: Marketingforschung und Käuferverhalten. 2. Auflage, Wiesbaden 1992

Menneke /Einführung/

Jens Menneke: Einführung der QFD-Methode in Unternehmen. In: gfmt (Hrsg.): Tagungsunterlagen zum 1. QFD Symposium 1993. München 1993, S. 102-122

Mellis, Herzwurm, Stelzer /TQM/

Werner Mellis, Georg Herzwurm, Dirk Stelzer: TQM der Softwareentwicklung. Mit Prozeßverbesserung, Kundenorientierung und Change Management zu erfolgreicher Software. Braunschweig-Wiesbaden 1996

Metzen /Qualitätsfähigkeit/

Quality Function Deployment und die Weiterentwicklung der Qualitätsfähigkeitem im Unternehmen. In: gfmt (Hrsg.): Tagungsunterlagen zum 1. QFD Symposium 1993. München 1993, S. 345-375

Mitsufuji, Uchida /Qualitätstabellen/

Yoshihiro Mitsufuji, Takeharu Uchida: Die Einführung und der Gebrauch von Qualitätstabellen. In: Yoji Akao (Hrsg.): QFD - Quality Function Deployment. Landsberg/Lech 1992, S. 57-83

Mizuno /Introduction/

Shigeru Mizuno: Introduction. In: Shigeru Mizuno, Yoji Akao (Hrsg.): QFD, the customer-driven approach to quality planning and deployment. Tokio 1994, S. 3-30

Mizuno /Management/

Shigeru Mizuno: Management for Quality Improvement: The 7 New QC Tools. Cambridge, MA 1988

Mizuno, Akao /QFD/

Shigeru Mizuno, Yoji Akao (Hrsg.): QFD, the customer-driven approach to quality planning and deployment. Tokio 1994

Moran, ReVelle /Handbook/

John W. Moran, Jack B. ReVelle: The Executive's Handbook on Quality Function Deployment. Windham 1994

Moran /Lessons Learned/

John W. Moran: Lessons Learned in Applying QFD. In: QFD-Institute (Hrsg.): Transactions from A Symposium on Quality Function Deployment. Novi, Michigan 1989, S. 337-345

Moseley, Worley /Customer Requirements/

Jan Moseley, Jim Worley: Using Quality Function Deployment to Gather Customer Requirements for Products that Support Software Engineering Improvement. In: QFD-Institute (Hrsg.): Transactions from the Third Symposium on Quality Function Deployment. Novi, Michigan 1991, S. 243-251

Nakui /Comprehensive QFD/

Satoshi Nakui: Comprehensive QFD System. In: QFD-Institute (Hrsg.): Transactions from the Third Symposium on Quality Function Deployment. Novi, Michigan 1991, S. 136-152

Newton, McDonald /Software QFD/

David S. Newton, Mark P. McDonald: Implementing Software QFD on Large Projects. In: QFD-Institute (Hrsg.): Transactions from the Sixth Symposium on Quality Function Deployment. Novi, Michigan 1994, S. 291-299

Ohmori /Software quality deployment/

Akira Ohmori: Software quality deployment approach: framework design, methodology and example. In: Software Quality Journal. Nr. 3, 1993, S. 209-240

Pfeifer /Qualitätsmanagement/

Tilo Pfeifer: Qualitätsmanagement. Strategien, Methoden, Techniken. München - Wien 1993

Powers /Comprehensive QFD/

David Powers: Comprehensive QFD. In: QFD-Institute (Hrsg.): Transactions from the Seventh Symposium on Quality Function Deployment. Novi, Michigan 1995, S. 85-100

ReVelle, Frigon, Jackson /Concept/

Jack B. ReVelle, Normand L. Frigon, Harry K. Jackson: From Concept to Customer. The Practical Guide to Intergrated Product and Process Development, and Business Process Reengineering. New York u. a. 1995

Reiner /Kundenzufriedenheit/

Thomas Reiner: Analyse der Kundenbedürfnisse und der Kundenzufriedenheit als Voraussetzung einer konsequenten Kundenorientierung. Hallstadt 1993

Ross, Paryani /Automotive Industry/

Harold Ross, Kioumars Paryani: QFD Status in the U.S. Automotive Industry. In: QFD-Institute (Hrsg.): Transactions from the Seventh Symposium on Quality Function Deployment. Novi, Michigan 1995, S. 575-584

Saatweber /Kundenbefragungen/

Jürgen Saatweber: Kundenbefragungen - wie erhalte ich die Kundenanforderungen vollständig und unverfälscht? In: gfmt (Hrsg.): Tagungsunterlagen zum 1. QFD Symposium 1993. München 1993, S. 206-223

Saatweber /Quality Function Deployment/

Jürgen Saatweber: Quality Function Deployment (QFD). In: Walter Masing (Hrsg.): Handbuch Qualitätsmanagement. 3. Aufl., München - Wien 1994, S. 445-468

Saaty /Analytic Hierarchy Process/

Thomas L. Saaty: Multicriteria Decision Making: The Analytic Hierarchy Process. Planning, Priority Setting, Resource Allocation. 2. Aufl., Pittsburgh 1996

Saaty /Decision Making/

Thomas L. Saaty: Decision Making for Leaders: The Analytic Hierarchy Process for Decisions in a Complex World. 3. Aufl., Pittsburgh 1995

Saxby, Streckfuss /Produktplanung/

Christian Saxby, Gerd Streckfuss: Produktplanung mit Quality Function Deployment (QFD). In: Herrmann J. Thomann (Hrsg.): Der Qualitätssicherungsberater. Köln 1993, S. 07500; 1-26

Seidel /TQM-Netzwerk/

Ingolf Seidel: QFD und DFMA im TQM-Netzwerk - rechnergestützte Werkzeuge des Simultaneous Engineering. In: gfmt (Hrsg.): Tagungsunterlagen zum 1. QFD Symposium 1993. München 1993, S. 309-330

Seifert /Visualisieren/

Josef W. Seifert: Visualisieren - Präsentieren - Moderieren. 5. Aufl., Bremen 1993

Shaikh /Customer/

Khushroobanu I. Shaikh: Thrill Your Customer, be a Winner. In: QFD-Institute (Hrsg.): Transactions from A Symposium on Quality Function Deployment. Novi, Michigan 1989, S. 287-301

Shiba, Graham, Walden /American TQM/

Shoji Shiba, Alan Graham, David Walden: A New American TQM: Four Practical Revolutions in Management. Cambridge, Mass. 1993

Shillito /Advanced QFD/

M. Larry Shillito: Advanced QFD: Linking Technology to Market and Company Needs. New York 1994

Shillito, De Marle /Value/

M. Larry Shillito, David J. De Marle: Value. Its Measurement, Design, and Management. New York u. a. 1992

Shindo, Kubota, Toyoumi /Tabelle der Kundenanforderungen/

Hisakazu Shindo, Yasuhiko Kubota, Yuritsugu Toyoumi: Die Anwendung der Tabelle der Kundenanforderungen: Der Aufbau des Qualitätsplans. In: Yoji Akao (Hrsg.): QFD - Quality Function Deployment. Landsberg/Lech 1992, S. 35- 55

Sommerville /Software Engineering/

Ian Sommerville: Software Engineering. 4. Auflage, Wokingham u. a. 1992

Specht, Schmelzer /Produktentwicklung/

Günter Specht, Hermann J. Schmelzer: Instrumente des Qualitätsmanagements in der Produktentwicklung. In: ZfbF - Schmalenbachs Zeitschrift für betriebswirtschaftliche Forschung. Nr. 6, 1992, S. 531-547

Stahlknecht /Wirtschaftsinformatik/

Peter Stahlknecht: Einführung in die Wirtschaftsinformatik. 7. Auflage. Berlin u. a. 1995

Streckfuss /Checkliste/

Gerd Streckfuss: Checkliste und die Kundenstimme. In: QFD-Forum. Nr. 3, 1. Januar 1997, S. 4

Streckfuss /Quality Function Deployment/

Gerd Streckfuss: Quality improvement in software development using Quality Function Deployment (QFD). In: SAQ, EOQ-SC (Hrsg.): Software Quality Concern for People. Proceedings of the Fourth European Conference on Software Quality. October 17-20, 1994, Basel, Switzerland.Zürich 1994, S. 120-128

Sullivan /Quality Function Deployment/

Lawrence P. Sullivan: Quality Function Deployment. A system to assure that customer needs drive the product design and production process. In: Quality progress. June 1986, S. 39-50

Takayanagi /Quality Chart/

Akira Takayanagi: The Concept of the Quality Chart and Its Beginnings. In: Shigeru Mizuno, Yoji Akao (Hrsg.): QFD, the customer-driven approach to quality planning and deployment. Tokio 1994, S. 31-49

Terninko /QFD User/

John Terninko: Fanatic QFD User. In: QFD-Institute (Hrsg.): Transactions from the Second Symposium on Quality Function Deployment. Novi, Michigan 1990, S. 125- 131

Theuerkauf /Kundennutzenmessung mit Conjoint/

Ingo Theuerkauf: Kundennutzenmessung mit Conjoint. In: ZfB - Zeitschrift für Betriebswirtschaft. 1989, S. 1179-1192

Thompson, Fallah /Product Definition/

Dianne M. M. Thompson, M. Hosein Fallah: QFD - A Systematic Approach to Product Definition. In: QFD-Institute (Hrsg.): Transactions from A Symposium on Quality Function Deployment. Novi, Michigan 1989, S. 277-285

Xiong, Shindo /Quality Table Concept/

Wei Xiong, Hisakazu Shindo: An Application of Quality Table Concept to the Analysis of Software Structure. In: JUSE (Hrsg.): Proceedings of International Symposium on Quality Function Deployment - QFD Toward Development Management. Tokyo 1995, S. 37-44

Yoshiziwa u. a. /Recent Aspects of QFD/

Tadashi Yoshiziwa, Yoji Akao, Michiteru Ono, Hisakazu Shindo: Recent Aspects of QFD in the Japanese Software Industry. In: Quality Engineering. Nr. 3, 1993, S. 495-504

Yoshizawa, Togari, Kuribayashi /QFD/

T. Yoshizawa, H. Togari, T. Kuribayashi: QFD in der Software Entwicklung. In: Yoji Akao (Hrsg.): QFD - Quality Function Deployment. Landsberg/Lech 1992, S. 299-319

Zells /TQM Applications/

Lois Zells: Learning from Japanese TQM Applications to Software Engineering. In: G. Gordon Schulmeyer, James I. McManus (Hrsg.): Total Quality Management for Software. New York - London 1992, S. 37-72

Zultner /Before the House/

Richard E. Zultner: Before the House. The Voices of the Customers in QFD. In: QFD-Institute (Hrsg.): Transactions from the Third Symposium on Quality Function Deployment. Novi, Michigan 1991, S. 451-464

Zultner /Blitz QFD/

Richard E. Zultner: Blitz QFD: Better, Faster, and Cheaper Forms of QFD. In: American Programmer. October 1995, S. 24-36

Zultner /Priorities/

Richard E. Zultner: Priorities. The Analytic Hierarchy Process in QFD. In: QFD-Institute (Hrsg.): Transactions from the Fifth Symposium on Quality Function Deployment. Novi, Michigan 1993, S. 459-466

Zultner /Quality Function Deployment/

Richard E. Zultner: Quality Function Deployment (QFD) for Software: Structured Requirements Exploration. In: G. Gordon Schulmeyer, James I. McManus (Hrsg.): Total Quality Management for Software. New York - London 1992, S. 297-319

Zultner /Satisfying Customers/

Richard E. Zultner: Quality Function Deployment for Software: Satisfying Customers. In: American Programmer. February 1992, S. 28-41

Zultner /Software Quality Deployment/

Richard E. Zultner: Software Quality [Function] Deployment. Applying QFD to software. In: QFD-Institute (Hrsg.): Transactions from the Second Symposium on Quality Function Deployment. Novi, Michigan 1990, S. 132-149

Zultner /Software quality function deployment/

Richard E. Zultner: Software quality function deployment - the north american experience. In. SAQ, EOQ-SC (Hrsg.): Software Quality Concern for People. Proceedings of the Fourth European Conference on Software Quality. Zürich 1994, S. 143-158

Zultner /Task Deployment/

Richard E. Zultner: Task Deployment for Service. Process QFD. In: QFD-Institute (Hrsg.): Transactions from the Fourth Symposium on Quality Function Deployment. Novi, Michigan 1992, S. 328-340

Zultner /TQM/

Richard E. Zultner: TQM for Technical Teams. In: Communications of the ACM. October 1993, S. 79-91

Materialsammlung

Inhalt

Einführung

Das Vorgehen beim QFD-Prozeß wird nachfolgend anhand von in Schablonen dargestellten Aktivitäten detailliert beschrieben.

Diese Schablonen dienen als detaillierte Anleitungen („Kochbuch") für die Durchführung eines QFD-Projekts. Genauso, wie Rezepte in Kochbüchern dem persönlichen Geschmack angepaßt werden müssen, sind auch die QFD-Anleitungen eventuell an die Bedürfnisse anzupassen. Es wird allerdings für die ersten Projekte empfohlen, sich weitestgehend an den hier dargestellten Schritten zu orientieren.

Für Arbeitsschritte, die im Rahmen von moderierten Gruppensitzungen stattfinden, hat die Schablone folgendes Format:

Schablone zu den Aktivitäten in moderierten Gruppensitzungen

Aufgabe:	*kurze, knappe Aussage über das Ziel und den Zweck der Aktivität*
Moderation:	*detaillierte Beschreibung des Vorgehens in Form von nacheinander zu erledigenden Teilaktivitäten; Anleitung für den Moderator*
Software-unter-stützung:	*Betonung der Teilaktivitäten, die durch Software unterstützt erfolgen sollten; i. d. R. parallel zur Durchführung der Aktivität von einer zweiten Person neben dem Moderator zu leisten*
Ergebnis:	*konkretes Ergebnis der Aktivität*

Insbesondere die Softwareunterstützung in Form von auf dem Markt gängigen QFD-Werkzeugen[1] und Tabellenkalkulationsprogrammen ist wichtig, damit sich das Team voll auf die QFD-Anwendung konzentrieren kann und durch die doch recht vielen, umfangreichen Berechnungen und Auswertungen[2] keine unnötige Zeit verliert.

---

1 Eine knappe Übersicht über einige QFD-Tools mit ihren Vor- und Nachteilen befindet sich in Teil G.

2 Vor allem in den Schritten zwei, vier, sechs und sieben, insbesondere die Priorisierungsrechnung innerhalb der Matrix gemäß allgemeiner Formeln aus Kap. 2.6.2.

Für Aktivitäten, die vor oder nach moderierten Gruppensitzungen erfolgen, wird die nachfolgende Schablone verwendet:

Schablone zu den Aktivitäten außerhalb moderierter Gruppensitzungen

Aufgabe:	*kurze, knappe Aussage über das Ziel und den Zweck der Aktivität*
Arbeitsschritte:	*detaillierte Beschreibung des Vorgehens in Form von nacheinander zu erledigenden Teilaktivitäten; Anleitung für den Aufgabenträger*
Ergebnis:	*konkretes Ergebnis der Aktivität*

A Anleitung für das Pre-Planning

A.1 Projektorganisation

A.1.1 Auswahl des Produkts für die QFD-Analyse	
Aufgabe:	Überprüfung der QFD-Fähigkeit des Produkts
Arbeitsschritte:	1. Abarbeitung Checkliste, Anforderungen an das QFD-Projekt (Produkt, Dienstleistung, Prozeß): ❑ Gibt es unterschiedliche Kunden bzw. Kundentypen mit unterschiedlichen Kundenwünschen? ❑ Gibt es viele (mehr als 10) Kundenanforderungen? ❑ Gibt es sowohl externe (Käufer/Benutzer) als auch interne (Unternehmung/Mitarbeiter/Prozesse) Kunden und sind diese Kunden bekannt? 💣 Sind die Anforderungen der Kunden bekannt oder die Voraussetzungen da, sie zu ermitteln? ❑ Können die Kundenanforderungen gewichtet werden? ❑ Ändern sich die Kundenanforderungen relativ oft? ❑ Sind ggf. Kenntnisse über Mitbewerber bzw. Konkurrenzlösungen vorhanden? 💣 Hat die Unternehmung Einfluß auf die Produktmerkmale und die diese Produktmerkmale produzierenden Prozesse? 💣 Sind mehr als 10 Produktmerkmale vorhanden? ❑ Hat das Projekt für den Kunden einen hohen Nutzen? ❑ Sind die momentanen Benutzer unzufrieden? ❑ Besteht ggf. ein großes Verbesserungspotential im Vergleich zur Konkurrenz bzw. zur Vorgängerlösung? ❑ Sind überraschende Lösungen (nach dem Kano-Modell) wichtig? 💣 Gibt es in der Unternehmung einen anerkannten QFD-Moderator?

	💣 Falls es keinen QFD-Moderator gibt, ist externe Unterstützung geplant? ❑ Ist QFD-Software im Einsatz? 2. Auswertung der Checkliste. a) Bei ❑ Fragen: je mehr desto geeigneter b) Bei 💣 Fragen: müssen für QFD-Einsatz erfüllt sein (K. O. Kriterien)
Softwareunterstützung:	---
Ergebnis:	Eignung des Produkts für die Analyse mit QFD.

A.1.2 Festlegung der Projektziele	
Aufgabe:	Festlegung des erwarteten Nutzens bzw. der erwarteten Ergebnisse des QFD-Einsatzes.
Arbeitsschritte:	1. Potentielle Ziele sammeln, Beispiele: ❑ Steigerung der Kundenzufriedenheit ❑ Nutzungsgrad des Produkts erhöhen ❑ Konkurrenzvorsprung einholen ❑ Fokussierung der Ressourcen auf das Wesentliche ❑ Verbesserte Kommunikation mit Kunden ❑ Beschleunigte Entwicklungszeit 2. Ziele gewichten: a) Anzahl zu vergebender Punkte = Anzahl der Ziele * 3 b) Vergabe der Punkte auf die Ziele entsprechend ihrer Wichtigkeit c) Gewicht pro Ziel = Anzahl Punkte des Ziels/Anzahl insgesamt zu vergebender Punkte 3. Zur Erreichung der Ziele erforderliche Ergebnisse ermitteln, Beispiele: ❑ Vollständiges Pflichtenheft ❑ Detailliertes Stärken-Schwächen-Profil des aktuellen Produkts

<table>
<tr><td></td><td>❑ Vorgaben für Qualitätsplan
❑ Vorgaben für Projektplan
❑ ...
4. Tailoring der QFD-Methode.
(zur Erreichung der Ergebnisse erforderliche QFD-Resultate ermitteln)
a) Festlegung der zu erstellenden Matrizen:
❑ Software-HoQ
❑ Klassisches HoQ
❑ design point analysis
b) Festlegung der zu erarbeitenden QFD-Ergebnisse:
❑ Produktmerkmale
❑ Qualitätsmerkmale
❑ Wettbewerbsvergleich Entwicklersicht
❑ Wettbewerbsvergleich Kundensicht
❑ Verkaufspunkte
❑ Kundenanforderungsbedeutung
❑ ...</td></tr>
<tr><td>Softwareunterstützung:</td><td>1. Excel-Tabelle zur Gewichtung der Ziele.
2. Anpassung des Templates im QFD-Tool an die Ergebnisse des Tailoring.</td></tr>
<tr><td>Ergebnis:</td><td>Gewichtete Projektziele und die mit QFD zu erarbeitenden Ergebnisse.</td></tr>
</table>

<table>
<tr><th colspan="2">A.1.3 Abgrenzung des Projektinhalts (Produktabgrenzung)</th></tr>
<tr><td>Aufgabe:</td><td>Abgrenzung des Gegenstands der QFD-Analyse
(Was wird mit QFD geplant und was nicht?).</td></tr>
<tr><td>Arbeitsschritte:</td><td>1. Auflistung der business systems tasks.
• Welche organisatorischen Aufgaben soll das Produkt unterstützen? Warum existiert das Produkt? Welche Zwecke soll es erfüllen?
• Was sind die Basisfunktionen/Hauptfunktionalitäten des Produkts? Welche Kernaufgaben nimmt das Produkt wahr? Wie kann das Produkt die organisatorischen Aufga-</td></tr>
</table>

ben/Geschäftsprozesse unterstützen?

- Welchen unmittelbaren (Haupt-)Nutzen soll der Benutzer bei Anwendung des Produkts haben?

2. Gewichtung der business systems tasks.

   Verteilung von 100 Punkten auf die business systems tasks gemäß ihrer Bedeutung aus Geschäftsprozeßsicht

3. Auflistung der software basic functions.

   Welche Basisfunktionen muß die Software aufweisen, um die Geschäftsprozesse zu unterstützen?

4. Ermittlung der Korrelationswerte zwischen business systems tasks und software basic functions.

   a) business systems tasks als Zeilen und software basic functions als Spalten einer „leeren" Priorisierungsmatrix auf Papier oder Flipchart eintragen.

   b) Spaltenweise, d. h. in der Reihenfolge der software basic functions die Matrixzellen anhand folgender Frage durchgehen:
   "Welche Wirkung hat die höhere Erfüllung der software basic function X auf die Erreichung der business systems task Y?"

   c) Korrelationen „grundsätzlicher Natur" (unabhängig vom IST-Zustand) mit mindestens *vier* Bewertungsstufen in die Matrixfelder eintragen:

Starke	9 Punkte	●
Mittlere	3 Punkte	
Schwache	1 Punkt	
Keine	0 Punkte	

5. Ermittlung der Wichtigkeit der software basic functions für jede software basic function X, über alle business systems tasks Y:

   $$Wichtigkeit(x) = \sum_{Y} Korrelationswert(Y, X) * Gewicht(Y)$$

6. Auswahl der drei bis fünf wichtigsten software basic functions für die weitere Entwicklung.

7. Falls erforderlich weitere Eingrenzungen,
   Beispiele:

   - ❑ Nur interne Kunden
   - ❑ Nur die wichtigste Kundengruppe

	❑ Nur Funktionalität ❑ Nur Qualität ❑ Nur neue Produktcharakteristika ❑ ...
Software-unterstützung:	1. Übertrag der business systems tasks, software basic functions und Korrelationswerte in QFD-Software. 2. Priorisierungsschritt in QFD-Software durchführen und Handout der Priorisierungsmatrix erstellen.
Ergebnis:	Die drei bis fünf wichtigsten software basic functions für die weitere Entwicklung.

A.1.4 Team-, Termin- und Aufwandsplanung	
Aufgabe:	Planung des Zeitbedarfs, Setzen von Terminen und Zusammenstellung des Projektteams, Festlegung physischer Ressourcen.
Arbeits-schritte:	1. Planung der Gesamtprojektdauer auf der Basis von Erfahrungswerten. • Faustregel: pro QFD-Schritt maximal 1 Tag Sitzung + 1 Tag Vorbereitung + 1 Tag Nachbereitung. • Grundsätzlich: Projektmanagement wie bei „normaler" Entwicklung. 2. Planung der Sitzungs- und Fertigstellungstermine. • Sitzungen mindestens 1x jede Woche, besser 2x pro Woche. • Ganzes QFD-Projekt nicht mehr als 6 bis 8 Wochen ausdehnen lassen. • Deadlines bzw. Vorgaben eines bestehenden Projektzeitplans beachten. • Physische Ressourcen für Sitzungen planen: – ausreichend großer, abdunkelbarer Raum für ca. 12 Personen – Moderationsmaterialien (Karten, Stifte, Nadeln, Flipcharts etc.) – Hard- und Software-Unterstützung (PC bzw. Notebook, QFD-Tool, Tabellenkalkulation etc.) – Lichtstarker Overhead-Projektor oder guter Beamer

	– Speisen und Getränke für Pausen 3. Zusammenstellung des QFD-Teams. Rollen (eine Person kann mehrere Rollen übernehmen) und die zur Aufgabenerledigung erforderliche Qualifikation der Personen: ❑ Projektverantwortlicher QFD: Qualitätsmanagementverantwortlicher, Produktplaner ❑ Projektleiter-Produkt: Wissen über Kostenwirkungen, Teamkoordinator ❑ Entwickler (mindestens 2): Wissen über Konkurrenzprodukte, die Stärken & Schwächen des Produkts, Entwicklungspotentiale, Schwierigkeiten & Probleme in der Entwicklung, Verwender der Projektergebnisse ❑ Kundenkenner: Wissen über Kundenwünsche, Koordinator Kundeninfos (Marketing/Vertrieb/Benutzerservice etc.)
Softwareunterstützung:	Eventuell konventionelles Projektmanagement-Tool einsetzen.
Ergebnis:	QFD-Projektplan mit Ressourcen- und Personenplanung.

A.2 Customer Deployment

A.2.1 Identifikation von Kundengruppen	
Aufgabe:	Identifikation von Kundengruppen anhand relevanter Kundencharakteristika.
Arbeitsschritte:	1. Identifikation der Verwender des Produktes (Anwender/Benutzer): • Wer kommt ohne das Produkt nicht aus? • Wer arbeitet mit dem Produkt? • Wer könnte mit dem Produkt arbeiten? • Bei Schwierigkeiten an dieser Stelle: Prozeßflußdiagramm für den zu unterstützenden Geschäftsprozeß betrachten (siehe auch Schritt 1.3) 2. Identifikation der Personen mit Interessen am Produkt (Interessenvertreter): • Wer entscheidet über den Kauf/die Bestellung des Pro-

	dukts? • Wer entscheidet über den Einsatz des Produkts? • Wer nimmt das Produkt ab? • Wer hat Vorgaben (Datenschutz, Unternehmungsstandards etc.) zu überwachen? • Wer ist entscheidend für den Erfolg des Produktes? (Meinungsführer, Multiplikatoren, Hauptkäufer/Umsatz) 3. Bei Schwierigkeiten an dieser Stelle: • Bei *Weiterentwicklungen*: Umfrage zur Kundenzufriedenheit auf allgemeinem Niveau durchführen, um Kunden mit ähnlichen Ansprüchen zu identifizieren (Clusteranalysen). • Bei *Neuentwicklungen*: relevante Kundencharakteristika explizit mit möglichen Ausprägungen aufnehmen und aus Kombinationen dieser Werte auf typische Kundensegmente schließen.
Softwareunterstützung:	Eventuell Grafiktool (CASE-Tool, Geschäftsprozeßmodellierungstool, einfaches Grafikprogramm) zur Geschäftsprozeßablaufanalyse verwenden.
Ergebnis:	Nach Segmenten/Typen differenzierte Kundengruppen.

A.2.2 Gewichtung der Kundengruppen	
Aufgabe:	Identifikation primärer und sekundärer Kundengruppen und deren Repräsentanten sowie Ermittlung der Kundengruppengewichte.
Arbeitsschritte:	1. Festlegung von Kriterien zur Gewichtung der Kundengruppen. • Ergeben sich aus Schritt 2.1 • Beispiele: – Umsatz in der Vergangenheit und in Zukunft – Anzahl Personen in der Gruppe – Nutzungsintensität des Produkts – Strategische Position 2. Vergabe von Kundengruppengewichten. • <u>Alternative 1: Direkte Vergabe</u> Verteilung von 100 Punkten (z. B. 30%, 20%, 50%) oder Festlegung von Bedeutungsverhältnissen (z. B. 3:2:5) • <u>Alternative 2: Priorisierungsmatrix</u>

a) Kriterien als Zeilen und Kundengruppen als Spalten einer Matrix auf Papier oder Flipchart eintragen.

b) Gewichtung der entscheidungsrelevanten Kriterien z. B. mittels 100 Punkte-Vergabe in allgemeinem Konsens der Projektverantwortlichen:
„Welchen Anteil haben die einzelnen Kriterien an der Bedeutung der einzelnen Kundengruppen für den (Markt-)Erfolg des Produkts?"

c) Spaltenweise, d. h. in der Reihenfolge der Kundengruppen die Matrixzellen anhand folgender Frage durchgehen:
"Inwiefern trifft das Kriterium X auf die Kundengruppe Y zu?"

d) Korrelationen „grundsätzlicher Natur" (unabhängig vom IST-Zustand) mit mindestens *vier* Bewertungsstufen in die Matrixfelder eintragen:

Starke	9 Punkte	
Mittlere	3 Punkte	
Schwache	1 Punkt	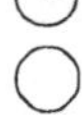
Keine	0 Punkte	

e) Ermittlung der Wichtigkeit der Kundengruppen X, über alle Kriterien Y:

$$Wichtigkeit(x) = \sum_{Y} Korrelationswert(Y, X) * Gewicht(Y)$$

f) Auswahl der drei bis fünf wichtigsten Kundengruppen für die weitere Entwicklung

Alternative 3: Paarweiser Vergleich

a) Kundengruppen als Zeilen und Spalten einer Matrix auf Papier oder Flipchart aufzeichnen und auf der Diagonalen Einsen eintragen.

b) Paarweiser Vergleich der Kundengruppen (A: Zeilen; B: Spalten):
„Wie wichtig ist es, zur Erreichung eines hohen (Markt-) Erfolgs des Produkts, die Zufriedenheit der Kundengruppe A oder B zu erhöhen?" oder verkürzt: *„Wie wichtig sind die Kundengruppen?"*

⇒ Verhältnis der Kundengruppen zueinander auf offener Intervallskala von $[\frac{1}{9}, 9]$ (auch $[\frac{1}{3}, 3]$) ermitteln wobei für die Eckpunkte gilt:

1 = Kundengruppen *gleich wichtig*

3 = Kundengruppe A (Zeile) *wichtiger* als B (Spalte)

9 = Kundengruppe A (Zeile) *sehr viel wichtiger* als B (Spalte)

Die Kehrwerte $1/3$, $1/9$ etc. entsprechen den entgegengesetzten Beziehungen.

⇒ Matrix *oberhalb* der Diagonalen mit dem Verhältnis Kundengruppe A zu B, unterhalb der Diagonalen entsprechend mit den Kehrwerten als Verhältnis Kundengruppe B zu A füllen.

c) Nach Inkonsistenzen in der Matrixstruktur suchen d. h. nach Zyklen in der Form, daß Kundengruppe A wichtiger ist als B, B wichtiger als C, aber C wichtiger als A ⇒ Transitivität verletzt!

d) Die Werte in den Spalten durch Division durch die jeweilige Spaltensumme zu 100 % normalisieren und in die Matrixfelder eintragen.

e) Kundengruppengewichte durch zeilenweise Summieren der normalisierten Matrixwerte aus dem Schritt d) und Division durch die absolute Anzahl der Kundengruppen ermitteln.

3. Auswahl der wichtigsten Kundengruppen und Übernahme in den QFD-Prozeß.
4. Auswahl von Kundenrepräsentanten.
   - Mindestens 4 motivierte Freiwillige
   - Möglichst Personen gewinnen, die bereit zur aktiven Mitarbeit sind und auch den Kontakt zu anderen Mitgliedern ihrer Kundengruppe suchen (Kollegen und Vorgesetzte), um die Bewertungen auf eine breitere Basis zu stellen
   - Idealerweise repräsentieren die ausgewählten Kunden mit ihren Anforderungen und Zufriedenheitsurteilen möglichst große Teile der Kundengruppe
   - Eventuell Einschränkung erforderlich: Sind Repräsentanten aller Kundengruppen nötig? Können einzelne Personen mehrere Kundengruppen repräsentieren?
5. Integration der Kundenrepräsentanten in das QFD-Team (Teilnahme an Schulungen und an den QFD-Sitzungen).

Software-unterstützung:	1. Übertrag der Kriterien, Kundengruppen und Korrelationswerte in QFD-Software. 2. Priorisierungsschritt in QFD-Software durchführen und Handout der Priorisierungsmatrix bzw. für paarweisen Vergleich erstellen.
Ergebnis:	Gewichte der Kundengruppen und Kundenrepräsentanten.

A.2.3 Analyse der Kundeninformationen	
Aufgabe:	Bestandsaufnahme existierender und Planung noch zu erhebender Kundeninformationen.
Arbeits-schritte:	1. Ist-Aufnahme von Kundeninformationen. ❑ Analyse von Dokumenten ❑ Beschwerdelisten, Stör-/Fehlermeldungen ❑ Service-/Support-/Beratungsanfragen ❑ (Unstrukturierte) Sammlung von Kundenanforderungen ❑ Existierende Kundenzufriedenheitsanalysen ❑ Nutzungslisten bzw. Listen ausgewiesener Benutzer ❑ Anforderungsdokument/Pflichtenheft vorheriges Release ❑ Protokolle früherer Sitzungen mit Kundenbefragungen ❑ Vergleichbare Konkurrenzprodukte ❑ ... 2. Planung von Maßnahmen zur Beschaffung weiterer Kundeninformationen. • Informationssuchaufwand kritisch im Vergleich zu angestrebten Ergebnissen und veranschlagten Aufwendungen analysieren. • Kundenrepräsentanten dazu anhalten, in ihrem Umfeld nach Anforderungen an das Produkt zu suchen. • Bei Informationsdefizit Kundenbefragung (z. B. Kundenzufriedenheitsuntersuchung oder Kunden-Workshops) erwägen. 3. Kundeninformationen für QFD-Sitzung aufbereiten (z. B. als Basis für Kundenanforderungen und Produktcharakteristika)

Software-unterstützung:	---
Ergebnis:	Dokumentation vorhandener Kundeninformationen

B Anleitung zur Erstellung des Software-HoQ

B.1 Voice of the Customer Analysis

B.1.1 Erhebung von Kundenaussagen	
Aufgabe:	Zusammentragen der unterschiedlichen Wünsche und Bedürfnisse der Kunden, die durch das Produkt erfüllt und befriedigt werden sollen. Kunden können *frei und unbeeinflußt* durch andere Beteiligte (Entwickler!) ihre Forderungen an das Produkt äußern.
Moderation:	1. Kartenfrage an die Kunden: **„Welche Forderungen stelle ich an das Produkt?"** ⇒ Orientierung an den Basisfunktionen der Software und den durch diese zu unterstützenden Geschäftsprozessen! 2. Beispiel geben! (für einen Texteditor „sofortige Umsetzung des Layouts auf den Bildschirm" (Layout = alle Zeicheneingaben, Text-Formatierungen etc. des Benutzers)) 3. Jeder Kunde kann beliebig viele Karten beschriften. 4. Karten zusammen und nicht nach Kunden geordnet einsammeln.
Softwareunterstützung:	---
Ergebnis:	Karten mit Kundenaussagen

B.1.2 Identifikation der Kundenanforderungen	
Aufgabe:	Identifikation und Ableitung der Kundenanforderungen (im Sinne der Definition) aus der Menge der Kundenaussagen.
Moderation:	1. Karten mit Kundenaussagen an Pinnwand I aufhängen: • Durchnumerieren. • Kundenaussagen duplizieren. • An Pinnwand II gemäß den möglichen Einträgen in der **VoCT** in Clustern anordnen.

	• Dabei im Einverständnis aller Beteiligten, Karten gleichen Inhalts aussortieren. 2. Für „Nicht-Kundenanforderungen": den **Vorteil/Nutzen für den Kunden** in diesen Aussagen erkennen - zwei Möglichkeiten zur Transformation von Kundenaussagen in Kundenanforderungen: a) Mittels **6W-Tabelle** - Fragen zur Nutzung des Produkts mit Bezug auf die Kundenaussage → der WARUM- und der WOZU/WAS-Eintrag deuten auf die implizierten Kundenanforderungen. b) Direkte Fragen nach dem Vorteil/Nutzen für den Kunden, der sich hinter einer Kundenaussage z. B. in Form von Produkt- oder Qualitätsmerkmalen verbirgt: **„Welche Vorteile möchte ich durch die (tägliche) Nutzung des Produkts erzielen?"** Einfache Regel für die Formulierung von Kundenanforderungen: „...das Produkt **soll** etwas können..." 3. Übertrag der Kundenanforderungen auf Pinnwand III. Im Anschluß sollte eine **kleinere Pause** eingeplant werden, in der die Moderatoren die auf Pinnwand II angeordneten Kundenanforderungen für die nächste **Aktivität 1.3** vorstrukturieren.
Software-unterstützung:	1. Kundenaussagen parallel zum Anordnen der Karten an der Pinnwand II in VoCT (Excel-Tabelle) gemäß Numerierungen eintragen. 2. Direkte Dokumentation der Umformulierung von Kundenaussagen zu Kundenanforderungen in 6W-Tabelle (Excel-Tabelle). 3. **Erläuterungskommentare** für die Kundenanforderungen fortschreiben.
Ergebnis:	VoCT mit allen Einträgen und dabei insbesondere den identifizierten Kundenanforderungen mit Erläuterungskommentaren.

<table>
<tr><th colspan="2">B.1.3 Strukturierung der Kundenanforderungen</th></tr>
<tr><td>Aufgabe:</td><td>Untersuchung der Kundenanforderungen auf Abhängigkeiten, Ähnlichkeiten und bisher nicht genannte Anforderungen; Erarbeiten einer Struktur als Vorgabe für die Gewichtung; Auswahl einer für die weitere Analyse handhabbaren Menge an Anforderungen.</td></tr>
<tr><td>Moderation:</td><td>Ausführliche Diskussion aller Teammitglieder, insbesondere der Kunden:
1. (Vorstrukturierte) Karten mit den Kundenanforderungen auf Pinnwand III nach ähnlichen Inhalten gruppieren.
• Anforderungen exakt gleicher Bedeutung → Karte entfernen!
• Anforderungen mit mehreren Bedeutungen → mehrere Karten bilden!
2. Überschriften für die einzelnen Gruppen suchen und dabei unterschiedliche Detaillierungsniveaus der Anforderungen ausgleichen.
⇒ Eine Überschrift sollte das gemeinsame Element der Gruppe auf einem höheren Abstraktionsniveau zusammenfassen.
⇒ Es entsteht ein Affinitätsdiagramm!
3. Überschriften der Gruppen in Clustern verwandter Inhalte zusammenfassen.
(ggf. weitere Pinnwand oder graphische Verdeutlichung mittels Verbindungslinien o. ä.).
4. Die einzelnen Gruppen ausgehend von Überschriften nacheinander in Baum- bzw. Hierarchiediagramme transformieren. (auf der Rückseite der Pinnwand I).
• Jede Ebene der Anforderungen auf Vollständigkeit und Richtigkeit der Zuordnung untersuchen.
• Ggf. Umordnen und Hinzufügen von Anforderungen.
5. Auswahl der in der weiteren Analyse betrachteten, für den veranschlagten Aufwand handhabbaren Menge an Kundenanforderungen.
Faustregel:
Maximal 80 Anforderungen bei ca. 15 Gruppen und 3-5 Obergruppen in einem HoQ!
Die nachfolgende Bewertung der Anforderungen erfolgt anhand der Affinitäts-, Baum- bzw. Hierarchiediagramme inklusive der Erläuterungskommentare und ist nur durch Softwareunterstützung (z. B. Excel-Tabelle) für die Kundengruppen nachvollziehbar → i. d. R. Pause nötig!</td></tr>
</table>

Software-unterstützung:	1. Anforderungen gemäß ihrer Einordnung in die Baum- bzw. Hierarchiediagramme in Software (Excel und QFD-Software) übertragen. 2. Ggf. zusätzliche Erläuterungskommentare zu den Kundenanforderungen eintragen.
Ergebnis:	In Affinitäts-, Baum- bzw. Hierarchiediagrammen strukturierte und durch Erläuterungskommentare dokumentierte Kundenanforderungen als Input für die Kundenanforderungstabelle und die HoQs.

B.2 Bewertung der Kundenanforderungen

B.2.1 Gewichtung der Kundenanforderungen und Ermittlung der Kundenzufriedenheit	
Aufgabe:	Ermittlung **relativer (prozentualer) Gewichte** der Kundenanforderungen und **absolute Einschätzung der Zufriedenheit** mit dem derzeitigen Stand der Erfüllung der Kundenanforderungen durch das Produkt für **einzelne Kunden** innerhalb der Kundengruppen.
Arbeits-schritte:	Bewertung nur unter Rückgriff auf die **Erläuterungskommentare** zu den Kundenanforderungen: 1. Gewichtung der Kundenanforderungen - Orientierung an der Frage: **„Welche Bedeutung hat für mich die Erfüllung der Kundenanforderung Y?"** Insbesondere bei „echten" Hierarchien (≠ Bäume): Immer bezogen auf die Bedeutung für die Verwirklichung des unter der jeweiligen Gruppenüberschrift zum Ausdruck kommenden Anforderungsblocks. a) Verteilung von 100 Punkten oder paarweiser Vergleich innerhalb jeder Anforderungsgruppe von der niedrigsten Hierarchieebene ⇒ *lokale Gewichte* der Anforderungen (in %)! b) Verteilung von 100 Punkten oder paarweiser Vergleich innerhalb jeder Anforderungsgruppe bis herauf auf die oberste Hierarchieebene ⇒ *„lokale" Gewichte* der „Gruppenüberschriften" bzw. der Anforderungsgruppen (in %)! c) **Kontrolle** der mittels Multiplikation der lokalen Gewichte untergeordneter Anforderungen (a) und der lokalen Gewichte aller zugehörigen Anforderungsgruppen (b) errechneten *relativen (globalen) Gewichte der Anforderungen niedrigster Ebene*

	(in %) ⇒ ggf. Bewertungen in a)/ b) anpassen! **→ Iterativer Prozeß! Hierarchie nur zur Erleichterung der Punktvergabe!** 2. Zufriedenheitsbeurteilung der Kundenanforderungen - Orientierung an der Frage: **„Wie zufrieden bin ich mit der derzeitigen Erfüllung der Kundenanforderung Y?"** Erhebung der *Zufriedenheitswerte* auf einer Nominalskala mit ... 1 = sehr unzufrieden ... 2 = unzufrieden ... 3 = neutrale Einstellung ... 4 = zufrieden ... 5 = sehr zufrieden ... ...mit der Erfüllung der Kundenanforderung Y *Konsistenzcheck:* Für jede Anforderung mit Gewicht > 0 **muß** ein Zufriedenheitswert angegeben werden (d. h. auch ggf. „1" für bisher unberücksichtigte Anforderung)! 3. Optionale Ergänzung insb. bei der Planung von Standardsoftware bzw. allgemein bei Erstellung der **klassischen Planungsmatrix**: Für umfangreichen **Wettbewerbsvergleich** zumindest Zufriedenheitsbeurteilung aus 2. (besser auch noch Gewichtung von 1.) mit Kunden der Konkurrenz und bezüglich deren Produkten durchführen.
Ergebnis:	Relative Gewichte (in %) und Zufriedenheitseinschätzungen aller Anforderungen durch die einzelnen Kunden innerhalb der Kundengruppen sowie ggf. Daten aus dem Wettbewerbsvergleich.

<table>
<tr><th colspan="2">B.2.2 Interne Aufbereitung der quantitativen Daten zu den Kundenanforderungen</th></tr>
<tr><td>Aufgabe:</td><td>Aggregation der Bewertungen der Anforderungen durch die Kunden für die einzelnen Kundengruppen und über alle Kundengruppen zu Kennzahlen.</td></tr>
<tr><td>Arbeitsschritte: (bis auf 3.b) durch Software unterstützt)</td><td>
1. Für die einzelnen Kundengruppen:
a) Relative Gewichtungen der Anforderungen (in %) - für alle Anforderungen Y und alle Kundengruppen A - Durchschnittsbildung:
(relatives) Anforderungsgewicht (Y, A) =
$$\frac{\sum_{\text{Befragte Kunden aus Kundengruppe A}} \text{relatives Gewicht (Y, Kunde A.1)}}{\text{Anzahl der befragten Kunden aus Kundengruppe A}}$$
b) Zufriedenheitswerte der Anforderungen - für alle Anforderungen Y und alle Kundengruppen A - Mittelwertbildung:
Zufriedenheitswert (Y, A) =
$$\frac{\sum_{\text{Befragte Kunden aus Kundengruppe A}} \text{Zufriedenheitswert (Y, Kunde A.1)}}{\text{Anzahl der befragten Kunden aus Kundengruppe A}}$$
(nur Anforderungen, für die Zufriedenheitswert vergeben wurde)
c) Relative Bedeutungen der Anforderungen (in %) - für alle Anforderungen Y und alle Kundengruppen A - Division Gewicht durch Zufriedenheit und Normalisierung:
(relative) Anforderungsbedeutung (Y, A) =
$$\frac{\text{Anforderungsgewicht (Y, A)} / \text{Zufriedenheitswert (Y, A)}}{\sum_{\text{Anforderungen j}} \text{Anforderungsgewicht (j, A)} / \text{Zufriedenheitswert (j, A)}}$$
Für Anforderungen, denen von einer Kundengruppe kein Zufriedenheitswert zugeordnet wurde, ist die entsprechende Anforderungsbedeutung = 0!
2. Über alle Kundengruppen - Kundengruppengewichte als Multiplikatoren:
a) Relative Gewichtungen der Anforderungen (in %) - für jede Anforderung Y, über alle Kundengruppen i:
Gesamtgewicht (Y) =
$$\sum_{i} \text{Anforderungsgewicht(Y, i)} * \text{Kundengruppengewicht(i)}$$
</td></tr>
</table>

b) Wenn Zufriedenheitswerte der Anforderungen für *alle* Kundengruppen vorliegen - für jede Anforderung Y, über alle Kundengruppen i:

Gesamtzufriedenheit (Y) =

$$\sum_i \text{Zufriedenheitswert}(Y,i) * \text{Kundengruppengewicht}(i)$$

Wenn Zufriedenheitsbeurteilungen für eine Anforderung fehlen, ist eine relative Anpassung der Kundengruppengewichte zu 100 % möglich - für alle Kundengruppen A bzw. i, *die einen Zufriedenheitswert vergeben haben*:

$$\text{angepaßtes Kundengruppengewicht}(A) = \frac{\text{(altes) Kundengruppengewicht}(A)}{\sum_i \text{(altes) Kundengruppengewicht}(i)}$$

Die Gesamtzufriedenheit bezüglich dieser Anforderung kann dann mit den angepaßten Kundengruppengewichten errechnet werden.

c) Relative Bedeutungen der Anforderungen (in %) - für jede Anforderung Y, über alle Kundengruppen i:

Gesamtbedeutung (Y) =

$$\sum_i \text{Anforderungsbedeutung}(Y,i) * \text{Kundengruppengewicht}(i)$$

3. Bei Erstellung der **klassischen Planungsmatrix**:
   a) Ggf. 1. und 2. für Daten aus dem Wettbewerbsvergleich durchführen, wobei für jedes Konkurrenzprodukt von einer homogenen Kundengruppe ausgegangen wird.
   b) Unter Berücksichtigung der Daten aus dem Wettbewerbsvergleich in einer internen Gruppensitzung des QFD-Teams:
      - Festlegung von Ziel-Zufriedenheitswerten für jede Anforderung
      - Festlegung von **Verkaufspunkten** (Vorgabe ist 1.0 für alle) in Form der Multiplikatoren 1.2 bzw. 1.5 für Anforderungen mit „großer Bedeutung für den Verkauf des Produkts"
   c) Modifizierte (relative) Gewichtungen der Anforderungen (in %) - für alle Anforderungen Y:

      Modifiziertes Gesamtgewicht (Y) =

$$\text{Gesamtgewicht}(Y) * \frac{\text{Zielwert}(Y)}{\text{Gesamtzufriedenheit}(Y)} * \text{Verkaufspunkt}(Y)$$

      und Normalisierung dieser Werte zu 100 % durch Division durch die Summe der modifizierten Gesamtgewichte aller Anforderungen.

Ergebnis:	Relative Gewichte (in %), Zufriedenheitseinschätzungen und relative Bedeutungen (in %) aller Anforderungen für die einzelnen Kundengruppen und über alle Kundengruppen als wesentliche Bestandteile der Kundenanforderungstabelle sowie ggf. die Daten der klassischen Planungsmatrix.

B.2.3	**Analyse der qualitativen und quantitativen Kundendaten**
Aufgabe:	Differenzierte Analyse der erhobenen Kundendaten und ggf. Beschränkung der im weiteren QFD-Vorgehen zu betrachtenden Kundenanforderungen.
Moderation:	1. Übernahme aller Daten in die **Kundenanforderungstabelle** und Umordnung der Anforderungen in absteigender Reihenfolge ihrer Gesamtgewichte bzw. bei Weiterentwicklungen ihrer Gesamtbedeutungen. Ggf. auch bezüglich dem modifizierten Gesamtgewicht. 2. Graphische Visualisierungen durch **Pareto-Diagramme** (Kumulierung) mit Einteilung der Anforderungen in Gruppen mit ungefähr gleichen Werten bezüglich der jeweiligen Kennzahl (ABC-Analyse). 3. Analyse von **Wichtigkeit-Zufriedenheits-Portfolios** (Gewichtung auf der Abzisse, Zufriedenheitswerte auf der Ordinate) mit denen die Bedeutung der Anforderungen zur Aufrechterhaltung bzw. Verbesserung des Qualitätsniveaus graphisch visualisiert werden kann. 4. Unter Bezug auf 1., 2. und 3. **Auswahl** der in der weiteren Analyse zu betrachtenden Kundenanforderungen. 5. Mögliche weitere Auswertungsmöglichkeiten: a) Zum Vergleich mit (vergangenen) Kundenzufriedenheitsuntersuchungen dieses oder anderer Produkte Kundenzufriedenheitsindizes für einzelne Kundengruppen, das gesamte Produkt und ggf. auch für Konkurrenzprodukte berechnen: **Kundenzufriedenheitsindex** = $\sum_{Y}(Anforderungsgewicht(Y) * Zufriedenheitswert(Y))$ Summierung der gewichteten Zufriedenheitswerte über alle Kundenanforderungen für eine Kundengruppe und dann mittels der Standardformel zu einem Wert über alle Kundengruppen. b) Eigen-Fremdbild-Vergleich:

	Fremdbild = Tatsächliche Gewichtung/ Zufriedenheit der Kunden Eigenbild = Von den Projektverantwortlichen vermutete Gewichtung/ Zufriedenheit der Kunden
Software-unterstützung:	Bereitstellung der Kundenanforderungstabelle, Unterstützung bei den Visualisierungen unter 2., 3. und 5. sowie Durchführung der Berechnungen unter 5.
Ergebnis:	Kundenanforderungstabelle mit den in den nachfolgenden Schritten betrachteten Anforderungen sowie (je nach Umfang der Analyse) eine umfangreiche Standortbestimmung des Produkts ggf. auch im Vergleich zur Konkurrenz.

B.3 Voice of the Engineer Analysis

B.3.1 Erhebung von Entwickleraussagen	
Aufgabe:	Zusammentragen potentieller Merkmale des zu entwickelnden Produkts, *frei und ohne unmittelbaren Bezug* auf die bereits erhobenen Kundenanforderungen. Entwickler können ihre Ideen für die Produktentwicklung einbringen.
Moderation:	1. Kartenfrage an die QFD-Teammitglieder, dabei vorrangig an die Entwickler: **„Welche Eigenschaften und Fähigkeiten soll das Produkt besitzen?"** ⇒ Implementationsunabhängigkeit beachten! Abstraktion von dem technisch derzeit Machbaren! ⇒ Entwickler ausdrücklich dazu anhalten, ihren Ideen freien Lauf zu lassen und auch beliebig viele Karten zu beschriften! ⇒ Bei Unklarheiten: Rückgriff auf die geforderten Basisfunktionen der Software und den durch diese zu unterstützenden Geschäftsprozessen! 2. Karten zusammen und ungeordnet einsammeln.
Software-unterstützung:	---
Ergebnis:	Karten mit Entwickleraussagen

<table>
<tr><th colspan="2">B.3.2 Identifikation der Produktmerkmale</th></tr>
<tr><td>Aufgabe:</td><td>Identifikation bzw. Ableitung der Produktmerkmale (im Sinne der Definition) aus der Menge der Entwickleraussagen; (grobe) Sicherstellung einer angemessenen Abdeckung der Kundenanforderungen durch die Produktmerkmale.</td></tr>
<tr><td>Moderation:</td><td>1. Karten mit Entwickleraussagen an Pinnwand I aufhängen:
• Durchnumerieren.
• Entwickleraussagen duplizieren.
• An Pinnwand II gemäß den möglichen Einträgen in der VoET in Clustern anordnen.
• Karten mit gleichem Inhalt → Aussortieren! (im Einverständnis aller Beteiligten)
• Ggf. Kundenanforderungen ergänzen und u. U. der Kundenbewertung zuführen.
2. Für „Nicht-Produktmerkmale“:
Implizit angenommene implementationsunabhängige funktionale Eigenschaften und Fähigkeiten ableiten!
⇒ Insbesondere von zu detaillierten, lösungsnahen Formulierungen abstrahieren.
3. Übertrag der Produktmerkmale aus der VoET und aus der VoCT auf Pinnwand II.
4. Baum- bzw. Hierarchiediagramme mit Kundenanforderungen auf Rückseite der Pinnwand I anbringen, Erläuterungskommentare zu den Anforderungen austeilen.
5. Die Kundenanforderungen Schritt für Schritt durchgehen und grob ihre Umsetzung bzw. Abdeckung durch Produktmerkmale kontrollieren.
⇒ Ggf. Produktmerkmale hinzufügen bzw. unter den Kundenanforderungen erkennen!
Grober Anhaltspunkt: ca. 3 Produktmerkmale je Kundenanforderung!
Im Anschluß sollte eine kleinere Pause eingeplant werden, in der die Moderatoren die auf Pinnwand II angeordneten Produktmerkmale für die nächste Aktivität 3.3 vorstrukturieren.</td></tr>
<tr><td>Software-unterstützung:</td><td>1. Entwickleraussagen parallel zum Anordnen der Karten an der Pinnwand II in VoET (Excel-Tabelle) gemäß Numerierungen eintragen.
2. Erläuterungskommentare für die Produktmerkmale fortschrei-</td></tr>
</table>

	ben. 3. Ggf. Kundenanforderungen mit zugehörigen Erläuterungskommentaren in Baum- bzw. Hierarchiediagramm ergänzen und u. U. Bewertung ermöglichen.
Ergebnis:	VoET mit allen Einträgen und dabei insbesondere die identifizierten Produktmerkmale mit Erläuterungskommentaren.

B.3.3 Strukturierung der Produktmerkmale

Aufgabe:	Untersuchung der Produktmerkmale auf Abhängigkeiten, Ähnlichkeiten und bisher nicht genannte Merkmale und Anforderungen; Festlegung des Detaillierungsgrades der weiteren Analyse.
Moderation:	**Diskussion** der QFD-Teammitglieder, insbesondere der **Entwickler** (idealerweise auch Kunden): 1. (Vorstrukturierte) Karten mit den Produktmerkmalen auf Pinnwand III *nach ähnlichen Inhalten gruppieren.* • Produktmerkmale exakt gleicher Bedeutung → Karte entfernen! • Produktmerkmale mit mehreren Bedeutungen → mehrere Karten bilden! 2. *Überschriften für die einzelnen Gruppen* suchen und dabei unterschiedliche Detaillierungsniveaus der Merkmale ausgleichen. ⇒ Eine Überschrift sollte das gemeinsame Element der Gruppe auf einem höheren Abstraktionsniveau zusammenfassen. ⇒ Es entsteht ein **Affinitätsdiagramm**! 3. Überschriften der Gruppen in Clustern verwandter Inhalte zusammenfassen. (ggf. weitere Pinnwand oder graphische Verdeutlichung mittels Verbindungslinien o. ä.). 4. Die einzelnen Gruppen ausgehend von Überschriften nacheinander in **Baum- bzw. Hierarchiediagramme** transformieren. (auf der Rückseite der Pinnwand I). • Jede Ebene der Merkmale auf *Vollständigkeit und Richtigkeit der Zuordnung* untersuchen. • Ggf. Umordnen und Hinzufügen von Merkmalen. 5. Produktmerkmale grob auf bisher nicht genannte Kundenanforderungen im Sinne von Vorteilen/Nutzen für die Kunden untersuchen (u. U. 6W-Methode). ⇒ ggf. **Kundenanforderungen** in Baum- bzw. Hierarchiediagramm hinzufügen und u. U. Bewertungen ergänzen!

<table>
<tr><td></td><td>6. Überprüfung der in der weiteren Analyse zu betrachtenden Menge an Produktmerkmalen hinsichtlich ihrer Anzahl und des veranschlagten Aufwandes (→ Korrelationsmatrix):
a) Vollständige Analyse: Faustregel - mindestens ca. 50 % mehr Produktmerkmale als Kundenanforderungen!
Bei deutlich weniger:
Gegenüberstellung der Kundenanforderungen und der Produktmerkmale zur Identifikation weiterer Merkmale!
b) Analyse auf Gruppenebene: Maximal 25 Gruppen! Aufwand für Analyse der wichtigsten Gruppen in weiteren HoQ berücksichtigen, sinnvoll i. d. R. nur bei sehr umfangreichem Produkt!
Nachfolgende Korrelationsermittlung verlangt die Vorbereitung einer „leeren" HoQ-Matrix (Softwareunterstützung) auf hinreichend viele Pinnwände verteilt → größere Pause nötig!</td></tr>
<tr><td>Softwareunterstützung:</td><td>1. Produktmerkmale gemäß ihrer Einordnung in die Baum- bzw. Hierarchiediagramme bis zur ausgewählten Ebene in QFD-Software eintragen.
2. Ggf. zusätzliche Erläuterungskommentare zu den Produktmerkmalen fortschreiben.
3. Ggf. Kundenanforderungen mit zugehörigen Erläuterungskommentaren in Baum- bzw. Hierarchiediagramm ergänzen und u. U. Bewertung ermöglichen.</td></tr>
<tr><td>Ergebnis:</td><td>In Affinitäts-, Baum- bzw. Hierarchiediagramm strukturierte und durch Erläuterungskommentare dokumentierte Produktmerkmale als Input des Software-HoQ. Detaillierungsgrad der weiteren Analyse entsprechend der ausgewählten Ebene der Produktmerkmale.</td></tr>
</table>

B.4 Bildung der Software-HoQ-Matrix

<table>
<tr><th colspan="2">B.4.1 Ermittlung der Korrelationswerte zwischen Kundenanforderungen und Produktmerkmalen</th></tr>
<tr><td>Aufgabe:</td><td>Untersuchung der Auswirkungen unterschiedlicher Erfüllungsgrade jedes einzelnen Produktmerkmals auf die Kundenzufriedenheit bezüglich jeder einzelnen Kundenanforderung; Quantifizierung dieser Auswirkungen in Form von Korrelationswerten.</td></tr>
<tr><td>Moderation:</td><td>1. Kundenanforderungen als Zeilen und Produktmerkmale als Spalten eines „leeren" Software-HoQ auf hinreichend vielen Pinnwänden darstellen.
2. Spaltenweise d. h. in der Reihenfolge der Produktmerkmale die Matrixzellen anhand folgender Frage durchgehen:
"Welche Wirkung hat die höhere Erfüllung des Produktmerkmals X auf die Erreichung der Kundenanforderung Y?"
⇒ direkter Bezug zur Kundenzufriedenheit der Anforderung Y:
„Wenn mehr Wert auf die komfortablere/ umfangreichere/anspruchsvollere Erfüllung des Produktmerkmals X gelegt wird, in wie weit beeinflußt das die Kundenzufriedenheit bezüglich Anforderung Y?"
Wirkungsrichtung: Produktmerkmale ⇒ Kundenanforderungen!!
• Diskussion aller Teilnehmer und Entscheidungen im allgemeinen Konsens treffen.
• Ggf. Aufteilung des QFD-Teams und der Kundenvertreter in mehrere Gruppen, die vertikale Matrixausschnitte (komplette Spalten) bearbeiten.
• Erste Aufgabe bei Bearbeitung eines Produktmerkmals: Unterschiedliche potentielle Erfüllungsgrade festlegen.
• Bei Unklarheiten Orientierung an den Erläuterungskommentaren zu den Kundenanforderungen und Produktmerkmalen.
• Umkehrung der Wirkungsrichtung deutet auf schlechte Abgrenzung der Produktmerkmale von den Kundenanforderungen.
⇒ (Möglichst) nur positive Korrelationen „grundsätzlicher Natur" (unabhängig vom IST-Zustand) mit mindestens vier Bewertungsstufen in die Matrixfelder eintragen:</td></tr>
</table>

<table>
<tr><td></td><td>(Extrem) starke 9 Punkte ●
Sehr starke 7 Punkte ◕
Starke 5 Punkte ◑
Mittlere/mäßige 3 Punkte ◔
(„abgeleitete Zusammenhänge“)
Schwache/mögliche 1 Punkt ○
(„es kommt darauf an...“)
Keine/neutrale 0 Punkte

Potentiell negative Korrelationen durch Auswahl von detaillierteren Produktmerkmalen möglichst umgehen!
→ Schwerpunkt liegt auf der Ermittlung der 3er und 9er Beziehungen!</td></tr>
<tr><td>Software-unterstützung:</td><td>1. Wenn keine akzeptable Darstellung auf Pinnwänden möglich ist, dann „kleinen“ QFD-Software-Ausdruck der Matrix erstellen und anhand diesem vorgehen.
2. Erfüllungsgrade der Produktmerkmale zusätzlich zu den Erläuterungskommentaren festhalten.
3. Übertrag der Korrelationswerte in QFD-Software.</td></tr>
<tr><td>Ergebnis:</td><td>Vorläufige Korrelationsmatrix des Software-HoQ und die unterschiedlichen potentiellen Erfüllungsgrade der Produktmerkmale.</td></tr>
</table>

<table>
<tr><td colspan="2">B.4.2 Review der Matrixstruktur und Ermittlung der Produktmerkmalswichtigkeit</td></tr>
<tr><td>Aufgabe:</td><td>Prüfung der vorläufigen Korrelationsmatrix auf fehlerhafte Eintragungen und dabei Sicherstellung einer ausreichenden Abdeckung jeder einzelnen Kundenanforderung durch die Produktmerkmale; Durchführung der Priorisierungsrechnung; Erzeugung eines Commitment auf das zu entwickelnde Produkt unter allen Beteiligten.</td></tr>
<tr><td>Moderation:</td><td>1. Konsistenzanalyse der Matrixstruktur durch alle Beteiligten:
a) Zeilenweise die Matrix durchgehen und adäquate Abdeckung der Kundenanforderungen durch Produktmerkmale analysieren:
• Leere Zeilen: Kundenanforderungen ohne Korrelationen mit Produktmerkmalen
→ Produktmerkmale zur Abdeckung dieser Kundenanforderungen entwickeln!
• Einfache Zeilensummen der vergebenen Korrelationsstär-</td></tr>
</table>

	ken für die Anforderungen bilden und deren prozentuale Verteilung mit der ihrer Gesamtgewichte und -bedeutungen vergleichen: – **Schwache Zeilen:** Kundenanforderungen, die in *für ihre Bewertungen zu niedrigem Ausmaß* mit Produktmerkmalen korrelieren → zusätzliche Produktmerkmale zur Abdeckung dieser Kundenanforderungen entwickeln! – **Starke Zeilen:** Kundenanforderungen, die in *für ihre Bewertungen zu hohem Ausmaß* mit Produktmerkmalen korrelieren → Kundenanforderungen u. U. zu umfassend und müßten weiter detailliert werden (ggf. in Baum-/Hierarchiediagrammen)! b) Matrix im Überblick betrachten: • **Leere Spalten:** Produktmerkmale ohne Korrelationen mit Kundenanforderungen → Produktmerkmale überflüssig oder Kundenanforderungen vergessen? • **Gleiche Spalten:** Einige Produktmerkmale haben identische Korrelationswerte → Spiegeln ggf. unterschiedliche Erfüllungsgrade eines Produkmerkmals wider! • **Starke Spalten:** Produktmerkmale mit sehr vielen Korrelationen → Produktmerkmale u. U. zu umfassend und müßten weiter detailliert werden (ggf. in Baum-/Hierarchiediagrammen)! • **Viele schwache Beziehungen:** weniger als 15 % Korrelationen → Produktmerkmale untersuchen, ggf. klarer und eindeutiger formulieren! • (Fast) **Diagonalmatrix** mit vielen starken (1:1-)Beziehungen → Schlechte Abgrenzung der Produktmerkmale von den Kundenanforderungen, Produktmerkmale und Kundenanforderungen im Sinne der Defintionen analysieren, oftmals müssen Kundenanforderungen überarbeitet werden. ⇒ **Grundsätzlich Kundenanforderungen nie anzweifeln!!** I. d. R. ist eine **Pause** nötig, in der die Ermittlung der Wichtigkeiten der Produktmerkmale erfolgt und das Software-HoQ als Handout vorbereitet wird!

2. Ermittlung der Produktmerkmalswichtigkeit:
   a) Bezüglich des **Gesamtgewichts** - für jedes Produktmerkmal X, über alle Kundenanforderungen Y:

$$\underset{\text{(bzgl. Gesamtgewicht)}}{\text{Absolute Wichtigkeit}}(X) = \sum_{Y} \text{Korrelationswert}(Y, X) * \text{Gesamtgewicht}(Y)$$

$$\underset{\text{(bzgl. Gesamtgewicht)}}{\text{(Relative) Wichtigkeit}}(X) = \frac{\underset{\text{(bzgl. Gesamtgewicht)}}{\text{Absolute Wichtigkeit}}(X)}{\sum_{\text{Merkmale } k} \underset{\text{(bzgl. Gesamtgewicht)}}{\text{Absolute Wichtigkeit}}(k)}$$

   b) Bezüglich der **Gesamtbedeutung** - für jedes Produktmerkmal X, über alle Kundenanforderungen Y:

$$\underset{\text{(bzgl. Gesamtbedeutung)}}{\text{Absolute Wichtigkeit}}(X) = \sum_{Y} \text{Korrelationswert}(Y, X) * \text{Gesamtbedeutung}(Y)$$

$$\underset{\text{(bzgl. Gesamtbedeutung)}}{\text{(Relative) Wichtigkeit}}(X) = \frac{\underset{\text{(bzgl. Gesamtbedeutung)}}{\text{Absolute Wichtigkeit}}(X)}{\sum_{\text{Merkmale } k} \underset{\text{(bzgl. Gesamtbedeutung)}}{\text{Absolute Wichtigkeit}}(k)}$$

   c) Auch **kundengruppenspezifische** Auswertungen nach analogen Rechnungen mit - für alle Anforderungen Y und alle Kundengruppen A - Anforderungsgewicht (Y, A) bzw. Anforderungsbedeutung (Y, A).
   d) Bei Existenz von **negativen Korrelationen** Berechnungen aus a) bis c) für die jeweiligen Produktmerkmale für die absoluten, nur positiven Werte durchführen. Bei großer Differenz der errechneten Werte ist der negative Einfluß dieses Produktmerkmals nicht zu ignorieren.
   → Auswahl von detaillierteren Produktmerkmalen ohne diesen starken negativen Einfluß auf die Kundenanforderungen, Korrelationsermittlung für diese Spalten und Prüfung der veränderten Matrixstruktur!

3. **Analyse des Software-HoQ:**
   Fokussierung auf die in bezug zur Erhöhung der Kundenzufriedenheit bedeutsamsten Produktmerkmale vorrangig unter Abwägung der Ergebnisse aus 2.a) bis 2.d), aber im Einzelfall auch Berücksichtigung der Bewertungen der Kundenanforderungen! Merkmale, die auf jeden Fall im Produkt vorhanden sein sollen (Basisfaktoren), müssen zumindest nach Wichtigkeit bezüglich Gesamtgewicht eine hohe Bedeutung haben. Sonst Kundenanforderungsbewertung oder Korrelationsermittlung überprüfen. Ggf. elementare Basisfaktoren aus der QFD-Analyse herausnehmen.
   Visualisierungen anhand Pareto-Diagramme (Kumulierung der Wichtigkeiten).

	Pause zur Erstellung einer Tabelle mit den ausgewählten Produktmerkmalen geordnet nach den Produktmerkmalswichtigkeiten nötig!
Software-unterstützung:	1. Ggf. neue Produktmerkmale mit ihren Erläuterungskommentaren und Erfüllungsgraden festhalten. 2. Ggf. Übertrag neuer Korrelationswerte in QFD-Software. 3. Zeilensummenanalyse im Rahmen der Konsistenzanalyse unterstützen. 4. Priorisierungsschritt in QFD-Software durchführen und Handout des Software-HoQ erstellen.
Ergebnis:	Vollständige Korrelationsmatrix des Software-HoQ und die in bezug zur Erhöhung der Kundenzufriedenheit bedeutsamsten (in diesem Sinne priorisierten) Produktmerkmale als Input für die Produktmerkmalstabelle.

C Anleitung zur Erstellung des klassischen HoQ

C.1 Erhebung von Qualitätsmerkmalen

C.1.1 Identifikation der Qualitätsmerkmale	
Aufgabe:	Identifikation möglichst mehrerer Qualitätsmerkmale für jede Kundenanforderung zur quantitativen (meßbaren) Überprüfung der Anforderungserfüllung während der Entwicklung und vor der Auslieferung des Produkts.
Modera-tion:	1. Baum- bzw. Hierarchiediagramme mit Kundenanforderungen auf der Pinnwand I anbringen, Erläuterungskommentare zu den Anforderungen austeilen. 2. I. d. R. nur die QFD-Teammitglieder: Kundenanforderungen sukzessive durchgehen und für jede Anforderung mehrere, meßbare Qualitätsmerkmale finden: **„Anhand welcher Kriterien kann die Erfüllung der Kundenanforderung quantitativ überprüft bzw. kontrolliert werden?"** ⇒ Implementationsunabhängigkeit beachten! ⇒ Mindestens ca. 3 Qualitätsmerkmale je Kundenanforderung identifizieren, je mehr desto besser! ⇒ Entwicklungsteam muß die Umsetzung der Kriterien bewußt beeinflussen und vor der Auslieferung des Produkts kontrollieren können („nach oben und unten stufenlos eingestellbarer Drehschalter")! ⇒ Ggf. Orientierung an universell anwendbaren Qualitätsmerkmalen/Qualitätsmodellen! ⇒ **Erläuterungskommentare** mit konkreten Angaben zur Art und Weise der Überprüfung und den möglichen Ausprägungen der Qualitätsmerkmale notieren. ⇒ Ergänzungen jeglicher Art zu Kundenanforderungen oder Produktmerkmalen formlos dokumentieren und entsprechend handhaben. 3. Karten mit Qualitätsmerkmalen an Pinnwand II aufhängen, dabei durchnumerieren und um die Qualitätsmerkmale *aus der VoCT und aus der VoET* ergänzen. Im Anschluß oder parallel zu 3. (zweiter Moderator) die auf Pinnwand II angeordneten Qualitätsmerkmale für die nächste **Aktivität C.1.2** vorstrukturieren.

Software-unterstützung:	1. Qualitätsmerkmale parallel zum Anordnen der Karten an der Pinnwand I gemäß Numerierungen dokumentieren und dabei Erläuterungskommentare fortschreiben. 2. Ggf. Ergänzungen jeglicher Art zu Kundenanforderungen oder Produktmerkmalen formlos dokumentieren.
Ergebnis:	Identifizierte quantitativ meßbare Qualitätsmerkmale mit Erläuterungskommentaren.

C.1.2 Strukturierung der Qualitätsmerkmale	
Aufgabe:	Untersuchung der Qualitätsmerkmale auf Abhängigkeiten, Ähnlichkeiten und bisher nicht genannte Merkmale.
Moderation:	**Diskussion** der QFD-Teammitglieder: 1. (Vorstrukturierte) Karten mit den Qualitätsmerkmalen auf Pinnwand II *nach ähnlichen Inhalten gruppieren.* • Qualitätsmerkmale exakt gleicher Bedeutung → Karte entfernen! • Qualitätsmerkmale mit mehreren Bedeutungen → mehrere Karten bilden! ⇒ Ggf. kann sich an allgmeinen Qualitätsmodellen oder der Strukturierung der Kundenanforderungen angelehnt werden! 2. *Überschriften für die einzelnen Gruppen* suchen und dabei unterschiedliche Detaillierungsniveaus der Merkmale ausgleichen. ⇒ Eine Überschrift sollte das gemeinsame Element der Gruppe auf einem höheren Abstraktionsniveau zusammenfassen. ⇒ Es entsteht ein **Affinitätsdiagramm**! 3. Überschriften der Gruppen in Clustern verwandter Inhalte zusammenfassen. (ggf. weitere Pinnwand oder graphische Verdeutlichung mittels Verbindungslinien o. ä.). 4. Die einzelnen Gruppen ausgehend von Überschriften nacheinander in **Baum- bzw. Hierarchiediagramme** transformieren. (auf der Rückseite der Pinnwand I). • Jede Ebene der Merkmale auf *Vollständigkeit und Richtigkeit der Zuordnung* untersuchen. • Ggf. Umordnen und Hinzufügen von Merkmalen. Nachfolgende Korrelationsermittlung verlangt die Vorbereitung einer „leeren" HoQ-Matrix (Softwareunterstützung) auf hinrei-

	chend viele Pinnwände verteilt → **größere Pause** nötig!
Software-unterstützung:	1. Qualitätsmerkmale gemäß ihrer Einordnung in die Baum- bzw. Hierarchiediagramme bis zur ausgewählten Ebene in QFD-Software eintragen. 2. Ggf. zusätzliche Erläuterungskommentare zu den Qualitätsmerkmalen fortschreiben.
Ergebnis:	In Affinitäts-, Baum- bzw. Hierarchiediagrammen strukturierte und durch Erläuterungskommentare dokumentierte Qualitätsmerkmale als Input des klassischen HoQ.

C.2 Bildung der klassischen HoQ-Matrix

C.2.1 Ermittlung der Korrelationswerte zwischen Kundenanforderungen und Qualitätsmerkmalen	
Aufgabe:	Untersuchung der Auswirkungen unterschiedlicher Erfüllungsgrade jedes einzelnen Qualitätsmerkmals auf die Kundenzufriedenheit bezüglich jeder einzelnen Kundenanforderung; Quantifizierung dieser Auswirkungen in Form von Korrelationswerten.
Moderation:	1. Kundenanforderungen als Zeilen und Qualitätsmerkmale als Spalten eines „leeren" klassischen HoQ auf hinreichend vielen Pinnwänden darstellen. 2. **Spaltenweise, d. h. in der Reihenfolge der Qualitätsmerkmale,** die Matrixzellen anhand folgender Frage durchgehen: **"Welche Wirkung hat die höhere Erfüllung des Qualitätsmerkmals X auf die Erreichung der Kundenanforderung Y?"** ⇒ direkter Bezug zur **Kundenzufriedenheit** der Anforderung Y: „Wenn mehr Wert auf die höhere/bessere Erfüllung des Qualitätsmerkmals X gelegt wird, in wie weit beeinflußt das die **Kundenzufriedenheit** bezüglich Anforderung Y?" **Wirkungsrichtung: Qualitätsmerkmale ⇒ Kundenanforderungen!!** • Diskussion der QFD-Teammitglieder (ggf. auch Kunden) und Entscheidungen im **allgemeinen Konsens** treffen. • Ggf. Aufteilung des QFD-Teams in mehrere Gruppen, die vertikale Matrixausschnitte (komplette Spalten) bearbeiten. • Orientierung an den Erläuterungskommentaren zu den möglichen Ausprägungen der Qualitätsmerkmale, ggf. Er-

	füllungsgrade detaillieren. • Explizit *außerhalb* der ursprünglich erdachten Beziehungen (aus Schritt 6) nach Korrelationen suchen! ⇒ (Möglichst) nur *positive* Korrelationen „grundsätzlicher Natur" (unabhängig vom IST-Zustand) mit mindestens *vier* Bewertungsstufen in die Matrixfelder eintragen: (Extrem) starke — 9 Punkte — ● Sehr starke — 7 Punkte — ◕ Starke — 5 Punkte — ◑ Mittlere/mäßige („abgeleitete Zusammenhänge") — 3 Punkte — ◔ Schwache/mögliche („es kommt darauf an...") — 1 Punkt — ○ Keine/neutrale — 0 Punkte Potentiell negative Korrelationen durch Auswahl von detaillierteren Qualitätsmerkmalen möglichst umgehen! → Schwerpunkt liegt auf der Ermittlung der 3er und 9er Beziehungen!
Software-unterstützung:	1. Wenn keine akzeptable Darstellung auf Pinnwänden möglich ist, dann „kleiner" QFD-Software-Ausdruck der Matrix erstellen und anhand diesem vorgehen. 2. Erläuterungskommentare der Qualitätsmerkmale fortschreiben. 3. Übertrag der Korrelationswerte in QFD-Software.
Ergebnis:	Vorläufige Korrelationsmatrix des klassischen HoQ.

C.2.2	**Review der Matrixstruktur und Ermittlung der Qualitätsmerkmalswichtigkeit**
Aufgabe:	Prüfung der vorläufigen Korrelationsmatrix auf fehlerhafte Eintragungen; Sicherstellung einer ausreichenden Abdeckung jeder einzelnen Kundenanforderung durch die Qualitätsmerkmale; Durchführung der Priorisierungsrechnung.
Moderation:	1. Konsistenzanalyse der Matrixstruktur durch die QFD-Teammitglieder (ggf. auch Kunden): a) **Zeilenweise** die Matrix durchgehen und adäquate Abdeckung der Kundenanforderungen durch Qualitätsmerkmale analysieren: b) **Leere bzw. schwache Zeilen**:

Zusätzliche Qualitätsmerkmale zur Abdeckung dieser Kundenanforderungen identifizieren!

b) Matrix im Überblick betrachten:
Viele schwache bzw. wenige starke Beziehungen:
Qualitätsmerkmale untersuchen, ggf. klarer und eindeutiger formulieren oder zusätzlich identifizieren!

⇒ **Grundsätzlich Kundenanforderungen nie anzweifeln!!**

I. d. R. ist eine **Pause** nötig, in der die Ermittlung der Wichtigkeiten der Qualitätsmerkmale erfolgt und das klassische HoQ als Handouts vorbereitet wird!

2. Ermittlung der Qualitätsmerkmalswichtigkeit:
   a) Bezüglich des **Gesamtgewichts** - für jedes Qualitätsmerkmal X, über alle Kundenanforderungen Y:

$$\text{Absolute Wichtigkeit}_{\text{(bzgl. Gesamtgewicht)}}(X) = \sum_{Y} \text{Korrelationswert}(Y,X) * \text{Gesamtgewicht}(Y)$$

$$\text{(Relative) Wichtigkeit}_{\text{(bzgl. Gesamtgewicht)}}(X) = \frac{\text{Absolute Wichtigkeit}_{\text{(bzgl. Gesamtgewicht)}}(X)}{\sum_{\text{Merkmale } k} \text{Absolute Wichtigkeit}_{\text{(bzgl. Gesamtgewicht)}}(k)}$$

   b) Bezüglich der **Gesamtbedeutung** - für jedes Qualitätsmerkmal X, über alle Kundenanforderungen Y:

$$\text{Absolute Wichtigkeit}_{\text{(bzgl. Gesamtbedeutung)}}(X) = \sum_{Y} \text{Korrelationswert}(Y,X) * \text{Gesamtbedeutung}(Y)$$

$$\text{(Relative) Wichtigkeit}_{\text{(bzgl. Gesamtbedeutung)}}(X) = \frac{\text{Absolute Wichtigkeit}_{\text{(bzgl. Gesamtbedeutung)}}(X)}{\sum_{\text{Merkmale } k} \text{Absolute Wichtigkeit}_{\text{(bzgl. Gesamtbedeutung)}}(k)}$$

   c) Auch **kundengruppenspezifische** Auswertungen nach analogen Rechnungen mit - für alle Anforderungen Y und alle Kundengruppen A - Anforderungsgewicht (Y, A) bzw. Anforderungsbedeutung (Y, A).
   d) Bei Existenz von **negativen Korrelationen** Berechnungen aus a) bis c) für die jeweiligen Qualitätsmerkmale für die absoluten, nur positiven Werte durchführen. Bei großer Differenz der errechneten Werte ist der negative Einfluß dieses Qualitätsmerkmals nicht zu ignorieren.
      → Können andere Qualitätsmerkmale ohne diesen starken negativen Einfluß die Erfüllung der betroffenen Anforderungen hinreichend kontrollieren?
      → Ggf. Auswahl von detaillierteren Qualitätsmerkmalen, Korrelationsermittlung für diese Spalten und Prüfung der veränderten Matrixstruktur!
      → Wenn unumgänglich:
      Kandidaten für konfliktäre Qualitätsmerkmale im „Dach“

	des klassischen HoQ identifiziert! 3. **Analyse des klassischen HoQ:** Fokussierung auf die in bezug zur Erhöhung der Kundenzufriedenheit bedeutsamsten Qualitätsmerkmale unter Abwägung der Ergebnisse aus 2.a) bis 2.d). • Visualisierungen anhand Pareto-Diagrammen (Kumulierung der Wichtigkeiten). • Insbesondere **bei schwach besetzten Korrelationsmatrizen**: Kundenanforderungen mit wenigen bzw. schwachen Korrelationen (schwache Zeilen), aber hohem Gewicht bzw. hoher Bedeutung identifizieren → ggf. die zu diesen Anforderungen am höchsten korrelierenden Qualitätsmerkmale *zusätzlich* auswählen! **Pause** zur Erstellung einer Tabelle mit den ausgewählten Qualitätsmerkmalen geordnet nach den Qualitätsmerkmalswichtigkeiten nötig!
Software-unterstützung:	1. Ggf. neue Qualitätsmerkmale mit ihren Erläuterungskommentaren festhalten. 2. Ggf. Übertrag neuer Korrelationswerte in QFD-Software. 3. Priorisierungsschritt in QFD-Software durchführen und Handout des klassischen HoQ erstellen.
Ergebnis:	Vollständige Korrelationsmatrix des klassischen HoQ und die in bezug zur Erhöhung der Kundenzufriedenheit bedeutsamsten (in diesem Sinne priorisierten) Qualitätsmerkmale als Input für die Qualitätsmerkmalstabelle.

D Anleitung zur Ableitung von Entwicklungsvorgaben

<table>
<tr><th colspan="2">D.1 Bewertung der Produktmerkmale</th></tr>
<tr><td>Aufgabe:</td><td>Bewertung der in bezug zur Erhöhung der Kundenzufriedenheit bedeutsamsten Produktmerkmale hinsichtlich Konkurrenz, aktueller und angestrebter Erfüllung sowie Schwierigkeitsgrad der Erreichung dieser Zielwerte.</td></tr>
<tr><td>Moderation:</td><td>Diskussion der QFD-Teammitglieder, vorrangig der Entwickler:
1. Produktmerkmalstabelle mit ermittelten Wichtigkeiten auf eine Pinnwand (oder als Handout) sowie vollständige Korrelationsmatrix des Software-HoQ als Handout bereitstellen.
2. Ist-Bewertungen:
• Aktuellen Grad der Erfüllung durch das eigene Produkt (Produkt-Jetzt)...
• Aktuellen Grad der Erfüllung durch Konkurrenzprodukte...
...für jedes einzelne Produktmerkmal im Sinne seiner Erfüllungsgrade auf einer Nominalskala von 1 (nicht erfüllt) bis 5 (vollständig erfüllt) bestimmen.
→ Ggf. Rückgriff auf Einzelproduktanalysen, Vergleichsstudien o. ä.!
→ Falls Wettbewerbsanalyse aus Kundensicht durchgeführt wurde:
Vergleich der Entwicklerbewertungen mit denen der Kunden über die starken Korrelationen in der Software-HoQ-Matrix.
3. Soll-Bewertungen - jedes Produktmerkmal zu Entwicklungsvorgaben präzisieren:
a) Unter Orientierung an den Daten aus 2. und der Wichtigkeit des Produktmerkmals für die Kunden:
Zielwert auf gleicher Skala wie in 2. als angestrebten Grad der Erfüllung vergeben!
b) Schwierigkeitgrad der Erreichung des angestrebten Zielwerts in erster Linie unter Berücksichtigung des zu erwartenden Arbeitsaufwandes auf einer Nominalskala von 1 (sehr leicht) bis 5 (sehr schwer) einschätzen.
→ Ggf. zusätzliche Erläuterungen zu den Entwickungsvorgaben notieren!
4. Analyse der Produktmerkmalstabelle:</td></tr>
</table>

	a) Für jedes Produktmerkmal X mit **Zielwert (X) > Produkt-Jetzt (X)**: **Modifizierte Produktmerkmalswichtigkeiten** (Neuentwicklungen bezüglich Gesamtgewicht; Weiterentwicklungen bezüglich Gesamtbedeutung) mit Bezug zum angestrebten Erfüllungsgrad und der Schwierigkeit der Erreichung des Zielwerts ermitteln. $\text{Verbesserungsverhältnis (X)} = \frac{\text{Zielwert (X)}}{\text{Produkt - Jetzt (X)}} \quad (> 1)$ $\text{Modifizierte Wichtigkeit (X)} = \frac{\text{Wichtigkeit (X)} * \left[\frac{\text{Verbesserungsverhältnis (X)}}{\text{Schwierigkeitsgrad (X)}}\right]}{\sum_{\text{Merkmale k}} \text{Wichtigkeit (k)} * \left[\frac{\text{Verbesserungsverhältnis (k)}}{\text{Schwierigkeitsgrad (k)}}\right]}$ b) Für jedes Produktmerkmal X mit **Zielwert (X) ≤ Produkt-Jetzt (X)**: Produktmerkmale herausgreifen, deren Schwierigkeitsgrad > 1 ist bzw. für deren Umsetzung trotz Schwierigkeitsgrad = 1 noch etwas getan werden muß: Integrierte Analyse der Wichtigkeit und des Schwierigkeitsgrades insbesondere unter Berücksichtigung der *Gründe* für die Stagnation bzw. den Rückschritt! c) Visualisierung anhand Portfolio mit der Wichtigkeit bezüglich Gesamtgewicht bzw. -bedeutung oder der modifizierten Wichtigkeit auf der Abzisse und dem Schwierigkeitsgrad auf der Ordinate: • Quadrant links oben: Wichtige und „leicht" zu erreichende Entwicklungsvorgaben! • Quadrant rechts unten: Unwichtige und „schwer" zu erreichende Entwicklungsvorgaben!
Software-unterstützung:	1. Bereitstellung der Produktmerkmalstabelle, Dokumentation aller erhobenen quantitativen Daten, Visualisierung anhand Portfolio durchführen und modifizierte Produktmerkmalswichtigkeit in QFD-Software berechnen. 2. Ggf. detaillierte Erläuterungen zu den Entwicklungsvorgaben dokumentieren.

Ergebnis:	Entwicklungsvorgaben in Form von bezüglich ihres Beitrags zur Erhöhung der Kundenzufriedenheit im Verhältnis zum Aufwand ihrer angestrebten Verbesserung wichtigsten Produktmerkmalen, dargestellt in der Produktmerkmalstabelle einschließlich dokumentierter, konkreter Erfüllungsgrade als Grundlage der Anforderungsspezifikation.

D.2 Bewertung der Qualitätsmerkmale	
Aufgabe:	Bewertung der in bezug zur Erhöhung der Kundenzufriedenheit bedeutsamsten Qualitätsmerkmale hinsichtlich Konkurrenz, aktueller und angestrebter Erfüllung sowie Schwierigkeitsgrad der Erreichung dieser Zielwerte unter Berücksichtigung potentieller Abhängigkeiten der Qualitätsmerkmale untereinander.
Moderation:	Diskussion der QFD-Teammitglieder, vorrangig der **Entwickler**: 1. **Qualitätsmerkmalstabelle** mit ermittelten Wichtigkeiten auf einer Pinnwand (oder als Handout) sowie vollständige Korrelationsmatrix des klassischen HoQ als Handout bereitstellen. 2. Ist-Bewertungen: • Aktuellen Grad der Erfüllung durch das **eigene Produkt** (Produkt-Jetzt)... • Aktuellen Grad der Erfüllung durch **Konkurrenzprodukte**... ...für jedes einzelne Qualitätsmerkmal im Sinne von *Erfüllungsgraden* auf seiner individuellen, quantitativ meßbaren Skala bestimmen. → Ggf. Rückgriff auf Einzelproduktanalysen, Vergleichsstudien o. ä.! → Falls Wettbewerbsanalyse aus Kundensicht durchgeführt wurde: Vergleich der Entwicklerbewertungen mit denen der Kunden über die starken Korrelationen in der klassischen HoQ-Matrix. 3. Soll-Bewertungen - jedes Qualitätsmerkmal X zu **Entwicklungsvorgaben präzisieren**: a) Unter Orientierung an den Daten aus 2. und der *Qualitätsmerkmalswichtigkeit (X)*, zur Kontrolle einer angemessenen Umsetzung der stark korrelierenden Kundenanforderungen: **Zielwert** auf gleicher Skala wie in 2. als angestrebten Grad der Erfüllung vergeben!

	b) Abhängigkeiten im „Dach" des klassischen HoQ ermitteln: **„Welche Wirkung hat die höhrere Erfüllung des Qualitätsmerkmals X auf die Erfüllung der anderen Qualitätsmerkmale?"** Positive und negative Beziehungswerte von jedem betrachteten Qualitätsmerkmal X ausgehend als Richtung (→) des Einflusses eintragen: ++ = stark positiver Einfluß + = mäßiger positiver Einfluß = kein Einfluß - = mäßiger negativer Einfluß -- = stark negativer Einfluß Auch auf die klassische HoQ-Matrix zurückgreifen, denn Qualitätsmerkmale mit Korrelationen zu den selben Kundenanforderungen (insb. bei negativen Korrelationswerten) sind Kandidaten für die hier betrachtete Beeinflussungsbeziehung. c) **Schwierigkeitgrad** der Erreichung des angestrebten Zielwerts unter Berücksichtigung des zu erwartenden Arbeitsaufwandes auf einer Nominalskala von 1 (sehr leicht) bis 5 (sehr schwer) einschätzen. → Bei möglichen Konflikten und Synergien zur Erreichung anderer Qualitätsmerkmale aus b) ggf. **Zielwert anpassen**! → Ggf. *zusätzliche Erläuterungen* zu den Entwickungsvorgaben (auch zur Art und Weise ihrer Überprüfung) notieren! 4. Analyse der Qualitätsmerkmalstabelle: a) Visualisierung anhand Portfolio mit der Wichtigkeit bezüglich Gesamtgewicht bzw. -bedeutung auf der Abzisse und dem Schwierigkeitsgrad auf der Ordinate: • Quadrant links oben: Wichtige und „leicht" zu erreichende Entwicklungsvorgaben! • Quadrant rechts unten: Unwichtige und „schwer" zu erreichende Entwicklungsvorgaben! b) Falls Zielwert (X) ≤ Produkt-Jetzt (X) und Schwierigkeitsgrad (X) > 1 ist, bzw. trotz Schwierigkeitsgrad (X) = 1 muß für die Umsetzung des Qualiätsmerkmals X noch etwas getan werden: Integrierte Analyse der Wichtigkeit und des Schwierigkeitsgrades insbesondere unter Berücksichtigung der *Gründe* für

	die Stagnation bzw. den Rückschritt!
Software-unterstützung:	1. Bereitstellung der Qualitätsmerkmalstabelle, Dokumentation aller erhobenen quantitativen Daten einschließlich der Daten aus dem „Dach" des klassischen HoQ und Visualisierung anhand Portfolio. 2. Ggf. detaillierte Erläuterungen zu den Entwicklungsvorgaben dokumentieren.
Ergebnis:	In Form ihrer angestrebten Erfüllung und der Schwierigkeit ihrer Erreichung konkretisierte Entwicklungsvorgaben der bezüglich ihres Beitrags zur Erhöhung (und Sicherstellung) der Kundenzufriedenheit bedeutsamsten Qualitätsmerkmale, dargestellt in der Qualiätsmerkmalstabelle einschließlich dokumentierter, konkreter Erfüllungsgrade als Grundlage der Anforderungsspezifikation.

D.3 Design-points analysis	
Aufgabe:	Aufzeigen der Beziehungen zwischen den Produktcharakteristika; ggf. Anpassung der Entwicklungvorgaben und Verdichtung zu design-points.
Moderation:	Diskussion der QFD-Teammitglieder, vorrangig der **Entwickler**: 1. Leere Matrix mit Produktmerkmalen in den Zeilen und Qualitätsmerkmalen in den Spalten auf einer Pinnwand vorbereiten. Jedes Matrixfeld zweiteilen. Entwicklungsvorgaben inkl. zugehöriger Erläuterungskommentare als Handout bereitstellen. 2. Konsolidierung der Entwicklungsvorgaben - für jedes Matrixfeld: „Welche **Wirkung** hat die höhere Erfüllung eines Produktmerkmals Y auf die Umsetzung eines Qualitätsmerkmals X?" (und umgekehrt!) → Beide Wirkungsrichtungen betrachten! → Positive und negative Korrelationswerte auf mindestens fünfstufiger Bewertungsskala vergeben (oberer Teil der Felder): Stark positiv +9 Punkte Moderat positiv +3 Punkte Keine Wirkung 0 Punkte Moderat negativ -3 Punkte Stark negativ -9 Punkte → Ggf. Entwicklungsvorgaben aufgrund von Konflikten oder Synergien anpassen!

	3. Verknüpfung der Entwicklungsvorgaben - Ableitung von **design-points** - spaltenweise für jede Matrixzelle: „Welche **Bedeutung** hat Qualitätsmerkmal X für die Erfüllung von Produktmerkmal Y?" → Nur positive Korrelationen in den unteren Teil der Felder eintragen: „Bei der Umsetzung von Produktmerkmal Y kommt Qualitätsmerkmal X eine... ...9: hohe Bedeutung zu." ...3: mittlere Bedeutung zu." ...1: geringe Bedeutung zu." → Zweidimensionale Zielwerte! → Ggf. Bildung von *„cross-priorities"* für jedes Matrixfeld durch Multiplikation der zugehörigen Wichtigkeiten mit dem Korrelationswert.
Software-unterstützung:	1. Dokumentation der Korrelationswerte und ggf. Errechnung der „cross-priorities" in QFD-Software. 2. Ggf. Anpassung der Entwicklungsvorgaben dokumentieren. 3. Design-points ausformulieren.
Ergebnis:	Abschließend konsolidierte Entwicklungsvorgaben und design-points als Grundlage der Anforderungsspezifikation.

E Interviewleitfäden zur Bewertung eines QFD-Pilotprojekts

Die nachfolgend aufgeführten Interviewleitfäden sind die beim QFD-Pilotprojekt der SAP verwendeten und daher auf den Terminkalender bezogen. Sie können aber natürlich auch für andere Projekte verwendet werden, indem der Kalender durch das entsprechende Produkt des Pilotprojekts ersetzt wird.

Interviewleitfaden zur Festlegung von Erfolgskriterien

Teil 1: Persönliche Ansichten

1. Einstellung zu QFD
2. Einstellung zur Teamzusammensetzung

Teil 2: Erfolgskontrolle vorbereiten

3. Kritische Ereignisse erkennen
4. Persönliche Erfolgskriterien ermitteln

Interviewleitfaden zur Überprüfung der Erfolgskriterien

Teil 1: Persönliche Ansichten

1. Einstellung zu QFD
2. Einstellung zur Teamzusammensetzung

Teil 2: Erfolgskontrolle durchführen

3. Persönliche Erfolgskriterien überprüfen
4. Bewertung des QFD-Projekts (nach Kunde/Entwickler getrennt)

Interviewleitfaden zur Festlegung von Erfolgskriterien

Teil 1: Persönliche Ansichten

1. Einstellung zu QFD

a. Was halten Sie vom QFD-Ansatz zur Produktplanung / Kundenanforderungsanalyse?

Nachfolgend finden Sie einige Aussagen zu Quality Function Deployment.

Zustimmungsgrad

Bitte kennzeichnen Sie durch ein Kreuz in welchem Maße Sie den Aussagen zustimmen oder nicht zustimmen können.

Aussage	Völlige Ablehnung				Völlige Zustimmung	Weiß nicht
1. Geeignet als Strukturierungstechnik von Gruppenarbeiten						
2. Ermöglicht verbesserte Kommunikation aller Projektbeteiligten						
3. Gute Chancen, daß die Kundenanforderungen *richtig und vollständig* erhoben werden						
4. Gute Chancen, daß die *wichtigsten* Kundenanforderungen berücksichtigt werden						
5. Strukturierte Darstellung vieler Einflußgrößen der Produktplanung (Kundenanforderungen, Wettbewerbsanalyse etc.) in einem Diagramm						
6. Ermöglicht den Vergleich des eigenen Produkts mit der Konkurrenz						
7. Formulierung aus Kundensicht auch wirklich begründeter Entwicklungsvorgaben (z.B. in Form von Produktmerkmalen)						
8. Ermöglicht eine gemeinsame Sicht aller auf das Produkt						
9. Eröffnet Potential für kürzere Entwicklungszeiten						
10. Wird zu weniger Nacharbeit am Produkt führen						
11. Eröffnet Potential für Software höherer Qualität mit höherer Kundenzufriedenheit						
12. Langwieriger, aufwendiger und kostspieliger Ansatz						
13. Wahrscheinlich keine wesentlichen Unterschiede im (End-)Ergebnis im Vergleich zum konventionellen Vorgehen						
14. Fragwürdige Vereinfachung der Produktplanung auf ein Diagramm gefüllt mit ein paar Zahlen						
15. Erfolg ist zu stark abhängig von den ausgewählten Kunden						
16. Möglichkeit einer Scheinbeteiligung der Kunden am Entwicklungsprozeß						
17. Zusammenwürfelung unterschiedlicher Personengruppen stellt die Qualität und die Akzeptanz der Ergebnisse in Frage						
18. Übertragbarkeit auf die Softwareentwicklung fraglich						

b. Was werden ihrer Ansicht nach die 5 größten **Probleme** während der Projektarbeit mit QFD sein?

c. Was werden ihre Ansicht nach die 5 größten **Verbesserungen** bei der Projektarbeit mit QFD im Vergleich zum konventionellen Vorgehen sein?

2. Einstellung zur Teamzusammensetzung

Wie schätzen Sie die Zusammensetzung des Projektteams und die zukünftige Zusammenarbeit im Pilotprojekt ein?

a. Welche Teammitglieder werden Probleme bereiten? (nicht als Person, sondern als Rolle/Funktion)

b. Welcher Beitrag ist von den einzelnen Teammitglieder in Ausübung ihrer Funktion für das Projekt zu erwarten?

- Nicht bezüglich der QFD-Methode!
- Richtige Kundengruppen identifiziert? Für die repräsentierten Kundengruppen typische Kunden ausgewählt? Ausreichend viele? Zu viele?
- Entscheidende Entwickler dabei? Ausreichend viele? Zu viele?

Teil 2: Erfolgskontrolle vorbereiten

3. Kritische Ereignisse erkennen

a. Was sind ihre 5 bisher **positivsten Erlebnisse** bei der konventionellen Entwicklung des Kalenders?

b. Was sind ihre 5 bisher **negativsten Erlebnisse** bei der konventionellen Entwicklung des Kalenders?

4. Persönliche Erfolgskriterien ermitteln

Woran werden Sie persönlich festmachen, ob sich der QFD-Einsatz im Pilotprojekt gelohnt hat oder nicht?

Interviewleitfaden zur Überprüfung der Erfolgskriterien

Teil 1: Persönliche Ansichten

Zustimmungsgrad

Bitte kennzeichnen Sie durch ein Kreuz in welchem Maße Sie den Aussagen zustimmen oder nicht zustimmen können.

1. Einstellung zu QFD

a. Was halten Sie nach dem Pilotprojekt vom QFD-Ansatz zur Produktplanung / Kundenanforderungsanalyse?

Nachfolgend finden Sie einige Aussagen zu Quality Function Deployment, die Sie bereits vor dem Pilotprojekt bewertet haben. Wir möchten wissen, ob sich Ihre Einstellungen diesbezüglich geändert haben.

Aussage	Völlige Ablehnung				Völlige Zustimmung	Weiß nicht
1. Geeignet als Strukturierungstechnik von Gruppenarbeiten						
2. Ermöglicht verbesserte Kommunikation aller Projektbeteiligten						
3. Gute Chancen, daß die Kundenanforderungen *richtig und vollständig* erhoben werden						
4. Gute Chancen, daß die *wichtigsten* Kundenanforderungen berücksichtigt werden						
5. Strukturierte Darstellung vieler Einflußgrößen der Produktplanung (Kundenanforderungen, Wettbewerbsanalyse etc.) in einem Diagramm						
6. Ermöglicht den Vergleich des eigenen Produkts mit der Konkurrenz						
7. Formulierung aus Kundensicht auch wirklich begründeter Entwicklungsvorgaben (z.B. in Form von Produktmerkmalen)						
8. Ermöglicht eine gemeinsame Sicht aller auf das Produkt						
9. Eröffnet Potential für kürzere Entwicklungszeiten						
10. Wird zu weniger Nacharbeit am Produkt führen						
11. Eröffnet Potential für Software höherer Qualität mit höherer Kundenzufriedenheit						
12. Langwieriger, aufwendiger und kostspieliger Ansatz						
13. Wahrscheinlich keine wesentlichen Unterschiede im (End-)Ergebnis im Vergleich zum konventionellen Vorgehen						
14. Fragwürdige Vereinfachung der Produktplanung auf ein Diagramm gefüllt mit ein paar Zahlen						
15. Erfolg ist zu stark abhängig von den ausgewählten Kunden						
16. Möglichkeit einer Scheinbeteiligung der Kunden am Entwicklungsprozeß						
17. Zusammenwürfelung unterschiedlicher Personengruppen stellt die Qualität und die Akzeptanz der Ergebnisse in Frage						
18. Übertragbarkeit auf die Softwareentwicklung fraglich						

b. Was waren ihrer Ansicht nach die 5 größten **Probleme** während der Projektarbeit mit QFD?

c. Was waren ihrer Ansicht nach die 5 größten **Verbesserungen** bei der Projektarbeit mit QFD im Vergleich zum konventionellen Vorgehen?

2. Einstellung zur Teamzusammensetzung

Wie schätzen Sie die Zusammensetzung des Projektteams und die Zusammenarbeit im Pilotprojekt ein?

a. Welche Teammitglieder haben Probleme bereitet? (nicht als Person, sondern als Rolle/Funktion)

b. Welcher Beitrag ist von den einzelnen Teammitglieder in Ausübung ihrer Funktion für das Projekt geliefert worden?

- Nicht bezüglich der QFD-Methode!
- Auswahl im nachhinein richtig gewesen? Richtige Kundengruppen identifiziert? Für die repräsentierten Kundengruppen typische Kunden ausgewählt? Ausreichend viele? Zu viele?
- Entscheidende Entwickler dabei? Ausreichend viele? Zu viele?

Teil 2: Erfolgskontrolle durchführen

3. Persönliche Erfolgskriterien überprüfen

Sind Ihre persönlichen Erfolgskriterien erfüllt oder nicht? (für jedes Erfolgskriterium abfragen)

4. Bewertung des QFD-Projekts

A. Angaben zur Person bzw. zur Rolle

Name, Vorname	
Telefon-Nr.	
Rolle (Kunde Beratung, Kunde Entwickler)	

B. Bewertung des QFD-Projekts insgesamt

Zustimmungsgrad

Bitte kennzeichnen Sie durch ein Kreuz in welchem Maße Sie den Aussagen zustimmen können oder nicht zustimmen können.

Völlige Ablehnung ⟷ Völlige Zustimmung

Absolute Zufriedenheit

Wir haben einen sehr guten Gesamteindruck von QFD.

Relative Zufriedenheit

Wir waren mit dem bisherigen Vorgehen zufriedener.
(Bitte urteilen Sie nur, wenn Ihnen ein Vergleich möglich ist.)

Bewertung des QFD-Projekts

C. Wichtigkeit der Leistungsmerkmale

Wie wichtig sind Ihnen die folgenden Leistungsmerkmale, die sich auf die Entwicklung des Kalenders beziehen?

Wichtigkeit

Bitte verteilen Sie insgesamt 30 Punkte auf die 10 genannten Merkmale. Je mehr Punkte Sie einem Merkmal geben, desto wichtiger ist es für Sie. Wenn für Sie ein Merkmal völlig unwichtig ist, dann geben Sie ihm 0 Punkte. Verteilen Sie bitte alle 30 Punkte, aber nicht mehr.

Leistungsmerkmale	Platz für Notizen	Endgültige Punkte-verteilung
1. Funktionalität in unserem Sinne Funktionsumfang, den uns der Kalender bietet und damit zu einer Verbesserung unserer Arbeitsprozesse beitragen kann.		
2. Neue Funktionalität Neue, überraschende nützliche Features des Kalenders, auf die man selbst nicht gekommen wäre.		
3. Benutzbarkeit Einfache Bedienbarkeit und schnelle Erlernbarkeit des Kalenders.		
4. Technische Innovation Ein dem neuesten Stand der Technik entsprechender Kalender.		
5. Wartezeit auf das nächste Release Rasche Realisierung von Kundenanforderungen.		
6. Objektive Bewertung unserer Anforderungen Begründete Annahme oder Ablehnung von Kundenanforderungen.		
7. Umsetzung unserer Anforderungen Sicherstellung, daß Kundenanforderungen nicht nur aufgenommen, sondern auch umgesetzt werden.		
8. Frühzeitige Einbeziehung in den Entwicklungsprozeß Frühzeitige und kontinuierliche Beteiligung bei der Entwicklung des Kalenders.		
9. Persönlicher Kontakt mit den Entwicklern Direkter Austausch zwischen Kunden und Entwicklern.		
10. Gegenseitiges Verständnis Erlangung von Kenntnissen über Sorgen und Nöte von Entwicklern und Kunden.		
Summe:		**30 Punkte**

Bewertung des QFD-Projekts

D. Bewertung der Zufriedenheit ohne QFD

Aussagen	Zustimmungsgrad
Wie zufrieden sind Sie mit der Kalenderentwicklung? *Nachfolgend finden Sie Aussagen zu den Merkmalen, die Sie auf Seite 2 gewichtet haben. Einige Aussagen sind vom Sinn her ähnlich. Wir möchten damit sicherstellen, Ihre Meinung zu den einzelnen Merkmalen korrekt zu bestimmen.*	*Bitte kennzeichnen Sie durch ein Kreuz in welchem Maße Sie den Aussagen zustimmen oder nicht zustimmen können* Völlige Ablehnung ⟷ Völlige Zustimmung
1. Mit dem Kalender können wir unsere Aufgaben erledigen.	
2. Der Kalender besitzt alle Features, die sein Vorgänger auch hatte.	
3. Der Kalender enthält *nützliche* Produktmerkmale, auf die wir von selbst nicht gekommen wären.	
4. Der Kalender enthält keine überflüssigen Produktmerkmale.	
5. Der Kalender ist einfach zu bedienen.	
6. Der Kalender ist schnell erlernbar.	
7. Der Kalender entspricht dem neuesten Stand der Technik.	
8. Unsere Kundenanforderungen wurden rasch in Produktanforderungen umgesetzt.	
9. Unsere Kundenanforderungen wurden angemessen bewertet.	
10. Unsere Anforderungen hatten Vorrang vor technischen Aspekten.	
11. Die Erfüllung unserer Anforderungen hatte Vorrang vor der schnellen Umsetzung.	
12. Die Bedeutung unserer Kundengruppe wurde richtig eingeschätzt.	
13. Unsere Kundenanforderungen wurden nicht nur aufgenommen, sondern auch in Produktanforderungen umgesetzt.	
14. Wir konnten unsere Anforderungen von vornherein in die Entwicklung einbringen.	
15. Wir konnten uns *frühzeitig* ein Bild darüber machen, ob der geplante Kalender unseren Erwartungen entspricht.	
16. Wir konnten mit den Entwicklern persönlich über unsere Anforderungen sprechen.	
17. Wir bekamen unmittelbares Feedback auf unsere Anforderungen.	
18. Wir konnten den Entwicklern frühzeitiges Feedback bezüglich der geplanten Produktmerkmale des Kalenders geben.	
19. Wir konnten die Entwickler von der Notwendigkeit unserer Anforderung überzeugen.	
20. Uns wurde transparent gemacht, warum bestimmte Anforderungen von den Entwicklern nicht umgesetzt werden können bzw. konnten.	
21. Wir konnten mit den Entwicklern über unsere Probleme mit dem aktuellen Kalender reden.	

Bewertung des QFD-Projekts

E. Bewertung der Zufriedenheit mit QFD

Aussagen	Zustimmungsgrad
Wie zufrieden sind Sie mit der Kalenderentwicklung? *Nachfolgend finden Sie Aussagen zu den Merkmalen, die Sie auf Seite 2 gewichtet haben. Einige Aussagen sind vom Sinn her ähnlich. Wir möchten damit sicherstellen, Ihre Meinung zu den einzelnen Merkmalen korrekt zu bestimmen.*	*Bitte kennzeichnen Sie durch ein Kreuz in welchem Maße Sie den Aussagen zustimmen oder nicht zustimmen können.* Völlige Ablehnung ↔ Völlige Zustimmung
1. Mit dem geplanten Kalender könnten wir unsere Aufgaben erledigen.	
2. Der geplanten Kalender besitzt alle Features, die sein Vorgänger auch hatte.	
3. Der geplante Kalender enthält *nützliche* Produktmerkmale, auf die wir von selbst nicht gekommen waren.	
4. Der geplante Kalender enthält keine überflüssigen Produktmerkmale.	
5. Der geplante Kalender ist wahrscheinlich einfach zu bedienen.	
6. Der geplante Kalender ist wahrscheinlich schnell erlernbar.	
7. Der geplante Kalender entspricht dem neuesten Stand der Technik.	
8. Unsere Kundenanforderungen wurden rasch in Produktanforderungen umgesetzt.	
9. Unsere Kundenanforderungen wurden angemessen bewertet.	
10. Unsere Anforderungen hatten Vorrang vor technischen Aspekten.	
11. Die Erfüllung unserer Anforderungen hatte Vorrang vor der schnellen Umsetzung.	
12. Die Bedeutung unserer Kundengruppe wurde richtig eingeschätzt.	
13. Unsere Kundenanforderungen wurden nicht nur aufgenommen, sondern auch in Produktanforderungen umgesetzt.	
14. Wir konnten unsere Anforderungen von vornherein in die Entwicklung einbringen.	
15. Wir konnten uns *frühzeitig* ein Bild darüber machen, ob der geplante Kalender unseren Erwartungen entspricht.	
16. Wir konnten mit den Entwicklern persönlich über unsere Anforderungen sprechen.	
17. Wir bekamen unmittelbares Feedback auf unsere Anforderungen.	
18. Wir konnten den Entwicklern frühzeitiges Feedback bezüglich der geplanten Produktmerkmale des Kalenders geben.	
19. Wir konnten die Entwickler von der Notwendigkeit unserer Anforderung überzeugen.	
20. Uns wurde transparent gemacht, warum bestimmte Anforderungen von den Entwicklern nicht umgesetzt werden können bzw. konnten.	
21. Wir konnten mit den Entwicklern über unsere Probleme mit dem aktuellen Kalender reden.	

4. Bewertung des QFD-Projekts

A. Angaben zur Person bzw. zur Rolle

Name, Vorname	
Telefon-Nr.	
Rolle	Entwickler

B. Bewertung des QFD-Projekts insgesamt

Zustimmungsgrad

Bitte kennzeichnen Sie durch ein Kreuz in welchem Maße Sie den Aussagen zustimmen können oder nicht zustimmen können.

Völlige Ablehnung ⟷ Völlige Zustimmung

Absolute Zufriedenheit

Wir haben einen sehr guten Gesamteindruck von QFD.

Relative Zufriedenheit

Wir waren mit dem bisherigen Vorgehen zufriedener.
(Bitte urteilen Sie nur, wenn Ihnen ein Vergleich möglich ist.)

Bewertung des QFD-Projekts

C. Wichtigkeit der Leistungsmerkmale

Wie wichtig sind Ihnen die folgenden Leistungsmerkmale, die sich auf die Entwicklung des Kalenders beziehen?

Wichtigkeit

Bitte verteilen Sie insgesamt 30 Punkte auf die 10 genannten Merkmale. Je mehr Punkte Sie einem Merkmal geben, desto wichtiger ist es für Sie. Wenn für Sie ein Merkmal völlig unwichtig ist, dann geben Sie ihm 0 Punkte. Verteilen Sie bitte alle 30 Punkte, aber nicht mehr.

Leistungsmerkmale	Platz für Notizen	Endgültige Punkte-verteilung
1. Funktionalität im Sinne unserer Kunden Funktionsumfang, den der Kalender den Kunden bietet und damit zu einer Verbesserung ihrer Arbeitsprozesse beitragen kann.		
2. Neue Funktionalität Neue, überraschende nützliche Features des Kalenders, auf die man selbst nicht gekommen wäre.		
3. Benutzbarkeit Einfache Bedienbarkeit und schnelle Erlernbarkeit des Kalenders.		
4. Technische Innovation Ein dem neuesten Stand der Technik entsprechender Kalender.		
5. Wartezeit auf das nächste Release Rasche Realisierung von Kundenanforderungen.		
6. Objektive Bewertung von Anforderungen Begründete Annahme oder Ablehnung von Kundenanforderungen.		
7. Umsetzung von Anforderungen Sicherstellung, daß Kundenanforderungen nicht nur aufgenommen, sondern auch umgesetzt werden.		
8. Frühzeitige Einbeziehung in den Entwicklungsprozeß Frühzeitige und kontinuierliche Beteiligung der Kunden bei der Entwicklung des Kalenders.		
9. Persönlicher Kontakt mit den Kunden Direkter Austausch zwischen Kunden und Entwicklern.		
10. Gegenseitiges Verständnis Erlangung von Kenntnissen über Sorgen und Nöte von Entwicklern und Kunden.		
Summe:		**30 Punkte**

Bewertung des QFD-Projekts

D. Bewertung der Zufriedenheit ohne QFD

Aussagen	Zustimmungsgrad
Wie zufrieden sind Sie mit der Kalenderentwicklung? *Nachfolgend finden Sie Aussagen zu den Merkmalen, die Sie auf Seite 2 gewichtet haben. Einige Aussagen sind vom Sinn her ähnlich. Wir möchten damit sicherstellen, Ihre Meinung zu den einzelnen Merkmalen korrekt zu bestimmen.*	*Bitte kennzeichnen Sie durch ein Kreuz in welchem Maße Sie den Aussagen zustimmen oder nicht zustimmen können.* Völlige Ablehnung ⟷ Völlige Zustimmung
1. Mit dem Kalender können unsere Kunden ihre Aufgaben erledigen.	
2. Der Kalender besitzt alle Features, die sein Vorgänger auch hatte.	
3. Der Kalender enthält *nützliche* Produktmerkmale, auf die wir von selbst nicht gekommen waren.	
4. Der Kalender enthält keine überflüssigen Produktmerkmale.	
5. Der Kalender ist einfach zu bedienen.	
6. Der Kalender ist schnell erlernbar.	
7. Der Kalender entspricht dem neuesten Stand der Technik.	
8. Die Kundenanforderungen wurden rasch in Produktanforderungen umgesetzt.	
9. Die Kundenanforderungen wurden angemessen bewertet.	
10. Die Kundenanforderungen hatten Vorrang vor technischen Aspekten.	
11. Die Erfüllung der Kundenanforderungen hatte Vorrang vor der schnellen Umsetzung.	
12. Die Bedeutung der Kundengruppen wurde richtig eingeschätzt.	
13. Die Kundenanforderungen wurden nicht nur aufgenommen, sondern auch in Produktanforderungen umgesetzt.	
14. Die Kunden konnten unsere Anforderungen von vornherein in die Entwicklung einbringen.	
15. Die Kunden konnten sich *frühzeitig* ein Bild darüber machen, ob der geplante Kalender ihren Erwartungen entspricht.	
16. Die Kunden konnten mit den Entwicklern persönlich über ihre Anforderungen sprechen.	
17. Die Kunden bekamen unmittelbares Feedback auf ihre Anforderungen.	
18. Die Kunden konnten uns frühzeitiges Feedback bezüglich der geplanten Produktmerkmale des Kalenders geben.	
19. Die Kunden konnten uns von der Notwendigkeit ihrer Anforderung überzeugen.	
20. Den Kunden wurde transparent gemacht, warum bestimmte Anforderungen von uns nicht umgesetzt werden können bzw. konnten.	
21. Die Kunden konnten mit uns über ihre Probleme mit dem aktuellen Kalender reden.	

Bewertung des QFD-Projekts

E. Bewertung der Zufriedenheit mit QFD

Zustimmungsgrad

Bitte kennzeichnen Sie durch ein Kreuz in welchem Maße Sie den Aussagen zustimmen oder nicht zustimmen können.

Völlige Ablehnung ⟷ Völlige Zustimmung

Aussagen

Wie zufrieden sind Sie mit der Kalenderentwicklung?

Nachfolgend finden Sie Aussagen zu den Merkmalen, die Sie auf Seite 2 gewichtet haben. Einige Aussagen sind vom Sinn her ähnlich. Wir möchten damit sicherstellen, Ihre Meinung zu den einzelnen Merkmalen korrekt zu bestimmen.

1. Mit dem geplanten Kalender könnten unsere Kunden ihre Aufgaben erledigen.
2. Der geplante Kalender besitzt alle Features, die sein Vorgänger auch hatte.
3. Der geplante Kalender enthält *nützliche* Produktmerkmale, auf die wir von selbst nicht gekommen waren.
4. Der geplante Kalender enthält keine überflüssigen Produktmerkmale.
5. Der geplante Kalender ist wahrscheinlich einfach zu bedienen.
6. Der geplante Kalender ist wahrscheinlich schnell erlernbar.
7. Der geplante Kalender entspricht dem neuesten Stand der Technik.
8. Die Kundenanforderungen wurden rasch in Produktanforderungen umgesetzt.
9. Die Kundenanforderungen wurden angemessen bewertet.
10. Die Kundenanforderungen hatten Vorrang vor technischen Aspekten.
11. Die Erfüllung der Kundenanforderungen hatte Vorrang vor der schnellen Umsetzung.
12. Die Bedeutung der Kundengruppen wurde richtig eingeschätzt.
13. Die Kundenanforderungen wurden nicht nur aufgenommen, sondern auch in Produktanforderungen umgesetzt.
14. Die Kunden konnten unsere Anforderungen von vornherein in die Entwicklung einbringen.
15. Die Kunden konnten sich *frühzeitig* ein Bild darüber machen, ob der geplante Kalender ihren Erwartungen entspricht.
16. Die Kunden konnten mit den Entwicklern persönlich über ihre Anforderungen sprechen.
17. Die Kunden bekamen unmittelbares Feedback auf ihre Anforderungen.
18. Die Kunden konnten uns frühzeitiges Feedback bezüglich der geplanten Produktmerkmale des Kalenders geben.
19. Die Kunden konnten uns von der Notwendigkeit ihrer Anforderung überzeugen.
20. Den Kunden wurde transparent gemacht, warum bestimmte Anforderungen von uns nicht umgesetzt werden können bzw. konnten.
21. Die Kunden konnten mit uns über ihre Probleme mit dem aktuellen Kalender reden.

F Übersicht über QFD-Tools

Tool	Anbieter	Preis	Subjektiver(!) Kommentar
QFD/Capture 3.1 QFD/Capture V. 2.x (deutsch) Hersteller: International TechneGroup Incorporated	*ITI Deutschland GmbH* Grossmannswiese 1 D-65594 Limburg-Ennerich Tel: ++49-(0)6431-9907-0 Fax: ++49-(0)6431-9907-88 E-Mail: hdietz@iti-oh.com *Promis GmbH* Gabelsbergerstr. 15 D-80333 Muenchen Tel: ++49-(0)89-288141-41 Fax: ++49-(0)89-288141-11	2.750 DM deutsch 895 $ englisch	Positiv: • individuelle Anpassbarkeit der Projektstruktur • deutsche Version erhältlich • Windows, Macintosh, Dos Versionen Negativ: • fehlende Schnittstelle zu Excel
QFD Guide Hersteller: International TechneGroup Incorporated	*ITI Deutschland GmbH* Grossmannswiese 1 D-65594 Limburg-Ennerich Tel: ++49-(0)6431-9907-0 Fax: ++49-(0)6431-9907-88 E-Mail: hdietz@iti-oh.com		Positiv: • leichte Erlernbarkeit Negativ: • eingeschränkter Funktionsumfang Bemerkung: Einsteiger-Werkzeug

Tool	**Anbieter**	**Preis**	**Subjektiver(!) Kommentar**
QFD Designer V. 3.15 Hersteller: Qualisoft	*Qualisoft* 4652 Patrick Road West Bloomfield, MI. 48322 U.S.A. Tel. ++1-810-6452561 Fax. ++1-810-6452561	970 $	Positiv: • OLE-Link zu Excel • gutes QFD-Lay-out Negativ: • eingeschränkt konfigurierbar Bemerkung: Ist identisch mit QFD DesignerQS von ASI.
HyperQFD V. 1.4 Hersteller: Qualisys	*Qualica Software GmbH* Muenchner Technologie Zentrum Frankfurter Ring 193a D-80807 München Tel. ++49-(0)89-323 69 60-3 Fax. ++49-(0)89-323 69 60-5	2.950 DM + Mwst. für Einzellizenz	Positiv: • individuelle Anpassbarkeit der Projektstruktur • deutsche Version • OLE-Link zu Excel • Portfolio-/ Pareto-Diagramme Negativ: • Komplexität der Makrosprache

Tool	**Anbieter**	**Preis**	**Subjektiver(!) Kommentar**
org-master QFD Hersteller: *BFZ*	*BFZ* Eutighofer Str. 120/1 D-73525 Schwäbisch Gemünd Tel. ++49-(0)7171-69957 Fax. ++49-(0)7171-69828	5.700 DM + Mwst.	Positiv: • große Funktionalität • CAD-Interface • deutsche Version Negativ: • Steinzeit DOS Oberfläche • schlechte Ausdrucke
QFD Hersteller: QS Software	*American* Tel. ++1-313-336-8877 Fax. ++1-313-336-3187	975 $	siehe QFD Designer von Qualisoft Bemerkung: Ist identisch mit QFD Designer von Qualisoft
QFD work Hersteller: Total Quality Software	*Ian Ferguson Associates* Crest House 7 Highfield Road Edgbaston Birmingham B15 3ED Tel. ++44-021-4405790 Fax. ++44-021-4550324	375 £	noch nicht bewertet Bemerkung: Konnte noch nicht kommentiert werden, da keine entsprechende Version vorlag

G QFD im Internet

Provider	Adresse	Beschreibung
QFD Institut Deutschland (QFD-ID)	Pohligstr. 1 50969 Köln Tel.: +49 (0)221 / 470-5369 Fax : +49 (0)221 / 470-5386 E-Mail: qfdid@ informatik.uni-koeln.de http://www.informatik. uni-koeln.de/winfo/ prof.mellis/qfdid.htm	Der Verein versteht sich als Zusammenschluß von Anwendern und Interessenten der QFD-Methode in Deutschland. Zweck des Vereines ist die Förderung, Verbreitung und Weiterentwicklung von QFD in Deutschland Die WWW-Seiten enthaten Informationen über Arbeitskreise, Mailgruppen, Veranstaltungen. Literatur und Produkte im QFD-Umfeld.
QFD Institute North America (QFDI)	http://qfdi.org/www/ qfdi/	Diente als Vorbild für das QFD-ID und hat ähnliche Zielsetzung für die englischsprachige Welt. Das Angebot ist mit dem des QFD-ID vergleichbar.
NASA	http://mijuno.larc.nasa. gov/dfc/qfd.html	Auch die amerkanische Weltraumbehörde ist treuer Anhänger der QFD-Methode. Auf der QFD-Homepage der NASA findet man Informationen, Beispiele und Literatur zu QFD.

Provider	Adresse	Beschreibung
American Supplier Institute (ASI)	http://www. amsup.com/QFD/	Das American Supplier Institute (ASI) ist eine amerikanische nonprofit Organisation, die eine Reihe QFD-relevanter Produkte wie Bücher, Videos und Tools verkauft und Seminare etc. anbietet.
Adressen anderer Anbieter	http://www.mailbase.ac.uk/lists/qfd/ http://asrt.cad.gatech.edu/Sensors/QFD/QFD.html http://www.dnh.mv.net:80/ipusers/rm/ http://www.inf.ufsc.br/~pegasus/qfd.html	

Diese Liste erhebt keinen Anspruch auf Vollständigkeit, sondern ist eine subjektive Auswahl. Die Adressen sind nach Informationsgehalt sortiert. Eine Liste mit weiteren (WWW-)Adressen im Umfeld des Qualitätsmanagements enthält Mellis, Herzwurm, Stelzer /TQM/ 287 ff.

Sachwortverzeichnis

Q

R

S

T

U

V

W

Z